国家级实验教学示范中心联席会
计算机学科组规划教材

U0645594

基于ESP32的
MicroPython创新设计与实例

微课版

王德志　主编

清华大学出版社

北京

内 容 简 介

在计算机创新设计中，MicroPython 因其简单易用的特性，降低了创新设计编程语言的门槛；而 ESP32 芯片因其内置的 Wi-Fi、蓝牙和通用嵌入式功能成为创新设计的热门硬件平台。本书以应用案例形式介绍 ESP32 常用硬件功能，突出 MicroPython 编写硬件驱动的便捷性，让读者全面了解使用 MicroPython 驱动 ESP32 不同功能硬件模块工作的方法。全书共分 12 章，包括 MicroPython 创新设计介绍、MicroPython 基础知识、ESP32 的 GPIO 输出与输入、ESP32 的定时器 TIMER、ESP32 的串口通信、ADC 数据采集、I2C 通信、SPI 通信、Wi-Fi 无线网络通信、蓝牙通信、创新项目设计和 PCB 设计与制作。

本书讲解简单明了，案例丰富，同时配套开源硬件开发板、慕课视频和开源仿真平台（Wokwi）案例，可作为高等学校理工科相关专业学生学习计算机创新设计的教程，也可以作为学习 MicroPython 和 ESP32 的参考书。

图书在版编目（CIP）数据

基于 ESP32 的 MicroPython 创新设计与实例：微课版/王德志主编. --北京：清华大学出版社，2025.6. （国家级实验教学示范中心联席会计算机学科组规划教材）. --ISBN 978-7-302-69452-6

Ⅰ. TP312.8

中国国家版本馆 CIP 数据核字第 2025RQ7981 号

责任编辑：龙启铭　王玉梅
封面设计：刘　键
责任校对：胡伟民
责任印制：丛怀宇

出版发行：清华大学出版社
网　　　址：https://www.tup.com.cn，https://www.wqxuetang.com
地　　　址：北京清华大学学研大厦 A 座　　　邮　　编：100084
社 总 机：010-83470000　　　邮　　购：010-62786544
投稿与读者服务：010-62776969，c-service@tup.tsinghua.edu.cn
质量反馈：010-62772015，zhiliang@tup.tsinghua.edu.cn
课件下载：https://www.tup.com.cn，010-83470236
印 装 者：三河市人民印务有限公司
经　　销：全国新华书店
开　　本：185mm×260mm　　　印　　张：15.75　　　字　　数：405 千字
版　　次：2025 年 6 月第 1 版　　　印　　次：2025 年 6 月第 1 次印刷
定　　价：59.00 元

产品编号：097729-01

前 言

随着信息技术的飞速发展,计算机创新设计已经不仅仅是计算机专业人员的工作,越来越多的跨专业人员开始应用计算机技术在各个领域中进行创新设计。而应用嵌入式技术进行计算机创新无处不在,随着物联网、智能硬件、人工智能等先进技术的普及,嵌入式技术在创新设计中应用会更加广泛。在嵌入式设计软件开发方面,MicroPython 因其简单易学、免费开源以及丰富的库文件,使嵌入式开发程序设计编程语言的门槛降低,非常适合进行创新设计的原型系统开发,能缩短创新设计的周期,在短时间内把创新想法变成实物案例。在嵌入式设计硬件开发方面,ESP32 芯片是近年在创新设计领域中非常热门的解决方案,它除了具有嵌入式硬件芯片常用功能(GPIO、外部中断、硬件定时器、RTC、串口、I2C、SPI 等)外,还提供了内置的 Wi-Fi 和蓝牙功能,能够便捷地实现设备的联网通信,从而为物联网技术的创新应用提供了有利的网络支撑。

本书是面向高等学校理工科相关专业学生学习计算机创新设计而编写的教材。其特点是知识点简洁明了,侧重实际应用。每个硬件功能设计都配套完整的案例代码,可以在教材配套的开源 DIY 开发板上运行,同时为满足不具有硬件条件的读者的学习需求,教材案例也可以在开源 MicroPython 仿真平台 Wokwi 上进行运行测试。书中的各个章节采用由易到难的顺序讲解,让学生通过每个章节的学习,掌握多种硬件功能的使用方法,最后完成多个综合性的物联网数据采集、存储、展示和远程传输的案例。通过本书的学习,读者可以全面掌握在 ESP32 硬件平台上采用 MicroPython 进行创新设计的流程和方法。

全书共 12 章,第 1～2 章为 MicroPython 创新设计介绍和 MicroPython 基础知识,第 3～10 章为 ESP32 常用硬件功能讲解,第 11 章为创新项目设计,第 12 章为 PCB 设计与制作。其中,第 1 章主要讲解计算机创新设计编程语言 MicroPython、ESP32 硬件开发平台基本功能、虚拟仿真平台 Wokwi 和开发环境的搭建方法;第 2 章主要讲解 MicroPython 的基本语法知识,包括基本数据类型、组合数据类型、运算符、选择结构、循环结构、函数、文件、类与对象、多线程和常用库的使用;第 3 章讲解 ESP32 的 GPIO 输出与输入,通过 DIY 开发板的 4 个 LED、五向按键完成按键控制 LED 闪烁的案例;第 4 章讲解 ESP32 的定时器 TIMER,包括周期性定时中断、PWM 输出、RTC 和 TIME 库的使用,并在 DIY 开发板上完成流水灯和呼吸灯的案例;第 5 章讲解 ESP32 的串口通信,包括串口输入和输出、DIY 开发板的串口硬件连接方式、Wokwi 仿真平台的串口监视器的配置方法等,并在 DIY 开发板上实现串口输出呼吸灯占空比和串口输入控制流水灯频率的案例;第 6 章讲解 ADC 数据采集,包括 ADC 数据采集原理、ESP32 上 ADC 初始化方法和数据转换方式,并在 DIY 开发板上实现电位器电压变化值的采集;第 7 章讲解 I2C 通信,包括 I2C 通信原理、I2C 接口的 SSD1306 驱动的 128×64 分辨率的 OLED 的工作原理、OLED 显示中文和图像的原理,并在 DIY 开发板上实现 I2C 接口驱动 OLED 显示英文、绘图、中文和图像案例;第 8 章讲解 SPI 通信,包括 SPI 通信原理、SPI 接口的 ST7789 驱动的 TFT-LCD 的工作原理,并在 DIY 开发板上实现 TFT-LCD 显示彩色图片、英文和汉字的案例;第 9 章讲解 Wi-Fi 无线网络通信,包括 Wi-Fi 通信基本原理、ESP32 的 Wi-Fi 模块 AP 和 STA 工作模式初始化和使用方法,并在 DIY 开发板上实现基于 Wi-Fi 模块的 NTP 网络校时和 TCP 数据通信案例;第 10 章讲解蓝牙通信,包括蓝牙通信基本原理、ESP32 的蓝牙模块初始化和使用方法,并在 DIY 开发板上实现利用手机蓝牙调试助手 App 控制 LED 开关案例;第 11 章讲解创新项目设计,包括 PWM 驱动无源蜂鸣器工作、基于光敏电阻的自动亮度调节 LED、基于红外遥控器控制的 LED、基于滚珠开关的 TFT-LCD 旋转时钟和 OLED 旋转时钟、基于 DHT11 的温湿度采集与 OLED 显示和 TFT-LCD 显示以及基于 MQTT 通信协议的远程温湿度检测系统;第 12 章讲解了 PCB 设计与制作,以及 3D 外壳的设计与制作。每章后面都附有实验,附录提供了 ESP32-S3 的 MicroPython 固件烧录方法、YD-ESP32-S3 核心板和 DIY 开发板原理图以及 DIY 开发板引脚功能列表,方便读者使用 DIY 开发板。为方便广大师生教学和学习,本书还提供配套电子教案、案例源代码、常用工具软件和慕课视频,读者可从清华大学出版社网站下载。

由于编者水平有限,书中难免存在错误和不妥之处,恳请读者批评指正。

编　者

2025 年 2 月

目 录

第 12 章 PCB 设计与制作 …………………………………………………………… 213

第 1 章

MicroPython创新设计介绍

P ython 是目前非常流行的编程语言,在嵌入式系统开发中是否有类似 Python 一样方便易用、学习门槛比较低的编程语言呢？答案就是 MicroPython。本章主要介绍 MicroPython 的特点,以及基于 MicroPython 的硬件开发平台 ESP32、仿真平台 Wokwi 的基本功能和使用方法。

学习目标:

(1) 了解 ESP32-S3 及 DIY 开发板的基本功能。

(2) 掌握 Wokwi 仿真平台使用的基本流程。

(3) 掌握 Python、Thonny、PyCharm 软件和调试环境的搭建。

1.1　MicroPython 介绍

1.1.1　MicroPython 是什么

Python 是目前非常流行的一种解释性编程语言,而 MicroPython 从字面上理解就是 Micro 和 Python 的组合,Micro 代表的是微小的意思,因此 MicroPython 就是微型 Python 编程语言的意思。实际上 MicroPython 目前主要是应用在嵌入式系统中,因为嵌入式系统 CPU 的运算频率较低(一般是几十兆赫兹到几百兆赫兹)、内存 RAM 较小(几字节到十几字节)、Flash ROM 较小(十几字节到几十字节),所以 MicroPython 就是一种对硬件需求较低的、兼容 Python 语言的基本语法规则的解释性编程语言。

MicroPython 是英国剑桥大学教授 Damien George(达米安·乔治,如图 1.1 所示)开发的,他是一名计算机工程师,他每天都要使用 Python 语言工作,同时也在做一些机器人项目。有一天,他突然冒出了一个想法:能否用 Python 语言来控制单片机,进而实现对机器人的操控呢?要知道,Python 是一款比较容易上手的脚本语言,而且有强大的社区支持,一些非计算机专业领域的人都选它作为入门语言。遗憾的是,它不能实现一些非常底层的操控,所以在硬件领域并不起眼。Damien 为了突破这种限制,他花费了六个月的时间来开发 MicroPython。

图 1.1　Damien George（达米安·乔治）

MicroPython 是基于 ANSI C 开发的,其语法与 Python 3 基本一致,拥有自己的解析器、编译器、虚拟机和类库等。在保留了 Python 语言主要特性的基础上,它还对嵌入式系统的底层做了非常不错的封装,将常用功能都封装到库中,甚至为一些常用的传感器和硬件编写了专门的驱动。用户使用时只需要通过调用这些库和函数,就可以快速控制 LED、舵机、多种传感器、SD、UART、I2C 等,实现各种功能,而不用再去研究底层模块的使用方法。这样不但降低了开发难度,而且减少了重复开发工作,可以加快开发速度,提高开发效率。以前需要较高水平的嵌入式工程师花费数天甚至数周才能完成的功能,现在普通的嵌入式开发者用几个小时就能实现类似的功能,而且要更加轻松和简单。例如,使用如下 10 行代码,就可以采集 DHT11 温湿度传感器的数据并进行打印输出。

```
import dht
import machine
import time
d = dht.DHT11(machine.Pin(8))        #初始化 DHT11 传感器,通过 ESP32 的 GPIO8 引脚读写
while True:
    d.measure()                      #进行温湿度测量
    x = d.temperature()              #读取温度,例如 23 (℃)
    y = d.humidity()                 #读取湿度,例如 41 (% RH)
    print("tem={}C,hum={}%".format(x, y))        #输出温湿度
    time.sleep(1)                    #延时 1 秒
```

为了宣传 MicroPython，2014 年的时候，Damien 在 KickStarter（国外最著名的众筹网站之一）上进行了一次众筹，众筹的内容为 Pyboard（PYB v1.0）开发板系统，如图 1.2 所示。PYB v1.0 是专门为 MicroPython 而设计，它使用了 STM32F405RG 微控制器，开发板上内置了 4 个不同颜色的 LED 指示灯、1 个三轴加速传感器、1 个 micro SD 插座，可以通过 USB 下载用户程序和升级固件，使用非常方便。PYB v.10 在 KickStarter 上的众筹非常成功，一推出就受到全世界的工程师和爱好者的广泛关注和参与，获得很高的评价，并很快被移植到多个硬件平台上，很多爱好者用它做出了各种有趣的东西。

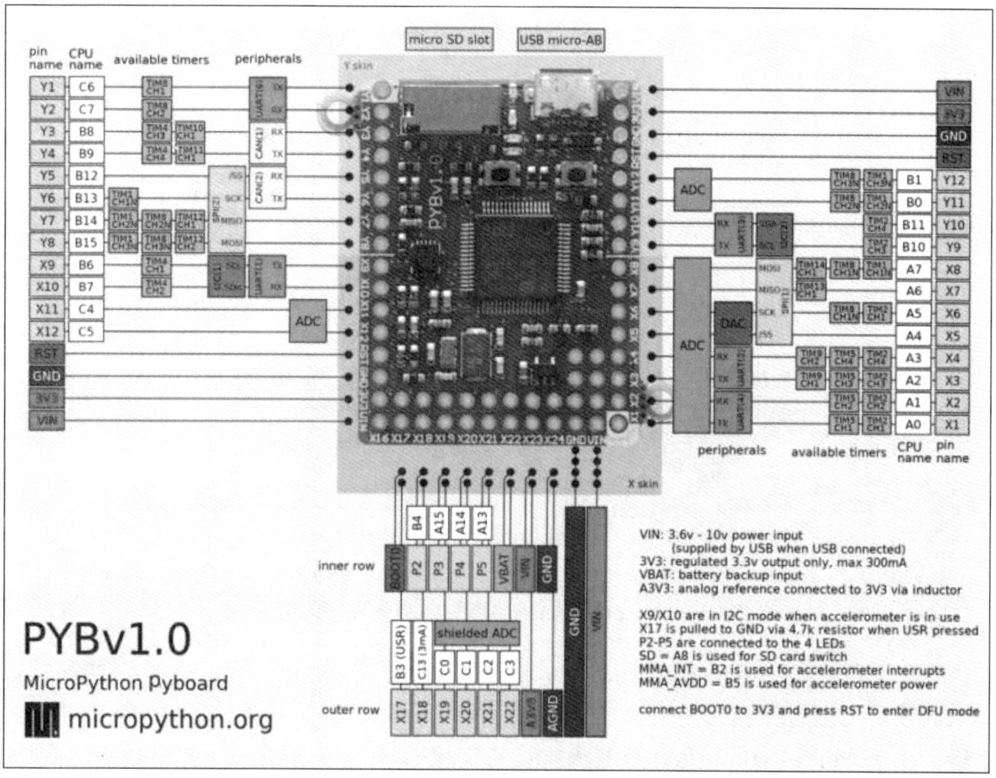

图 1.2　PYB v1.0 开发板系统

MicroPython 最早是在 STM32F4 微控制器平台上实现的，现在已经移植到 STM32L4、STM32F7、ESP8266、ESP32、CC3200、dsPIC33FJ256、MK20DX256、microbit、MSP432、XMC4700、RT8195 等众多硬件平台上，此外还有不少开发者在尝试将 MicroPython 移植到更多的硬件平台上，还有更多的开发者在使用 MicroPython 做嵌入式应用，并将它们在网络上分享。MicroPython 官方网站（https://MicroPython.org/）列出了官方支持的各种开发板型号，如图 1.3 所示。

1.1.2　MicroPython 与 Python 的区别

首先要明确 MicroPython 不是简单的 Python 的精简版，两者是使用完全不同的方法开发的两种语言，只是 MicroPython 借鉴了 Python 语言的简单易用的特点，兼容 Python 的基本语法规则，它们有一些共同的特点和语法。以下是它们之间的主要区别。

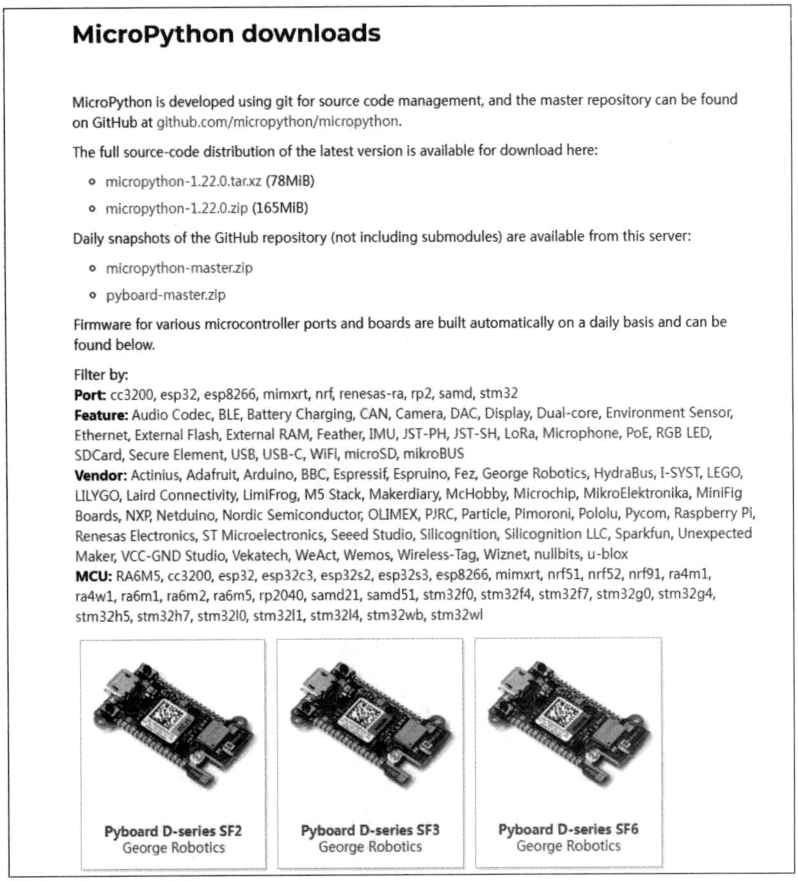

图 1.3　MicroPython 官方网站支持开发板的情况

（1）大小和速度：MicroPython 是 Python 的一个子集，被设计为在微控制器和其他资源有限的设备上运行。相比之下，Python 是一种通用编程语言，旨在在更大、更快的计算机上运行。由于 MicroPython 是针对嵌入式设备优化的，因此它通常比 Python 更小、更快。

（2）标准库：MicroPython 的标准库与 Python 的标准库不同。由于 MicroPython 的内存限制，一些常用的 Python 标准库可能不可用或具有不同的实现。此外，MicroPython 的标准库还包括一些专门为嵌入式设备设计的模块和库。

（3）语言特性：MicroPython 与 Python 具有相同的语法和语言特性，但它并没有完全实现 Python 的所有功能。例如，在 MicroPython 中，没有多线程和多进程支持，也没有一些高级特性，如装饰器和生成器表达式。

（4）REPL 环境：MicroPython 有一个与 Python 不同的特性，即它支持在嵌入式设备上运行交互式 REPL(读取-求值-打印循环)环境。REPL 环境使得开发者可以更容易地调试和测试代码，以及直接与设备进行交互。

总的来说，MicroPython 是专门为嵌入式设备设计的 Python 子集，它与 Python 在语言特性、标准库和应用场景等方面存在一些区别。作为初学者可以首先学习 Python 的基本语法规则，然后再学习 MicroPython 中特殊的标准库和第三方库的使用方法，这样可以快速入门 MicroPython 的应用开发。

1.1.3　为什么用 MicroPython 进行创新设计

目前,国内在进行嵌入式系统创新设计时主要使用的硬件平台有 STM32、ESP32、ESP8266、树莓派、ATmega8 等。软件平台主要有通用的 C 语言调用厂商提供的驱动库、Arduino 平台、MicroPython 平台等。软件平台一般都是针对不同的硬件有不同的库驱动,一般不完全兼容,需要针对不同的硬件进行修改和优化开发。在这些软件开发平台中,MicroPython 的入门门槛相对是最低的,它利用 Python 语言的特性,语法简单、书写简洁,提供丰富的库文件,让设计者能够快速完成设计开发。

进行创新设计,就如同"造汽车"一样,一种方式是汽车的所有配件都由自己设计开发,这通常就是所说的从"造轮子"开始。这样设计的好处是,所有配件都是按需求设计的,达到性能的最优。但是它带来的缺点也是显而易见的,就是难度大,周期长。另一种"造汽车"方式是,采用模块拼装方式,从第三方那里找到大量的"标准配件",就是所谓的"找轮子",然后进行组装,最终完成"造汽车"。MicroPython 就是利用了 Python 语言的特点,提供了大量功能丰富的库文件("标准轮子"),从而避免开发者每次进行创新设计都要从"造轮子"开始。

MicroPython 的库文件一方面是官方提供的封装在固件中的标准库文件(在官方网站中有使用指南),可以在程序中直接调用使用,但这只是一小部分;另一方面是全世界大量开发者做的共享库,这些库很多是来自 Python 第三方库的修改,这样就实现了大量的库文件,开发人员可以通过 GitHub 或者 PyPi 网站查询获得。在国内,也有一些厂商开发了针对自身硬件的 MicroPython 库文件,这些库文件在厂商的案例中进行了提供,读者也可以借鉴使用。

最后,MicroPython 作为一种高级语言,可以解释执行。这意味着其可以逐条执行,随时查看变量信息,这对在单片机上的调试非常方便。单片机逻辑控制越来越复杂,变化也越来越多,高级的脚本语言无疑开发成本更低、迭代效率更高。单片机的性能越来越高,在做逻辑控制时不再斤斤计较于一点性能,这使得在单片机中使用脚本语言进行编程开发也成了一种趋势。MicroPython 并不是在单片机/微控制器上唯一尝试使用 Python 编程的,更早还有像 PyMite 这样的开源项目,但是它们都没有真正完成,而 MicroPython 第一个真正在嵌入式系统上完整实现了 Python 3 的核心功能,并可以真正用于产品开发。除了MicroPython,在嵌入式系统上还有像 Lua、JavaScript、MMBasic 等脚本编程语言。但是它们都没有 MicroPython 的功能完善,性能也没有 MicroPython 好,在可移植性、使用的简便方面都不如 MicroPython,可以使用的资源也很少,因此影响并不是太大,只是在创客和DIY 方面有所应用。

1.2　ESP32 硬件平台介绍

1.2.1　ESP32 系列 SoC

片上系统(System on Chip,SoC)指的是一个完整的电路系统,集成了实现特定功能的软硬件系统,微控制器(Micro Control Unit,MCU)只是芯片级的芯片。SoC 是系统级的芯片,它不仅像 MCU 那样内置有 RAM、ROM,又有微处理器(Micro Processor Unit,MPU)那样强大的处理能力,而可以放简单的代码,也可以放系统级的代码,也就是说可以运行操作系统(例如 FreeRTOS)。因此,可以认为它是 MCU 集成化与 MPU 强处理能力的结合。

　　ESP32 是一款流行的支持 Wi-Fi 和蓝牙通信的芯片,使用 Espressif 系统,是人工智能物联网(AIoT)解决方案。它是乐鑫科技信息技术(上海)股份有限公司(后面简称乐鑫,https://www.espressif.com.cn/)推出的一款采用两个哈佛结构 Xtensa LX6 CPU 构成的拥有双核系统的芯片。现在已经发布 ESP8266、ESP32、ESP32-S 和 ESP32-C 等系列芯片、模组和开发板。ESP32 系列芯片功能框架如图 1.4 所示。

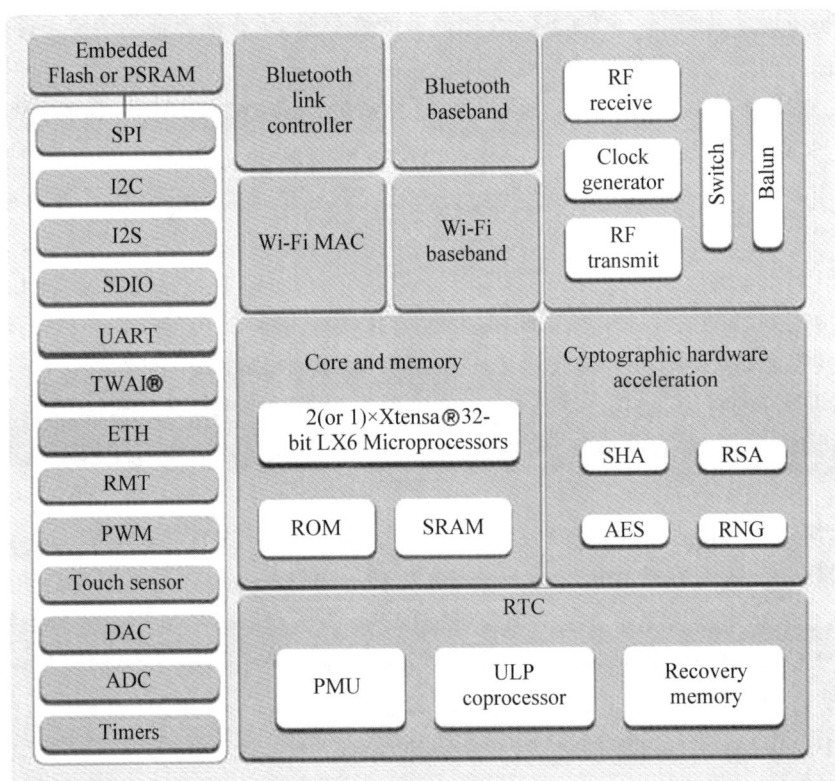

图 1.4　ESP32 系列芯片功能框架

　　本书 DIY 开发板使用 ESP32-S3-WROOM-1 模组(如图 1.5 所示),它是通用型 Wi-Fi＋低功耗蓝 MCU 模组,搭载 ESP32-S3 系列芯片。除具有丰富的外设接口外,该模组还拥有强大的神经网络运算能力和信号处理能力,适用于 AIoT 领域的多种应用场景,例如唤醒词检测和语音命令识别、人脸检测和识别、智能家居、智能家电、智能控制面板、智能扬声器等,工作环境温度为－40～85℃。

1.2.2　ESP32 开发软件平台

　　目前,ESP32 主要支持的编程语言有 C 语言和 MicroPython 两种语言,它们都需要在一定的 IDE 工具(集成开发环境工具)上进行代码编写、编译、下载和调试。其中,C 语言编

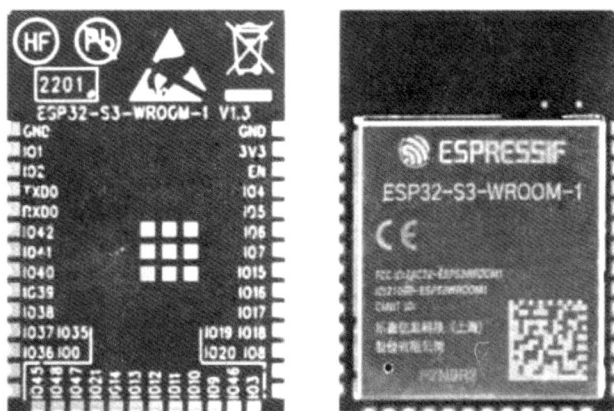

图 1.5　ESP32-S3-WROOM-1 模组

程主要使用的 IDE 工具有厂商乐鑫提供的 Espressif-IDE、通用开发工具 VSCode＋ESP-IDF 插件,以及 Arduino IDE＋ESP32 插件等。这种方式要求对芯片底层的各种控制寄存器非常了解,进行各种驱动参数的配置,使用起来相对复杂,优点是使用 C 语言进行编译,代码执行速度快。

　　MicroPython 开发使用的 IDE 工具主要有 Thonny、uPyCraft 和 PyCharm 等。本书主要使用 Thonny＋PyCharm 模式。其中 Thonny 主要进行代码的下载和调试,它与硬件的交互相对比较方便和稳定;PyCharm 主要用于代码的编写,它的特点是提供丰富的代码自动提示、工程管理功能,方便代码的书写和语法错误检查,1.4 节将详细讲解开发环境的搭建。

　　ESP32 芯片默认使用 C 语言进行编程开发,如果要使用 MicroPython 进行开发,需要在芯片下载新的支持 MicroPython 的固件,不同的硬件芯片需要使用与之配套的固件,具体刷新固件的方法在附录 A(ESP32-S3 的 MicroPython 固件烧录方法)中进行详细介绍。

1.2.3　DIY 开发板介绍

　　本书使用的硬件开发板为自主设计的 DIY 开发板(如图 1.6 所示),开发板的核心模块为 YD-ESP32-S3-WROOM-1(N16R8),其双核 CPU 主频达到 240MHz,具有 8MB RAM 和 16MB Flash ROM,以及板载 Wi-Fi 和蓝牙通信模块,提供 48 个 GPIO、2 个 12 位 ADC、2 个 I2C、2 个 I2S、4 个 SPI、3 个 UART 和 1 个 USB OTG 接口。DIY 开发板板载温湿度传感器 DHT11、无源蜂鸣器、电位器、红外接收器、光敏电阻、4 个 LED、五向按键、SSD1306 OLED 显示屏、ST7789 TFT-LCD 显示屏、1 个垂直滚珠开关、4 个水平滚珠开关和通用外部接口等资源。

　　本书的案例和项目都基于此开发板的资源设计。开发板的原理图和引脚功能在附录 B 和附录 C 中进行详细描述。本开发板的设计为开源项目,PCB 电路板设计与制作在第 12 章中进行了论述,有兴趣的读者可以根据介绍自行制作。

　　开发板的使用方式是利用 Type-C 接口的 USB 线连接核心模块 YD-ESP32-S3-WROOM-1(N16R8)的 USB OTG 接口和计算机的标准 USB 接口,在计算机中安装 USB

转串口芯片 CH343 驱动后即可识别 ESP32 的虚拟串口,然后利用开发工具软件(例如 Thonny)即可进行程序下载和调试。

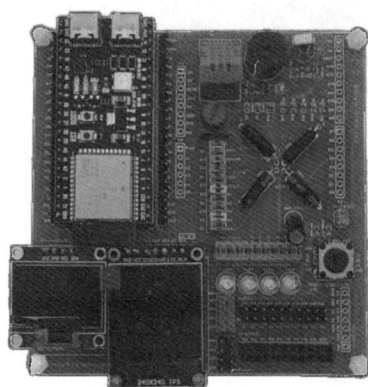

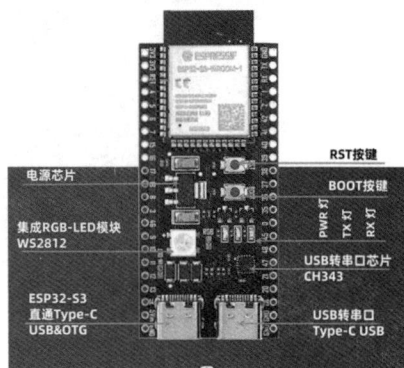

(a) DIY开发版　　　　　(b) 核心模块YD-ESP32-S3-WROOM-1 (N16R8)

图 1.6　DIY 开发板

1.3　Wokwi 虚拟仿真平台介绍

1.3.1　Wokwi 虚拟仿真平台功能

嵌入式系统程序开发最困难的地方就是代码的执行与调试,因为代码要下载到嵌入式硬件中,调试要使用串口或 debug 端口进行交互,需要连接一定数量的硬件,需要有专业的调试软件工具与硬件配合才能完成开发。一旦程序有错误,每次进行修改都要重复下载和配置,带来了一定的复杂度,电子虚拟仿真平台刚好解决了硬件调试带来的难题。目前,有很多的专业嵌入式开发工具软件(例如 Keil、Proteus 和 Altium Designer 等)都提供了一定的 SoC 仿真模拟,但是使用起来相对较复杂,而且缺少丰富的传感器、显示等模块。

Wokwi 是一款在线免费的电子仿真平台(https://wokwi.com/),它主要提供了 Arduino、STM32、ESP32 和 Pi Pico 的硬件仿真功能和许多其他流行的电路板、元器件以及传感器,具有完善的帮助文件和丰富案例库。其编程语言平台有 C 和 MicroPython 两种方式。目前 MicroPython 仿真支持的硬件主要有 ESP32 和 Pi Pico。此网站提供中文版本,但是建议读者使用英文版本,因为部分最新的功能和案例说明只有在英文版本中有,请注意此问题。Wokwi 网站主页如图 1.7 所示。

1.3.2　Wokwi 平台使用基本流程

在 Wokwi 平台进行 MicroPython 开发的主要流程如图 1.8 所示。此平台可以实现在线的硬件仿真和代码运行,非常方便。在线仿真的工程文件可以进行下载,其中硬件的配置在 diagram.json 中,用户可以根据网站的使用指南直接进行手动修改;代码的源文件主要位于 main.py 和其他 PY 文件中。用户在下次使用时,可以直接复制本地文件的内容到在线平台中替换相应的 JSON 和 PY 文件。

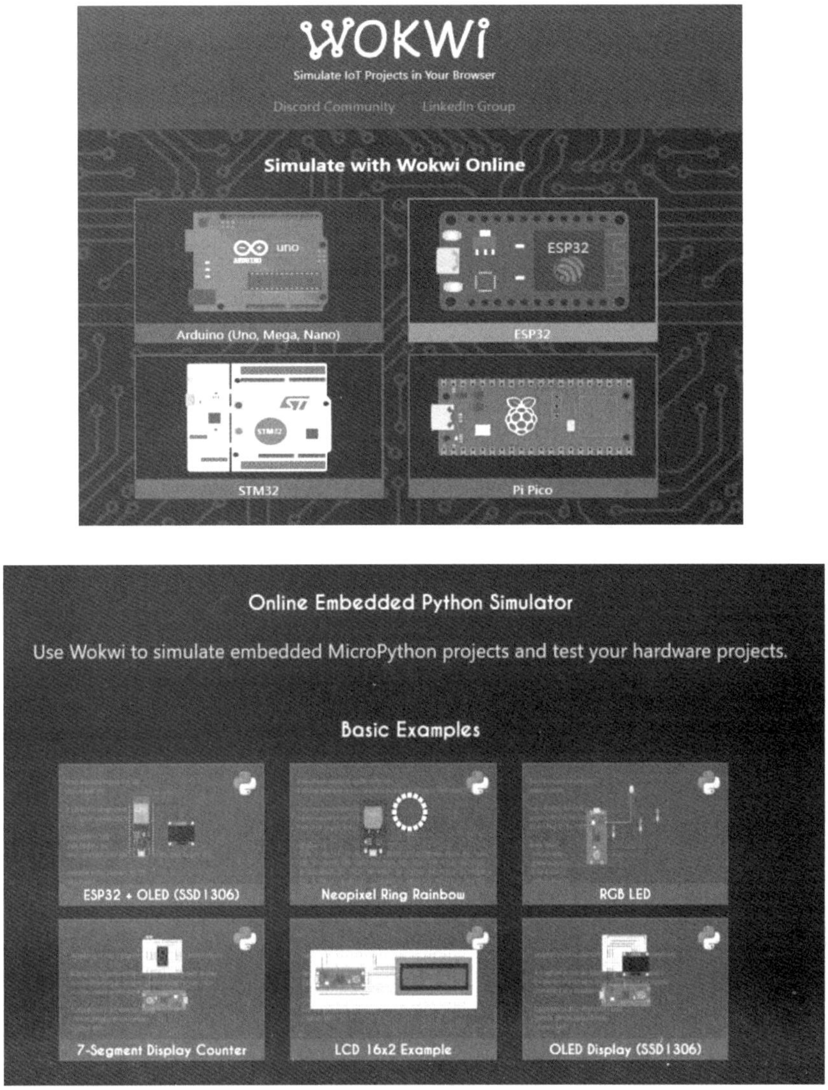

图 1.7　Wokwi 网站主页

（1）器件的添加：在芯片所在的窗口左上方单击"＋"按钮，里面罗列了 Wokwi 支持的各类器件，选择需要的器件后，双击此器件，就会自动放置在器件窗口中。

（2）器件的连接：器件间的连线可以通过单击选择起点和终点完成，如果需要取消则按 Esc 键。

（3）器件或连线属性的修改：单击器件或连线，就会弹出窗属性对话框，不同器件对应的属性值不一样，根据需求进行修改即可。

（4）器件的删除：在属性对话框中单击删除按钮即可。如果要撤销上一个动作，则按 Ctrl＋Z 组合键。

（5）器件的缩放：器件的大小可以通过鼠标滚轮滚动调节。

（6）器件的移动：可以在器件上按住鼠标左键移动器件，如果在器件窗口空白处按左键移动，则移动所有器件，如果要取消上次的移动动作，则按 Ctrl＋Z 组合键。

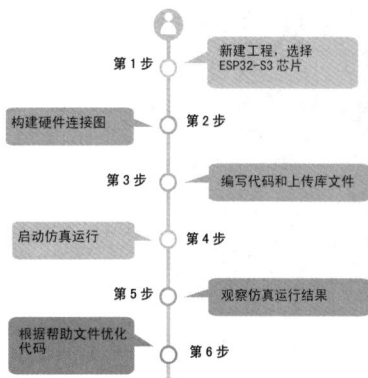

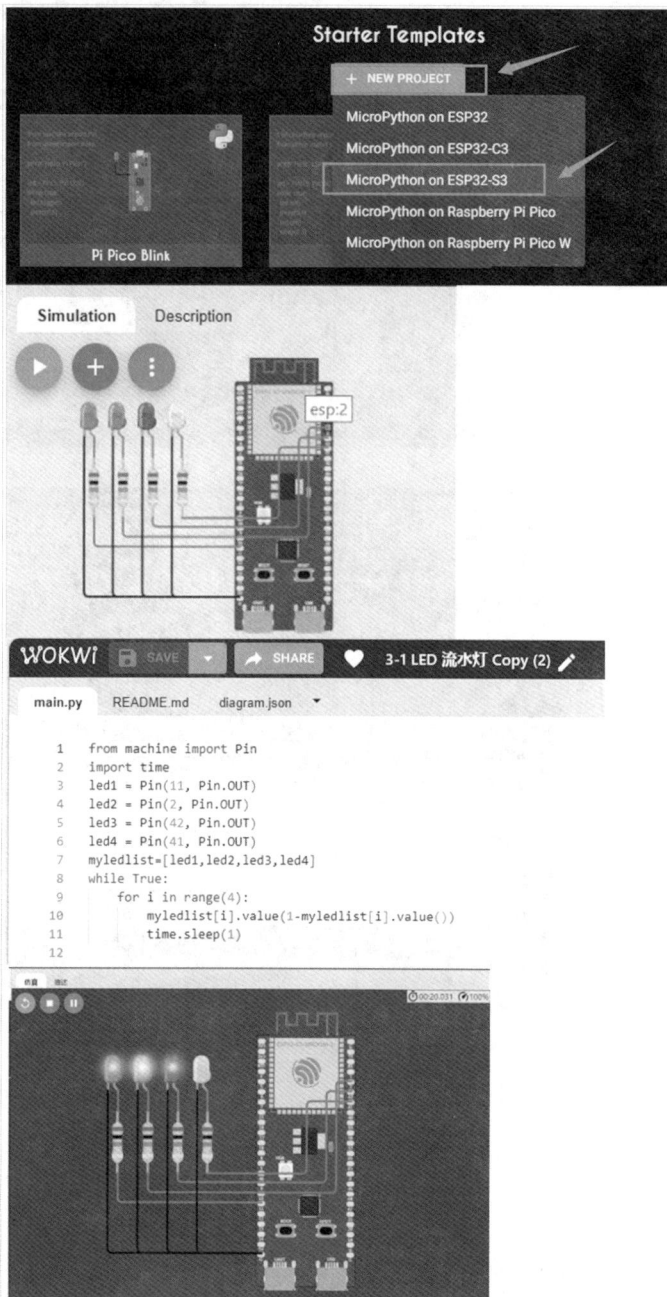

图 1.8   在 Wokwi 平台进行 MicroPython 开发的主要流程

1.3.3　Wokwi 平台与 DIY 开发板的配合使用

本书的简单案例均提供 Wokwi 仿真和硬件 DIY 开发板的实现,但由于 Wokwi 平台支持多个 ESP32 芯片,默认不是 ESP32-S3 芯片,因此每次在建立案例时首先选择一下芯片型号,然后基于这个芯片进行案例的硬件连接和编程。

另外需要注意的是,Wokwi 平台在串口通信和 Wi-Fi 仿真时均只提供简单功能,不太适合进行复杂功能的开发,本书案例只使用 DIY 开发板实现;Wokwi 平台没有提供蓝牙、滚珠开关、ST7789 TFT 显示屏的仿真功能,因此案例中也只使用 DIY 开发板实现。

如果用户手边没有硬件 DIY 开发板,可以直接使用 Wokwi 平台完成本书的基本案例和部分项目功能,具体是否可以在 Wokwi 平台仿真均在案例中进行了说明,供读者进行参考。

1.4　开发环境的搭建

1.4.1　Python 安装

首先安装 Python,这样方便进行基本语法的学习。从 Python 官方网站下载安装包,建议安装 Python 3.8 及以上版本。

(1) 下载安装包:访问 Python 官方网站(https://www.python.org/),如图 1.9 所示,下载最新版本或适合的版本。注意 Python 3.9 及以后的版本只能安装在 Windows 10 或 Windows 11 上。

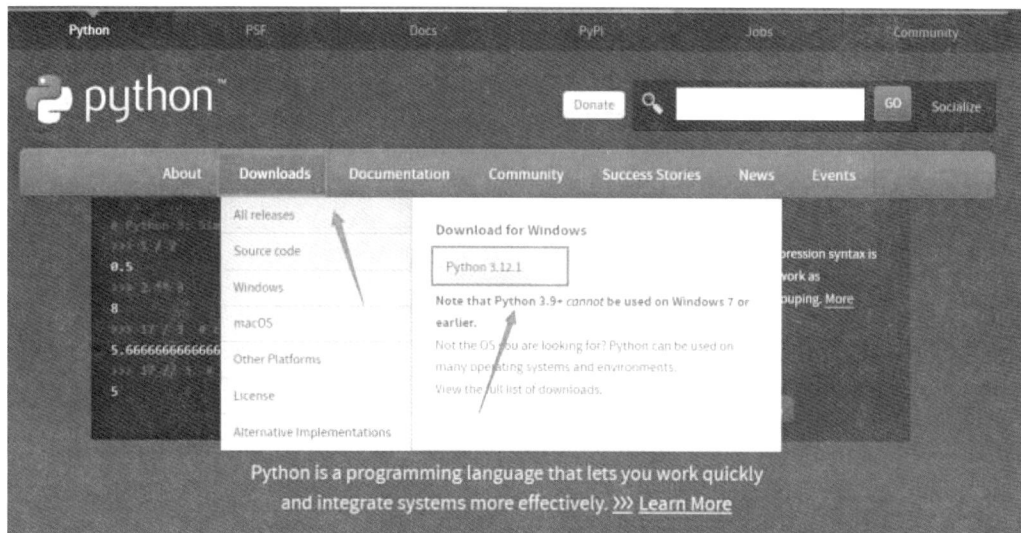

图 1.9　下载 Python 安装包

(2) 安装 Python:双击运行安装包,选择 Customize installation 安装模式,每次单击 Next 按钮即可,其中要勾选如图 1.10 所示的 Add Python.exe to PATH。安装目录可以自定义,建议安装目录中不要有中文和特殊字符。安装完后会有安装成功提示。

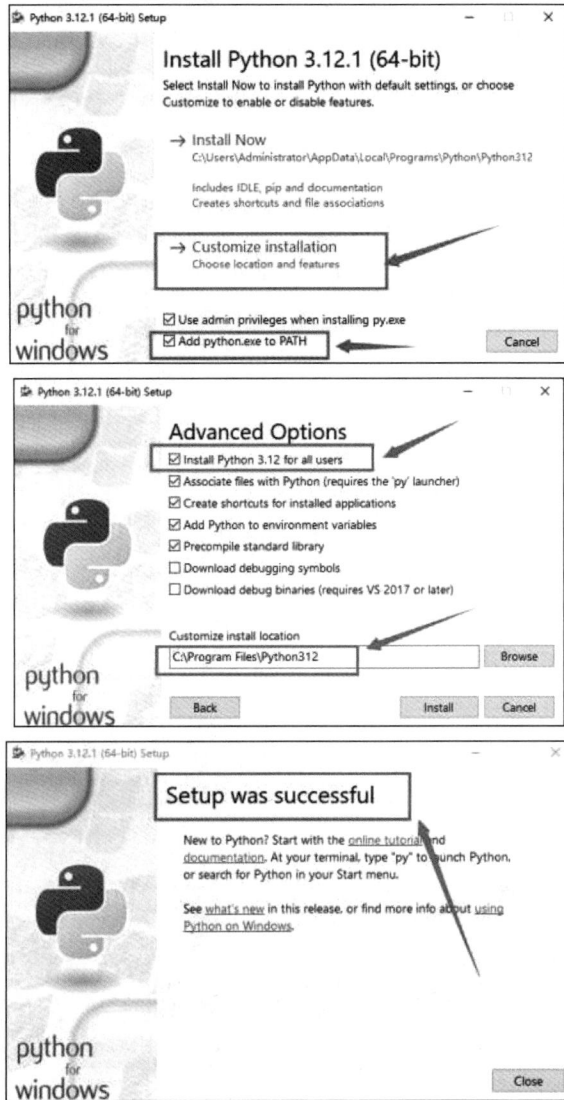

图 1.10   安装 Python

1.4.2   Thonny 软件安装与配置

(1) 下载安装包:首先从 Thonny 官方网站(https://thonny.org/)下载安装包文件,如图 1.11 所示。

(2) 安装软件:双击运行安装包,如图 1.12 所示,选择 Install for all users 模式,每次单击 Next 按钮即可,中间可以勾选 Create desktop icon,在桌面放置运行图标。安装成功后会有安装成功提示。

(3) 配置参数:运行 Thonny,首次运行软件可以选择软件的语言为"简体中文"。然后在菜单栏命令"工具"下选择"选项",如图 1.13 所示。

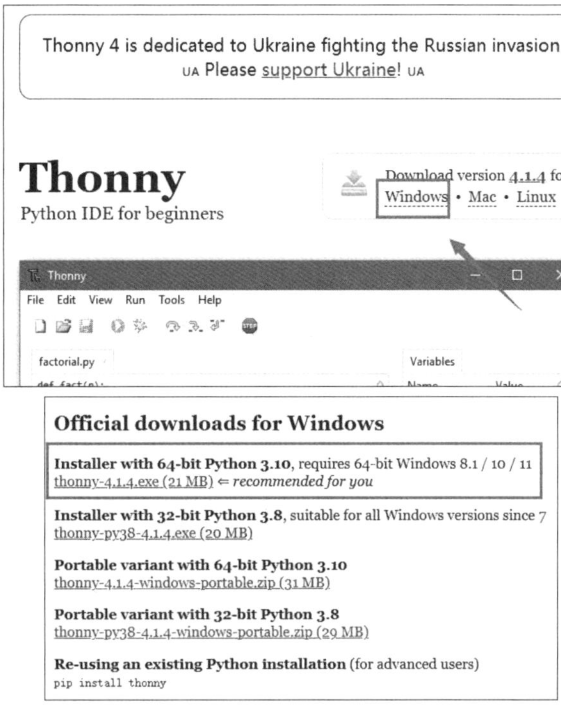

图 1.11　下载 Thonny 安装包文件

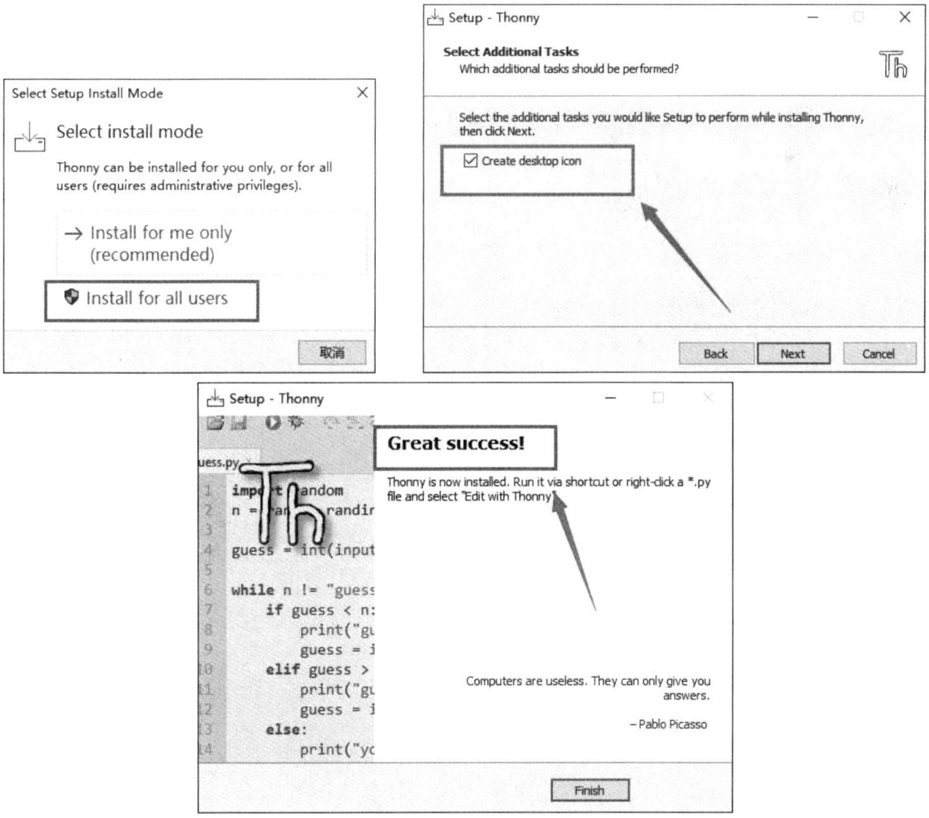

图 1.12　安装 Thonny

图 1.13　配置参数

（4）在弹出的对话框中选择"解释器"，然后选择解释器为 MicroPython(ESP32)。每次通过 DIY 开发板的 USB 端口连接计算机后，会产生一个串口号，在 port or WebREPL 下拉列表框项中选择对应的串口号，然后单击"确定"按钮，即完成配置，如图 1.14 所示。

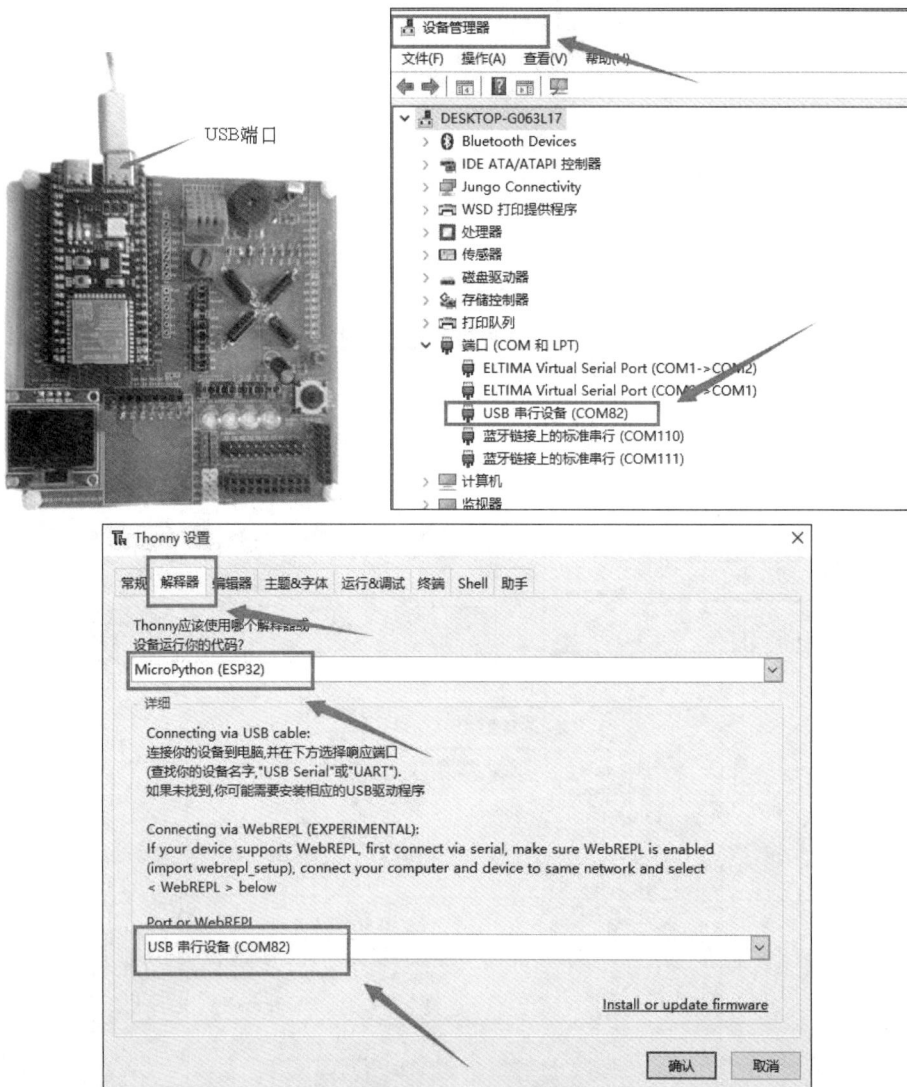

图 1.14　配置解释器和设备连接串口号

（5）编辑与运行代码：如图 1.15 所示，在主窗体的 4 个窗口具有不同的功能，如果需要运行代码只要打开对应文件，然后单击运行代码按钮即可，对应的运行结果在 Shell 窗口中进行展示。此时代码只是在 ESP32 芯片的 RAM 中进行运行，DIY 开发板重启或掉电后代码丢失，这种方式适合代码的调试，防止 DIY 开发板锁死。

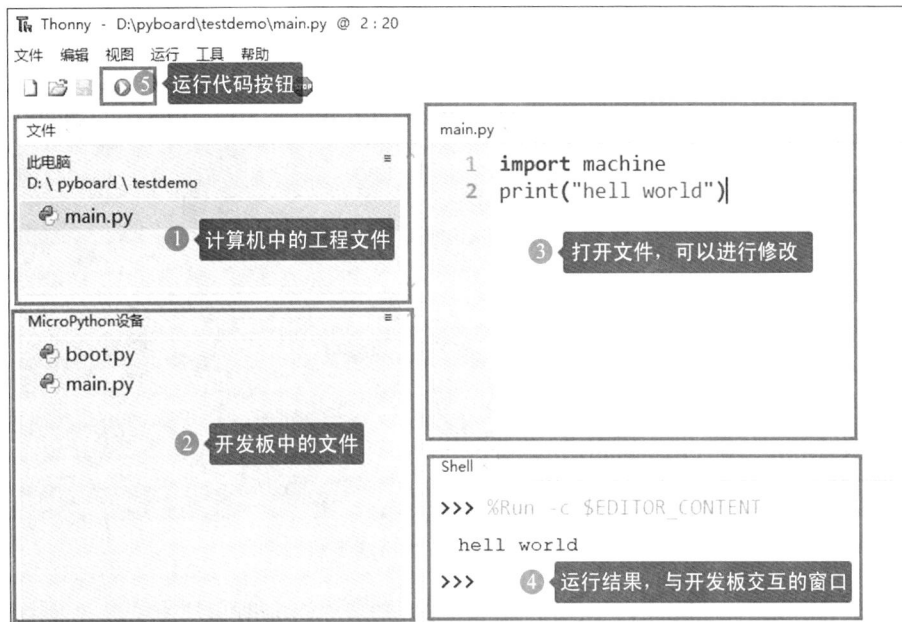

图 1.15　编辑与运行代码

如果需要把代码下载到 ESP32 的 ROM 中，需要在计算机的"文件"窗口中选择对应文件，然后右击，在弹出的快捷菜单中选择"上载到/"命令，单击"确认"按钮，就将文件下载到 DIY 开发板中了，如图 1.16 所示。需要注意，在 ESP32 中，PY 文件的运行入口是 main.py 文件，不要删除此文件，每次修改覆盖此文件即可。

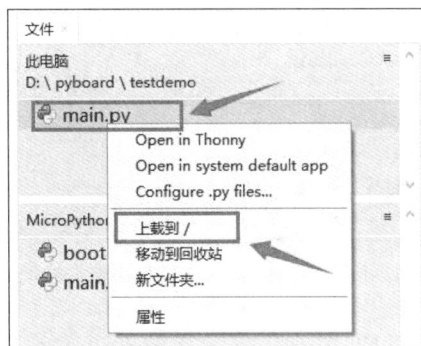

图 1.16　把代码下载到 ESP32 的 ROM 中

1.4.3　PyCharm 软件安装与配置

PyCharm 是一个通用的 Python 编程工具软件，它支持 MicroPython 语言开发环境，本书主要使用此软件进行代码的编写和语法错误检查,在确认代码没有问题后,将其复制到 Thonny 中运行。

(1) PyCharm 安装包下载:访问 PyCharm 官方网站(https://www.jetbrains.com/ Charm/)下载界面,下载社区版(PyCharm Community Edition),如图 1.17 所示。注意不要下载安装专业版,专业版为收费版本。

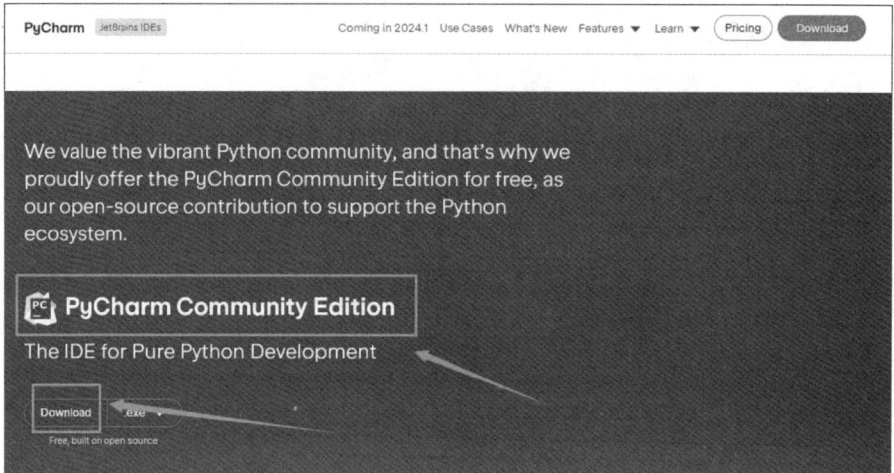

图 1.17　PyCharm 社区版下载

(2) 安装软件:双击运行安装包,一直单击"下一步"按钮即可,注意安装选项可以都选上,如图 1.18 所示,方便后面文件管理。安装成功后会在桌面上产生一个快捷方式图标。

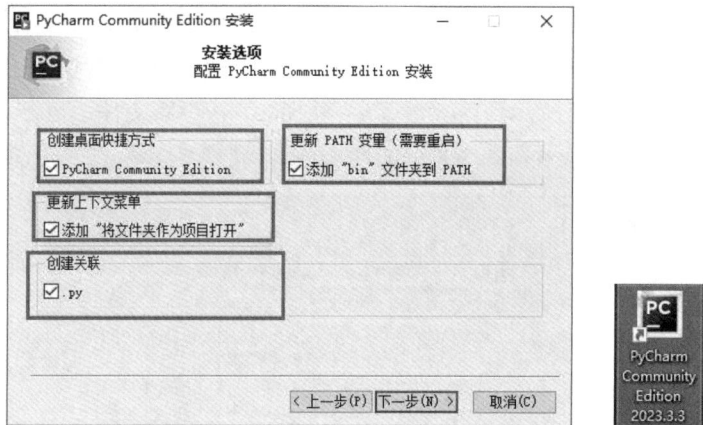

图 1.18　PyCharm 安装选项与快捷方式图标

(3) 中文环境配置:PyCharm 默认为英文环境,如果需要中文环境,需要在线下载中文插件,如图 1.19 所示。下载安装完成后,重新启动软件就进入了中文环境。

(4) MicroPython 语言包插件安装:PyCharm 默认编译器是标准 Python,因此需要切换为 MicroPython,这样在检查语法和库文件问题时会按照 MicroPython 规则进行检查与提示。如图 1.20 所示,在线安装 MicroPython 插件,安装完此插件后需要重启 PyCharm 软件,此插件才能生效。

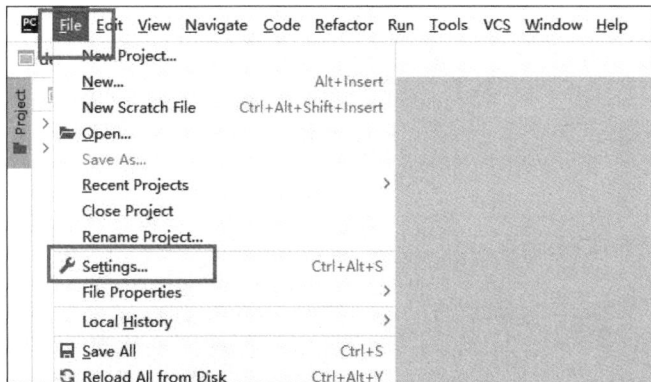

图 1.19　中文插件安装

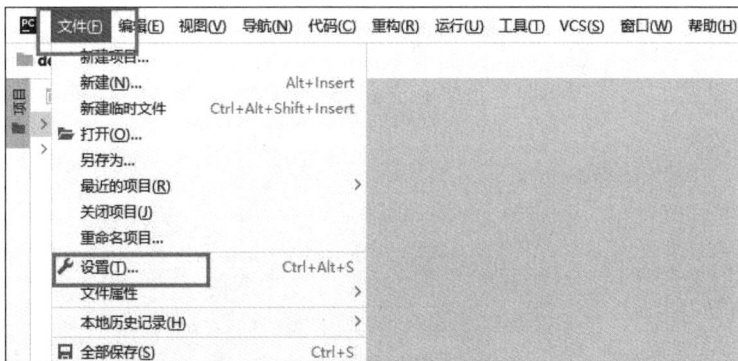

图 1.20　安装 MicroPython 插件

(5) 项目建立与配置：PyCharm 中以项目为单位进行文件管理，一个项目就是一个文件夹，里面可以放多个 PY 文件和子文件夹。项目建立如图 1.21 所示，建立项目后要配置此项目为 MicroPython 开发环境，在"设置"对话框中的"语言与框架"中选择 MicroPython，然后选择右侧的参数，其中 Device type 目前没有 ESP32，但是有与之类似的 ESP8266，选择此模块即可。

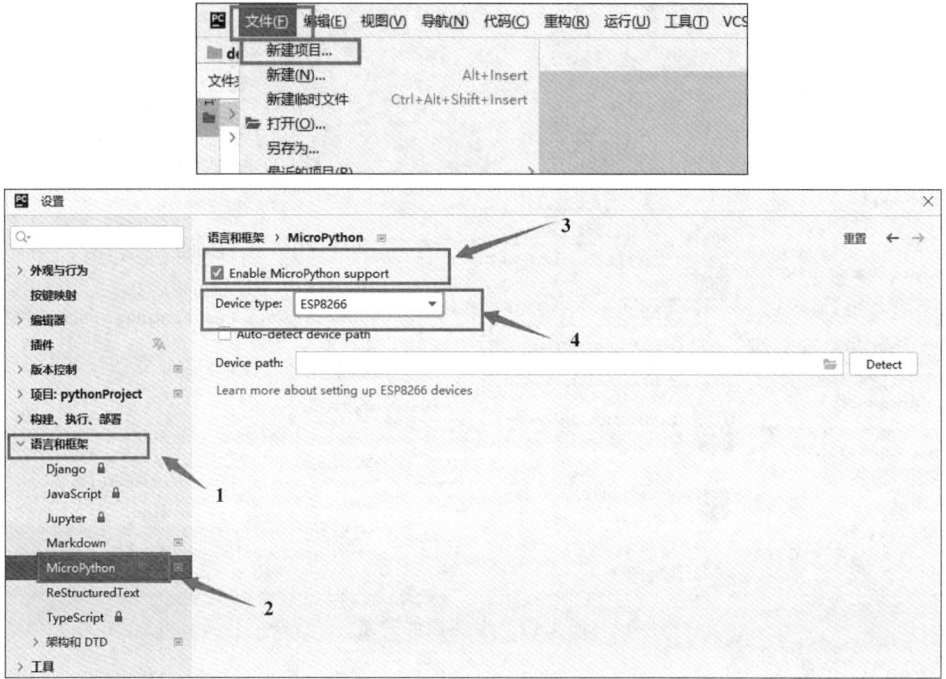

图 1.21　项目建立与配置

(6) PY 文件建立与代码编写：在项目文件夹上右击，选择"新建"和"Python 文件"，即可建立 PY 文件，然后在窗口的右侧编辑子窗口中进行代码的编写。在代码输入过程中会有代码自动提示和错误检查，通过不同颜色的下画线显示各类错误或者警告，可以根据这些错误和警告提示修改代码，完成代码的快速编写。

图 1.22　PY 文件建立与代码编写

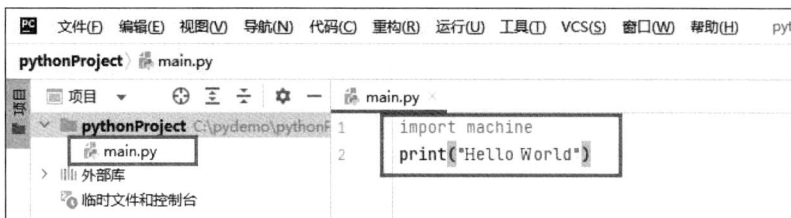

图 1.22　（续）

实验一　Python 环境与基本操作实验

一、实验目的

（1）掌握 PyCharm 集成开发环境的安装和使用方法。
（2）掌握 Thonny 集成开发环境的安装和使用方法。
（3）理解 MicroPython 语言简单程序的编辑和调试方法。
（4）掌握 ESP32-S3 开发板程序下载和调试方法。
（5）掌握 Wokwi 仿真平台案例开发的基本流程。

二、实验内容

（1）利用 PyCharm 和 Thonny 编写代码并下载到 ESP32-S3 开发板中，通过 REPL 串口输出 Hello World。
（2）在 Wokwi 仿真平台建立 ESP32-S3 案例，在 REPL 窗口中输出 Hello World。

MicroPython基础知识

CHAPTER 2

进行计算机创新设计首先需要掌握一种编程语言,本章主要
讲解 MicroPython 的基本语法知识,包括书写格式规则、基本数据类
型、运算符、组合数据类型、选择结构、循环结构、函数、文件、类和对
象、多线程和第三方库的使用。

学习目标:

(1)掌握 MicroPython 组合数据类型中的列表、字典的使用。

(2)掌握选择和循环结构编程方法。

(3)掌握函数的编写方法。

(4)了解类、对象和常用第三方库的使用方法。

2.1　基本书写格式要求

2.1.1　缩进式格式规范

（1）Python 语言通常是一行一句代码。

（2）也可以一行多句，用语句分隔符";"对两个语句进行标识。

（3）也可以一句多行，有时候语句过长，一行放不下，用续行符"\"进行标识。

（4）Python 的最大特色是强制用空白符（white space）作为语句缩进。代码的缩进与对齐方式很重要，同一个层级的代码缩进方式应一致，即"对齐"。一个模块的界限，完全是由每行的首字符在这一行的位置来决定的。通过缩进（包括 if、for 和函数定义等所有需要使用模块的地方），Python 确实使得程序更加清晰和美观。如以下代码所示，4～8 行为没有缩进的主程序，而 9～13 行由于有相同的缩进，因此是 while 循环的子模块语句。

```
1     '''
2     程序功能：DHT11 温湿度传感器数据采集与显示
3     '''
4     import dht1
5     import mac2 hine
6     import tim3 e
7     d = dht.DH4 T11(machine.Pin(8))    #初始化 DHT11 传感器,通过 ESP32 的 GPIO8
                                         #引脚读写
8     while True:
9         d.meas6 ure()                  #进行温湿度测量
10        x = d.7 temperature()          #读取温度 eg. 23 (℃)
11        y = d.8 humidity()             #读取湿度 eg. 41 (% RH)
12        print(9 "tem={}C,hum={}%".format(x, y))    #输出温湿度
13        time.s10leep(1)                #延时 1 秒
```

2.1.2　注释

Python 语言有两种注释方法，单行注释使用"#"开始，可以作为单独的一行放在被注释代码行之上，也可以放在语句或者表达式之后。如以上代码中 7～13 行中的 # 后的内容就是注释。多行注释使用三个单引号或者三个双引号来标记。如以上代码中 1～3 行就是多行注释。

2.1.3　标识符命名规则

所谓标识符就是一个名字，就好像每个人都有属于自己的名字，它的主要作用就是作为变量、函数、类、模块以及其他对象的名称。Python 中标识符的命名不是随意的，而是要遵守一定的命名规则，如下所示：

（1）标识符由字符（A～Z 和 a～z）、下画线和数字组成，但第一个字符不能是数字。标识符中区分大小写字母。例如：

正确标识符：abc、_x1、Ax_1。

错误标识符：1x、a@b、a-b。

（2）标识符不能和 Python 中的保留字(关键字)相同。保留字为 Python 已经使用的标识符，不能由用户使用，具体的 35 个保留字如表 2.1 所示。

表 2.1　35 个保留字

False	None	True	and	as	assert	async	await	break	class
continue	def	del	elif	else	except	finally	for	from	global
if	import	in	is	lambda	nonlocal	not	or	pass	raise
return	try	while	with	yield					

提示：Python 的关键字也对大小写敏感。例如，True 是关键字，而 true 不是关键字。

（3）Python 中的标识符中，不能包含空格、@、% 以及 $ 等特殊字符。

（4）需要注意的是，Python 允许使用汉字作为标识符，但应尽量避免使用汉字作为标识符，这会避免遇到无法分析和解决的错误。

2.2　常量与变量

2.2.1　常量与常量类型

常量是指在程序运行过程中，其值始终保持不变的量。例如，123、3.14、1.23e2 为数值类型的常量，"Python 程序设计"为字符串类型常量，[1,2,3,4,5]为列表类型常量。布尔型(bool)常量只有 True(真)、False(假)两个，常用于关系或逻辑判断。

2.2.2　变量与变量类型

在程序运行过程中可能发生变化的量，称为变量。变量的定义形式为：

```
<变量名> = <表达式>
```

变量赋值语句的执行过程是：计算等号右侧表达式的值，将其赋给左侧的变量。这里的等号为赋值符号。表达式结果的数据类型，就是变量类型。

```
x=3                 #x 为整数类型
x=3.1               #x 为浮点数类型
x="Hello world"     #x 为字符串类型
```

提示：上述 3 行语句中，x 变量的类型随着赋值不同，类型也发生了改变，这是 Python 的一个重要特点，就是变量的类型在程序中可以随时改变。

Python 可以随时改变变量类型的原因是，变量中存储的并不是表达式的结果，而是存储的结果在内存的地址，这种方式叫作"引用"。例如 x=3，如果常量 3 放到内存地址是 0X1234，那么变量 x 中的值存储的就是地址 0x1234，而不是值 3。

2.2.3　不同进制的书写格式

Python 中默认使用的是十进制数据,但是在嵌入式系统程序设计中常常使用十六进制、二进制和八进制,Python 对这些进制也是支持的。Python 中各种进制的前缀符号为:

- 0b(或 0B):二进制,例如 0B01011。
- 0x(或 0X):十六进制,例如 0x123ABC。
- 0o(或 0O):八进制,例如 0o123。
- 0d(或 0D):十进制,例如 0D123、123。

十进制与不同进制之间可以利用 Python 内置函数转换,具体转换函数为:

- bin():十进制转二进制字符串,例如 bin(128),结果为 0b10000000。
- hex():十进制转十六进制字符串,例如 hex(128),结果为 0x80。
- oct():十进制转八进制字符串,例如 oct(128),结果为 0o200。

上述转换结果为字符串,不能进行数学计算,如果需要转换为数值型数据,只需要再利用 eval()函数进行一次表达式的计算即可。

例如,x＝eval("0b10000000"),结果为 128。

2.3　基本数据类型

2.3.1　常用数据类型

计算机程序设计的两个重要方面是数据和程序控制。数据是信息的表示形式,是程序处理的对象,并且程序处理的结果也需要用数据来表示和存储。在 Python 程序设计中,数据类型包括基本数据类型、组合数据类型和其他类型,如表 2.2 所示。

表 2.2　Python 常用数据类型

数据类型	基本数据类型	数值类型（不可变）	整型(int)
			浮点型(float)
			复数型(complex)
		布尔型(bool)(不可变)	
		空类型(null)(不可变)	
	组合数据类型	列表(list)(可变)	
		元组(tuple)(不可变)	
		字符串(str)(不可变)	
		字典(dict)(可变)	
		集合(set)(可变)	
	其他类型(range、map、zip 等)		

2.3.2　整型

整型能精确表示数,与数学中的整数概念一致,如 123、0、−45。Python 中的整型没有大小限制，其大小只受限于计算机内存大小。整型默认为十进制表示，也可用二进制、八进制、十六进制表示。

- 二进制数以 0b 或 0B 引导，如 0b11 或 0B1010。
- 八进制数以 0o 或 0O 引导，如 0o35 或 0O477。
- 十六进制数以 0x 或 0X 引导，如 0x12 或 0X13F。

2.3.3　浮点型

浮点型（是指带有小数部分的数，与数学中的实数概念一致。浮点型有两种表示方法：标准浮点表示和科学记数法表示。标准浮点表示，如 12.3、68.00、−0.45。科学记数法表示形式为：

```
<尾数> e|E <指数>
```

其中尾数、指数都不能为空，指数必须为整数，e 与 E 通用。

例如，1.23e5 表示 1.23×10^5，其与 12.3E4、0.123e6 的值相同。12.3e−4 表示 12.3×10^{-4}，其与 1.23E−3、0.123E−2 的值相同。

2.3.4　布尔型

布尔型用于逻辑判断，它是数字类型的一种，（其有两种取值：True（真）和 False（假）。

2.3.5　字符串型

字符串是一个有序的字符集合，可以是 Unicode 字符（包括英文和中文）。字符串型数据表示方法如下。

（1）单引号：'12.3'、'abcde'、'Python 程序设计'。单引号中可以包含双引号。

（2）双引号："12.3+5"、"a"、"Python 3.X 程序设计"。双引号中可以包含单引号。

（3）三单引号或三双引号："'AB'"、"""Python 程序设计"""。三引号中的字符可以换行。

在字符表示方面，还有一类特殊的字符，即转义字符，它以反斜杠开头，后跟一个字母，组合起来表示一个新的含义。常用转义字符如表 2.3 所示。

表 2.3　常用转义字符

转义字符	功　能　说　明	转义字符	功　能　说　明
\\	反斜杠	\a	响铃
\'	单引号	\t	水平制表符
\"	双引号	\v	垂直制表符
\n	换行	\b	退格（Backspace）
\r	回车	\ooo	八进制数 ooo 代表的字符
\f	换页	\xhh	十六进制数 hh 代表的字符

例如：

```
s="学校\t\t 学生人数\t 地址\n 华北科技学院\t17000\t\t 北京东燕郊"
print(s)                #使用\t 实现数据对齐,\n 实现换行
```

输出结果为：

```
学校            学生人数        地址
华北科技学院      17000          北京东燕郊
```

2.3.6　复数型

复数型与数学中的复数概念一致。复数型表示形式为：

```
<实部> + <虚部> j|J
```

其中实部和虚部为浮点型数值,虚部不能为空,j 与 J 通用。

例如,1.2+3j、5+7.9J 都是复数。

2.3.7　不同数据类型之间的转换

1. 隐式类型转换

在数值型数据运算中,若有不同类型的数值型数据,则 Python 以"整型→浮点型→复数型"的顺序进行自动类型转换。若有复数型对象,则其他对象自动转换为复数型,结果为复数型。若有浮点型对象,则其他对象自动转换为浮点型,结果为浮点型。例如：

```
x=10.2 * 3       #结果为浮点数 30.6
```

2. 显式类型转换

Python 在进行不同类型的数值型数据运算时,会进行隐式类型转换,也可以使用内置的数值类型转换函数进行显式类型转换。数值类型转换函数如表 2.4 所示。

表 2.4　数值类型转换函数

函　　数	功　能　说　明	示　　例	结　　果
int(x)	将 x 转换为整数,截断取整	int(15.8)	15
float(x)	将 x 转换为浮点数	float(15)	15.0
complex(x[,y])	返回复数 x+yj。若省略 y,则为 x+0j	complex(1,2)	(1+2j)

提示：对于复数,可以使用.real 和.imag 获得其实部和虚部。

2.3.8　数值运算函数

Python 提供了大量的内置函数,它们是系统为实现一些常用特定功能而设置的内部程序,可供用户直接调用。常用的数值运算函数如表 2.5 所示。

表 2.5 常用的数值运算函数

函　数	功　能　说　明	示　例	结　果
abs(x)	返回 x 的绝对值。若 x 为复数,则返回 x 的模	abs(−23)	23
divmod(x,y)	返回 x 除以 y 的商和余数	divmod(7,3)	(2,1)
pow(x,y[,z])	返回 x 的 y 次幂。若指定 z,则为 pow(x,y)%z	pow(10,2)	100
round(x[,n])	返回 x 四舍五入的整数值。若指定 n,则保留 n 位小数	round(12.345,2)	12.35
max(x1,x2,…,xn)	返回 x1,x2,…,xn 的最大值	max(1,3,5,2,4)	5
min(x1,x2,…,xn)	返回 x1,x2,…,xn 的最小值	min(1,3,5,2,4)	1

2.4　常用运算符

2.4.1　数值运算符

数值运算符用于对数值型数据进行运算。Python 提供的内置数值运算符如表 2.6 所示。

表 2.6 Python 提供的内置数值运算符

运算符	名称	优先级	功　能　说　明	示例	结果
**	乘方	1	幂运算	10**4	10000
*	乘	2	算术乘法	10 * 4	40
/	除		浮点数除法	10/4	2.5
//	整除		求整数商,若操作数中有实数,结果为实数形式的整数	10//4	2
%	取余		求余数	10%4	2
+	加	3	算术加法	10+4	14
−	减		算术减法	10−4	6

2.4.2　赋值运算符和复合赋值运算符

赋值运算符为"=",其作用是把运算符右侧的结果赋给左侧。

数值运算符和赋值符号,可以组成复合赋值运算符。例如:

x+=1 相当于 x=x+1。

x * =2 相当于 x=x * 2。

2.4.3　关系(比较)运算符

关系运算符有时也称为比较运算符,即将两个数进行比较,判定两个数据是否符合给定的关系。用关系运算符将两个操作数连接起来的表达式,称为关系表达式(relational expression)。关系表达式通常用于表达一个判断条件,而一个条件判断的结果只能有两种可能：True 或 False。Python 中的关系运算符如表 2.7 所示。

表 2.7　关系运算符

运算符	含　义	示　例
==	相等	10 == 20 结果为 False
!=	不相等	10 != 20 结果为 True
>	大于	10 > 20 结果为 False
<	小于	10 < 20 结果为 True
>=	大于或等于	10 > = 20 结果为 False
<=	小于或等于	10 < = 20 结果为 True

关系运算符的运算顺序是从左往右,结果是布尔型值 True 或 False。它可以对数值进行比较,也可以对字符串进行比较。数值比较是按值的大小进行比较,字符串的比较则是按 ASCII 码值的大小进行比较,特别是字符数超过 1 时,要按照关系运算符左右两边的字符串从第 1 个字符开始依次对对应位置的字符进行比较。例如：

```
'abc'=='abd'        #结果为 False
'abc'>'abd'         #结果为 False
```

2.4.4　逻辑运算符

关系运算符只能描述单一的条件,如果需要同时描述多个条件,就要借助逻辑运算符,将几个条件进行组合使用。Python 提供的逻辑运算符有三种,如表 2.8 所示。

表 2.8　逻辑运算符

运算符	含　义	说　明
not	逻辑非	操作数为 True,则结果为 False,操作数为 False,则结果为 True
and	逻辑与	两个操作数都为 True,则结果为 True,否则为 False
or	逻辑或	两个操作数都为 False,则结果为 False,否则为 True

逻辑运算的结果和关系运算的结果一样,都是布尔型值 True 或 False,逻辑运算符的优先级顺序是：not>and>or。逻辑运算经常与关系运算混合使用。

逻辑运算符连接操作数组成的表达式称为逻辑表达式(logic expression),逻辑表达式主要用来表示多个条件,例如：

(1) 描述条件"x 满足在区间[2,10]"的逻辑表达式为：x>=2 and x<=10。

(2) 描述条件"ch 是小写英文字母"的逻辑表达式为：ch>='a' and ch<='z'。

(3) 某计算机专业招生的条件是"总分(total)超过分数线 600 并且数学成绩(math)不低于 130 分",该条件的逻辑表达式为：total>600 and math>=130。

提示: 逻辑运算有一个称为"短路逻辑"的特性,即逻辑运算符的第 2 个操作数有时会被"短路",实际上,这是为了避免无用地执行代码。例如:

```
a=5
a>3 and print(a)        #结果为 5
a>3 or print(a)         #结果为 True
```

2.4.5　位运算符

由于嵌入式系统的硬件资源有限,因此在计算中常常要利用二进制位进行计算,在 Python 语言中提供了丰富的位运算符,如表 2.9 所示。

表 2.9　位运算符

运算符	描述	运 算 规 则	示　　例
&	与	两个位都为 1 时,结果才为 1	0b010&0b110,结果 0b010
|	或	两个位都为 0 时,结果才为 0	0b010|0b110,结果 0b110
^	异或	两个位相同为 0,相异为 1	0b010&0b110,结果 0b101
~	取反	0 变 1,1 变 0	~0b010,结果 0b101
<<	左移	各二进位全部左移若干位,高位丢弃,低位补 0	0b010<<1,结果 0b100
>>	右移	各二进位全部右移若干位,对无符号数,高位补 0,有符号数,各编译器处理方法不一样,有的补符号位(算术右移),有的补 0(逻辑右移)	0b010>>1,结果 0b001

提示: 若左移时舍弃的高位不包含 1,则每左移一位,相当于该数乘以 2。操作数每右移一位,相当于该数除以 2。

2.4.6　表达式中运算符的优先级

当一个表达式中出现多个运算符时,求值的顺序依赖优先级规则。Python 遵守数学操作符的传统规则。具体优先级如表 2.10 所示,1 级为最高级。

表 2.10　运算符优先级

级别	运 算 符	描　　述
1	**	指数(最高优先级)
2	~、+、-	按位翻转,一元加号和减号(最后两个的方法名为+@和-@)
3	*、/、%、//	乘、除、取模和取整除
4	+、-	加法、减法
5	>>、<<	右移、左移运算符
6	&	位与
7	^、|	位运算符

续表

级别	运　算　符	描　述
8	<=、<、>、>=	比较运算符
9	<>、==、!=	等于运算符
10	=、%=、/=、//=、−=、+=、*=、**=	赋值运算符
11	is、is not	身份运算符
12	in、not in	成员运算符
13	not、or、and	逻辑运算符

提示：读者可以通过加括号的方式明确复杂表达式中的优先级。

2.5　输出与输入

2.5.1　标准输出函数 print()

1. 基本输出操作

Python 提供标准输出函数 print()，将数据输出到标准控制台或指定的文件对象。print()函数的基本语法格式为：

```
print(value1, value2, ..., sep=' ', end='\n')
```

其中，value1，value2，...为要输出的数据，可以为多项，用逗号分隔。sep 参数指定多项数据之间的分隔符，默认为空格。end 参数指定结束输出数据后，以什么字符结尾，默认为回车（转义字符'\n'）。print()函数的参数都为可选项，当所有参数都省略时，输出一个空行。

2. 格式化输出

Python 语言中格式化输出就是把输出的结果转换为字符串，利用字符串的 format 格式控制方式对字符串进行格式化处理，然后利用 print()函数输出此字符串。

字符串格式化方法 format()的基本语法格式如下：

```
<格式字符串> . format(<参数列表>)
```

其中，格式字符串可以由多个占位符｛｝组成，占位符的语法格式为：

```
{<参数序号> : <格式控制标记>}
```

其中，格式控制标记用来控制参数显示格式，它包括 6 个字段：

```
<填充> <对齐> <宽度>, <.精度> <类型>
```

这些字段都是可选的，可以组合使用，表示的含义如表 2.11 所示。

表 2.11　格式控制标记字段功能说明

字　段	功　能　说　明	示　例
<填充>	填充字符,可以为除{ }外的任意字符,默认为空格	*
<对齐>	对齐方式,<为左对齐,>为右对齐,^为居中对齐	^
<宽度>	设定输出宽度,如实际宽度大于设定值,则按实际宽度,否则填充字符	10
,	千位分隔符,适用于整数和浮点数	,
<.精度>	浮点数的小数部分有效位数,或字符串的最大长度	.2
<类型>	整数和浮点数的格式	f

格式控制标记的类型字段包括 10 种,如表 2.12 所示。

表 2.12　格式控制标记的类型字段

格式字符	功　能　说　明	格式字符	功　能　说　明
b	二进制数	c	对应的 Unicode 字符
d	十进制数	o	八进制数
x	小写十六进制数	X	大写十六进制数
e	小写 e 的科学记数法	E	大写 E 的科学记数法
f	标准浮点形式	%	百分数形式

例如:

```
s="{0:*^20,.3f},{0:.2f},{1:#<15,}".format(12345.6789,123456789)
print(s)
```

输出结果为:

```
'*****12,345.679*****,12345.68,123,456,789####'
```

2.5.2　标准输入函数 input()

1. 基本输入操作

Python 提供标准输入函数 input(),接收用户从键盘输入的字符数据。因为 input()函数的返回值为字符串型,所以无论用户输入的是什么类型,系统都按照字符串处理。input()函数的语法格式为:

```
<变量名> = input([<输入提示信息>])
```

例如:

```
x=input("请输入数据: ")
```

2. 数据类型转换

由于 input()函数输入的是字符串,所以当用户需要从键盘获得字符串以外的其他类型

（例如整型、浮点型等）数据时，通常需要使用 eval()、int()、float()等函数实现。

eval(x)函数将 x 以表达式的方式解析并执行。

例如：

```
x=eval(input("请输入数据: "))
```

3. 在一行输入多个数据

如果需要从键盘输入多个数据，可以采用编写多个 input()函数的方法。但还有更简单的方法，那就是在一行中输入多个数据，利用特定的分隔符（例如空格、逗号等）分隔数据，赋值给不同的变量。例如：

```
x,y=input("请用空格分隔输入数据: ").split(" ")
输入: 20 1.23
```

提示：此时获得的 x 和 y 都是字符串。如果需要进行数学计算，则使用 eval()、int()、float()等函数进行类型转换。

2.6　组合数据类型

2.6.1　常用组合数据类型

在 Python 中，基本数据类型主要处理简单的数据计算，但对于复杂数据计算，例如一组数据的统计计算，就需要组合数据类型进行处理。组合数据类型包括列表类型、元组类型、字符串、字典、集合等。其中字符串可以看成单一字符的有序组合，属于组合数据类型，也可以看成一串字符，也属于基本数据类型。

在组合数据中，一个重要的特性就是数据的存储是否有序。如果是有序的，就可以利用存储的坐标索引来获得数据。例如，字符串就是有序组合数据，设字符串 s="Python"，利用 s[2]就可以获得字符"t"。而对于无序数据，要获得数据，只能通过数据标识的关键值（key）字典方式获得，或者通过循环迭代的方式逐一随机获得（例如集合）。

在组合数据中，另外一个重要特性，就是组合数据中的值是否可以被修改，即组合数据类型是否"可变"。例如，字符串就是一个不可修改的数据类型，列表就是可修改类型。根据以上描述，总结如表 2.13 所示的常用组合数据类型分类。

表 2.13　组合数据类型分类

组合数据类型	有序类型	列表(list,[ ]),可变
		元组(tuple,()]),不可变
		字符串(str," "),不可变
	无序类型	字典(dict,{key:value}),可变
		集合(set,{ }),可变

2.6.2　字符串(str)

1. 字符串基本操作

Python 提供了一些内置的常用字符串操作符,如表 2.14 所示,这里假设 s='Python'。

表 2.14　字符串操作符

操作符	功 能 说 明	示 例	结 果
+	字符串连接	'he'+'llo'	'hello'
*	字符串重复	"he" * 3 3 * "he"	'hehehe' 'hehehe'
[N]	索引,返回第 N 个字符	s[2]	't'
[M:N]	切片,返回从第 M 到 N 个字符,不包含第 N 个字符,M 默认值为 0,N 默认值为 len(s)	s[2:4]	'th'
[M:N:K]	步骤切片,返回从第 M 到 N 个字符以 K 为步长的子串,K 必须为 1	s[0:4:1]	'Pyth'
in	字符是否在字符串中,是则返回 True,否则返回 False	'k' in s 'th' in s	False True
not in	字符是否不在字符串中,是则返回 True,否则返回 False	't' not in s	False

提示:s[M:N:K]模式中,在 MicroPython 中 K 只能为 1,不能是其他值。

2. 内置的字符串处理函数

Python 提供了一些内置的字符串处理函数,如表 2.15 所示。

表 2.15　字符串处理函数

函 数	功 能 说 明	示 例	结 果
len(x)	返回 x 的长度,即字符个数	len('Python 程序设计')	10
str(x)	返回 x 对应的字符串形式	str(12.3)	'12.3'
chr(x)	返回 x 对应的字符	chr(65)	'A'
ord(x)	返回单个字符 x 的 Unicode 编码	ord('a')	97
hex(x)	返回整数 x 对应的十六进制字符串	hex(20)	'0x14'
oct(x)	返回整数 x 对应的八进制字符串	oct(20)	'0o24'
reversed(x)	返回一个翻转后 reversed 类数据,通过 list(reversed(x))可以转换为翻转后的列表		

3. 内置的字符串方法

Python 提供了很多内置的字符串方法,如表 2.16 所示,这里假设 s="Python 程序设计",r="good good study!"。

表 2.16　字符串内置方法

方　　　法	功　能　说　明	示　　　例	结　　　果
lower()	转换为小写	s.lower()	'python 程序设计'
upper()	转换为大写	s.upper()	'PYTHON 程序设计'
capitalize()	转换为首字母大写,其余小写	r.capitalize()	'Good good study!'
title()	转换为各单词首字母大写	r.title()	'Good Good Study!'
swapcase()	大小写互换	s.swapcase()	'pYTHON 程序设计'
islower()	返回是否全为小写,是返回 True,否则返回 False	r.islower()	True
isupper()	返回是否全为大写,是返回 True,否则返回 False	r.isupper()	False
isspace()	返回是否全为空格,是返回 True,否则返回 False	r.isspace()	False
isnumeric()	返回是否全为数字字符,是返回 True,否则返回 False,支持汉字数字、罗马数字	"123 四⑤Ⅵ".isnumeric()	True
isdigit()	返回是否全为数字字符,是返回 True,否则返回 False	"123⑤".isdigit()	True
isdecimal()	返回是否全为十进制数字字符,是返回 True,否则返回 False	"123".isdecimal()	True
isalpha()	返回是否全为字母,是返回 True,否则返回 False	s.isalpha()	False
isalnum()	返回是否全为字母或数字,是返回 True,否则返回 False	r.isalnum()	True
isprintable()	返回是否全为可打印的,是返回 True,否则返回 False	s.isprintable()	True
startswith(x[,M[,N]])	返回[M,N)内的字符串是否以 x 开头,是返回 True,否则返回 False。M 默认值为 0,N 默认值为 len(s)	r.startswith("go")	True
endswith(x[,M[,N]])	MicroPython 不支持		
count(sub[,M[,N]])	返回[M,N)内的字符串中,sub 子串出现的次数	r.count("go")	2

续表

方　　法	功 能 说 明	示　　例	结　　果
index(sub[,M[,N]])	返回[M,N)内的字符串中,sub 子串首次出现的位置,不存在则报错	r.index("go")	0
rindex(sub[,M[,N]])	返回[M,N)内的字符串中,从右到左 sub 子串首次出现的位置,不存在则报错	r.rindex("go")	5
find(sub[,M[,N]])	返回[M,N)内的字符串中,sub 子串首次出现的位置,不存在则返回−1	r.find("go")	0
rfind(sub[,M[,N]])	返回[M,N)内的字符串中,从右到左 sub 子串首次出现的位置,不存在则返回−1	r.rfind("go")	5
replace(old,new[,N])	替换字符串中所有 old 子串为 new。替换次数 N 默认值为−1,无限制	r.replace("good","day")	'day day study!'
split([sep[,N]])	使用分隔符 sep 分割字符串,返回列表。sep 默认为空白字符,最大分割次数 N 默认值为−1,无限制	r.split()	['good','good','study!']
rsplit([sep[,N]])	使用分隔符 sep,从右到左分割字符串,返回列表	r.rsplit(" ",1)	['good','good study!']
partition(sep)	使用分隔符 sep 分割字符串为三部分,返回元组(sep 左边字符,sep,sep 右边字符)	r.partition(" ")	('good',' ','good study!')
rpartition(sep)	使用分隔符 sep,从右到左分割字符串为三部分,返回元组(sep 左边字符,sep,sep 右边字符)	r.rpartition(" ")	('good good',' ','study!')
join(iterable)	使用字符串,连接组合 iterable 的每个元素	",".join("hello")	'h,e,l,l,o'
strip([chars])	删除字符串两边的 chars 字符,chars 默认值为空白字符	"　hello ".strip()	'hello'
lstrip([chars])	删除字符串左边开头为 charrs 的字符,chars 默认值为空白字符	"kkhellokk".lstrip("ok")	'hellokk'

方　法	功能说明	示　例	结　果
rstrip([chars])	删除字符串右边开头为 chars 的字符，chars 默认值为空白字符	"kkhellokk".rstrip("ok")	'kkhell'
zfill(width)	左填充，使用 0 填充字符串到长度为 width	"hello".zfill(9)	'0000hello'
center(width[,char])	两边填充，使用 char 填充字符串到长度为 width，字符串居中。char 默认值为空格	"hello".center(9,"＊")	'＊＊hello＊＊'
ljust(width[,char])	MicroPython 不支持	"hello".ljust(9,"＊")	'hello＊＊＊＊'
rjust(width[,char])	MicroPython 不支持	"hello".rjust(9,"＊")	'＊＊＊＊hello'
format()	格式化字符串	"{:＊^9}".format("hello")	'＊＊hello＊＊'

2.6.3　列表(list)

1. 列表定义与元素访问

列表是常用的组合数据类型，它是包含 0 个或多个元素的有序序列。列表的基本形式为：

```
[<元素 1>,<元素 2>,…,<元素 n>]　或 []
```

多个元素之间用逗号分隔，元素个数无限制。各元素可以是不同的任意数据类型，包括组合数据类型。0 个元素的列表为空列表[]。列表中元素的索引编号，与字符串中的字符编号方法相同，也是从左到右，从 0 开始递增；从右到左，从 −1 开始递减。可以通过索引编号访问元素，语法格式为：

```
<列表名>[索引编号]
```

例如：

```
x=[1,2,3,'a','b','c']
y=x
y1=x[1]
y2=x[-2]
x1,x2,x3=[4,5,6]
```

提示：上述代码中第 2 行的 y＝x，执行后 x 和 y 引用的是同一个列表对象。

2. 列表的基本操作

列表的基本操作符与字符串的操作符功能类似，可与字符串操作符比较理解，这里假设 s＝[1,2,3,4,5],t＝['a','b'],x＝3,参考表 2.17 理解。

表 2.17 列表基本操作符

操作符	功 能 说 明	示 例	结 果
+	列表连接	s+t	[1,2,3,4,5,'a','b']
*	列表重复	t * 2	['a','b','a','b']
[N]	索引,返回列表的第 N 个元素	t[0]	'a'
[M:N]	切片,返回列表中第 M 到 N 个元素的子序列,不包含第 N 个元素	s[1:4]	[2,3,4]
[M:N:K]	步骤切片,返回列表中第 M 到 N 个元素以 K 为步长的子序列,K 只能为 1	s[1:4:2] s[4:1:-2]	[2,4] [5,3]
in	元素是否在列表中,是则返回 True,否则返回 False	x in s	True
not in	元素不在列表中,是则返回 True,否则返回 False	x not in s	False
del	删除列表中的元素	del t[0]	#输出 t 结果 ['b']

3. 列表内置方法

列表内置方法如表 2.18 所示,这里假设 s＝[1,2,3,4,5],t＝['a','b'],x＝3。

表 2.18 列表内置方法

方 法	功 能 说 明	示 例	输出 s 结果
count(x)	返回 x 在列表中的出现次数	s.count(2)	1
index(x,[M,[N]])	返回列表中第一个值为 x 的元素的索引,若不存在,则抛出异常	s.index(5)	4
append(x)	将 x 追加至列表尾部	s.append(3)	[1,2,3,4,5,3]
extend(t)	将列表 t 所有元素追加至列表尾部	s.extend(t)	[1,2,3,4,5,'a','b']
insert(i,x)	在列表第 i 位置前插入 x	s.insert(1,7)	[1,7,2,3,4,5]
remove(x)	在列表中删除第一个值为 x 的元素	s.remove(2)	[1,3,4,5]
pop([i])	删除并返回列表中下标为 i 的元素,若省略 i,则 i 默认为 -1,弹出最后一个元素	s.pop(2)	3
clear()	列表清空,删除列表中所有元素,保留列表对象	s.clear()	[ ]
reverse()	列表翻转	s=[1,3,5,4,2] s.reverse()	[2,4,5,3,1]
sort([key=None, reverse=False])	列表排序,key 用来指定排序规则,reverse 为 False 则升序,True 则降序	s=[1,3,5,4,2] s.sort()	[1,2,3,4,5]
copy()	列表浅复制	s1=s.copy()	#输出 s1 结果 [1,2,3,4,5]

4. 内置函数处理列表

可操作列表的内置函数如表 2.19 所示,这里假设 s=[1,2,3,4,5],t=['a','b']。

表 2.19　可操作列表的内置函数

函　　数	功 能 说 明	示　　例	结　　果
list([x])	将字符串或元组 x 转换为列表,若省略 x,则创建空列表	list("Python 程序") list((1,2,3))	['P','y','t','h','o','n','程','序'] [1,2,3]
len(s)	列表 s 的元素个数(长度)	len(s)	5
min(s)	列表 s 中的最小元素	min(s)	1
max(s)	列表 s 中的最大元素	max(t)	'b'
sum(s[,start])	列表 s 中元素求和,可设起始值 start,若省略,start 默认为 0	sum(s)	15
sorted(s[,key=None, reverse=False])	列表排序,参数含义同 sort() 方法	s=[1,3,5,4,2] sorted(s)	#输出 s 结果 [1,2,3,4,5]
map(fun,iterable)	函数 fun() 依次作用在 iterable 的每个元素上,得到一个新的迭代对象并返回	x,y=map(int,['1','2'])	#输出 x 结果 1 #输出 y 结果 2
reversed(s)	返回一个翻转的 reversed 对象,通过 list() 可以转换为翻转后的列表	x=list(reversed(s))	[5,4,3,2,1]

5. range() 函数使用

列表的产生需要编写一定量的代码,能否自动生成符合一定规则的列表呢? 例如,存储 1~100 的等差序列[1,2…,100]列表。答案是肯定的。

range() 函数就是可以迭代产生指定范围内的数字序列,其语法格式为:

```
range([start ,] end [, step])
```

range() 函数返回从 start 到 end、步长为 step 的整型数据序列,不包括 end 的值。start、end 和 step 必须为整型数据。start 默认值为 0,step 默认值为 1,不可为 0。可以只省略 step,或者同时省略 start 和 step。

提示:该函数返回的是 range 类型数据。要想获得 list 类型数据,需要使用 list() 进行强制类型转换。

例如:

```
x1=range(5)
x2=list(range(2,10,2))
x3=list(range(10,5,-2))
```

2.6.4　元组(tuple)

1. 元组的定义

元组可以看作不可变的、只读版的列表,它一旦创建就不能被修改。元组的基本形式为:

```
(<元素 1> , <元素 2>,…, <元素 n>) 或 ()
```

其中,小括号可以省略。当元组只有一个元素时,逗号不能省略。

tuple()函数与 list()函数类似,可以转换或创建成一个元组。

例如:

```
s=(1,2,3,"abc","xyz",(5,6,7))
s=tuple([1,23])
s=tuple("python")
```

2. 元组的基本操作

列表的基本操作、内置方法和内置函数中,那些不会改变元素值的基本都适用于元组。在此不再赘述。不可用方法和函数有 append()、extend()、insert()、remove()、pop()等。请读者参照列表学习内容扩展学习元组。

元组就是不变的列表,正是元组不可修改的特点,使得它在某些场合是不可替代的。很多内置函数和序列类型方法的返回值为元组类型。元组可以用作字典的键,也可以作为集合的元素,而列表则不行。元组比列表的访问和处理速度更快,因此在进行不需要修改元素的操作时,建议使用元组。

2.6.5　字典(dict)

1. 字典的定义与赋值

字典是键和值的映射关系,每个键对应一个值,它是键值对的无序可变序列,也是常用组合数据类型之一。字典的基本形式为:

```
{<键 1> : <值 1>, <键 2> : <值 2>, … , <键 n> : <值 n>} 或 { }
```

字典的键只能使用不可变的类型,但值可以是可变的或者不可变的类型。键是唯一的,不能重复,值可以重复。字典的多个键值对之间是无序的,所以打印输出的顺序与开始创建的顺序可能不同。可以通过键访问来获得字典中此键对应的值,语法格式为:

```
<字典名>[<键>]
```

也可以为键赋予新的值,来修改原有键对应的值。若键不存在,则添加一个新元素。

例如:

```
x1={"name":"jack","age":18,1001:"python"}
x2={}
x3=dict()
y1=x1["name"]
x1['age']=21
```

2. 字典基本操作

字典的常用函数和方法如表 2.20 所示,这里假设 d={"学校":"华北科技学院","学生数":17000,"地址":"北京东燕郊"},t={'学生数':18000}。

表 2.20　字典的常用函数和方法

函数和方法	功能说明	示　　例	结　　果
keys()	返回所有的键信息	d.keys()	dict_keys(['学校','学生数','地址'])
values()	返回所有的值信息	d.values()	dict_values(['华北科技学院',17000,'北京东燕郊'])
items()	返回所有的键值对	d.items()	dict_items([('学校','华北科技学院'),('学生数',17000),('地址','北京东燕郊')])
get(key[,default])	返回键对应的值,若键不存在,则返回默认值	d.get("地址")	'北京东燕郊'
setdefault(key[,default])	返回键对应的值,若键不存在,则添加该键值对	d.setdefault("地址")	'北京东燕郊'
pop(key[,default])	返回键对应的值,并删除该键值对,若键不存在,则返回默认值	d.pop("地址")	'北京东燕郊'
popitem()	随机返回一个键值对,并删除该键值对	d.popitem()	('学生数',17000)
clear()	清除所有的键值对	d.clear()	#输出 d 结果 {}
update(t)	修改键对应的值,若键不存在,则添加该键值对	d.update(t)	#输出 d 结果 {'学校': '华北科技学院','学生数': 18000,'地址': '北京东燕郊'}
copy()	浅复制字典	t=d.copy()	#输出 t 结果 {'学校': '华北科技学院','学生数': 17000,'地址': '北京东燕郊'}
del	删除字典中指定的键值对	del d["地址"]	#输出 d 结果 {'学校': '华北科技学院','学生数': 17000}

续表

函数和方法	功能说明	示　例	结　果
in	返回键是否在字典中,是返回 True,否则返回 False	"学校" in d	True
len(d)	返回字典的长度,即键值对个数	len(d)	3

2.6.6　集合(set)

1. 集合的定义

集合类型与数学中集合的概念一致,即包含 0 个或多个元素的无序组合。集合中元素不可重复,元素类型只能是不可变数据类型。集合的基本形式为:

{<元素 1>, <元素 2>, …, <元素 n>}

集合中元素是无序的,它没有索引和位置的概念,元素打印输出的顺序与开始创建的顺序可能不同。由于集合元素不可重复,因此使用集合类型能过滤掉重复元素。

set()函数可以转换或创建成一个集合。

例如:

```
s1=(1,2,3,4)
s2=set([1,2,3,3,4,5])
s3=set()
```

2. 集合基本操作

集合的常用函数和方法如表 2.21 所示,这里假设 s={1,2,3,4,5},t={3,9}。另外,集合还提供了数学意义上的交集、并集、差集等运算。

表 2.21　集合的常用函数和方法

函数和方法	功能说明	示　例	输出 s 结果
add(x)	添加元素 x 到集合中	s.add(6)	{1,2,3,4,5,6}
pop()	随机返回一个元素,并删除该元素	s.pop()	1
discard(x)	删除元素 x,若不存在 x,不报错	s.discard(3)	{1,2,4,5}
remove(x)	删除元素 x,若不存在 x,报错	s.remove(3)	{1,2,4,5}
clear()	清除集合中所有元素	s.clear()	set()
update(t)	合并集合 t 到原集合中,并自动过滤重复元素	s.update(t)	{1,2,3,4,5,9}
copy()	复制集合	t=s.copy()	#输出 t 结果 {1,2,3,4,5}

函数和方法	功　能　说　明	示　　　例	输出 s 结果
isdisjoint(t)	若集合与 t 没有相同元素,返回 True,否则返回 False	s.isdisjoint(t)	♯输出结果 False
len(s)	返回集合元素个数	len(s)	♯输出结果 5
in	返回元素是否在集合中,是返回 True,否则返回 False	3 in s	♯输出结果 True

2.6.7　列表与其他数据类型的转换

列表属于 Python 语言中最灵活的"胶水"式数据类型,它的特点是可以用来存储任意类型的数据。若在编程中遇到不能访问的数据类型,最简单的解决方案就是转换为列表,然后利用列表进行访问。通常,这种方式可以解决大量问题。因此,掌握列表和不同类型数据之间的转换,非常关键。

1. 列表与字符串间的转换

(1) 字符串转列表。

字符串转列表就是按单个字符拆分,每个字符作为列表中的一个元素。例如:

```
x=list("人生苦短、快学 Python")
#结果为:['人', '生', '苦', '短', '、', '快', '学', 'P', 'y', 't', 'h', 'o', 'n']
```

(2) 列表转字符串。

列表转字符串的思路是,把列表中的每个元素连接成一个整体的字符串。这里有一个前提条件,即列表中的每个元素都是字符串才可以进行连接。

```
x1=['abc','A','B']
x2= "".join(x1)          #""代表连接时采用的分隔符,没有字符表示分隔为空
#结果 x2 为'abcAB'
```

如果列表中存在非字符串数据,需要先利用 map()函数把所有元素转换为字符串,然后再进行连接。

```
x3=['a','b','c',123,5,6]
x4="".join(map(str,x3))
#结果 x4 为'abc12356'
```

2. 列表与字典间的转换

(1) 字典转列表。

字典转列表的关键点是 key 和 value 的采集与转换,两者不能同时进行转换,只能一次转换一种,具体方法示例如下:

```
d1={"1001":"wang01","1002":"wang02","1003":"wang03"}
d2=list(d1)
#结果 d2 为['1001', '1002', '1003']
d3=list(d1.keys())
#结果 d3 为['1001', '1002', '1003']
d3=list(d1.values())
#结果 d3 为['wang01', 'wang02', 'wang03']
```

(2) 列表转字典。

列表转字典的关键点在于确定列表中哪些数据作为 key,哪些数据作为 value。直接转换方式是实现不了的,需要借助于 zip()函数来实现,示例如下:

```
y1=["a","b","c"]
y2=[1,2,3]
y3=zip(y1,y2)          #zip 类型
y3=dict(y3)
#结果 y3 为{'a': 1, 'b': 2, 'c': 3}
y4=dict(zip(y2,y1))
结果 y4 为{1: 'a', 2: 'b', 3: 'c'}
```

zip(x,y)函数是对 x 和 y 中的数据重新进行打包组合,构成新的数据(zip 类型),利用 dict()函数就可以把这个数据转换为字典。

2.7　选择结构

2.7.1　单分支(if)

单分支结构是一种最简单的选择结构,其主要是通过 if 语句来实现,if 语句的单分支结构的语法形式为:

```
if  表达式:
    语句/语句块
```

其中:

(1) 表达式:也称为条件表达式,可以是一个简单的数字或字符,也可以是包含多个运算符的复杂表达式。通常,表达式中包含关系运算符、成员运算符或逻辑运算符,表达式后面的冒号必须有。

当条件表达式的结果为真(True)时,执行 if 后的语句或语句块(语句序列),否则不做任何操作,控制将转到 if 语句的结束点。例如,表示闰年的条件表达式为:

```
year% 4==0 and year% 100!=0 or year% 400==0
```

(2) 语句块(也称语句序列):可以是单个语句,也可以是多个语句。多个语句的缩进必须在同一列上进行相同的缩进;否则,表示内部的语句块已经结束。其流程图如图 2.1 所示。

例题:编程实现猜数字游戏。在程序中要求随机产生一个 0~100 的整数,玩家从键盘

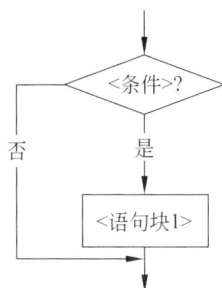

图 2.1　单分支结构流程图

输入所猜的数字,若猜中,则提示"恭喜你,猜对了!"。

分析:利用 random 模块中的 randint()函数随机产生一个整数 x,玩家输入一个自己所猜的数字 num,如果 x 等于 num,则提示输出字符串"恭喜你,猜对了!"。

编写程序如下:

```
from random import randint
x=randint(0,100)
num=int(input("从键盘输入一个 0~100 的整数:"))
if num==x:
print('恭喜你,猜对了! ')
```

若产生的随机数 x 是 55,输入的整数 num 是 66,则程序不会有任何输出。

在大多数情况下,会需要在条件为真时执行一种操作,在条件为假时执行另一种操作,对于这种情况,单分支结构就不能满足要求了,需要用到 if 语句的 else 语句,即双分支结构。

2.7.2　双分支(if-else)

if-else 语句双分支结构的语法形式为:

```
if 表达式:
    语句/语句块 1
else:
    语句/语句块 2
```

if-else 语句执行时,先计算表达式的值,若结果为 True,则执行语句/语句块 1;否则,执行 else 后的语句/语句块 2。这种形式称为双分支结构,其流程图如图 2.2 所示。

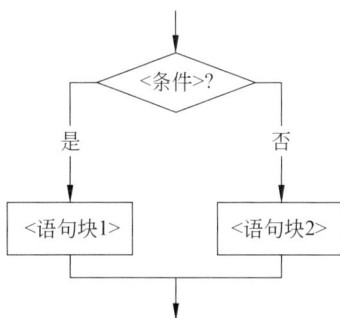

图 2.2　双分支结构流程图

提示:在 if-else 双分支结构中,else 必须与 if 对齐,并且它们所在语句的后面都必须带上冒号。

例题:编程实现猜数字游戏。在程序中要求随机产生一个 0～100 的整数,玩家从键盘输入所猜的数字,若猜中,则提示"恭喜你,猜对了!";否则,提示"你猜错了,加油!"。

编写程序如下:

```
from random import randint
x=randint(0,100)
num=int(input("Please enter a number between 0-100: "))
if num==x:
    print('恭喜你,猜对了! ')
else:
    print('你猜错了,加油! ')
```

双分支结构,如果分支语句块只有一条语句,可以简写为一行的条件表达式形式,条件表达式的常见形式如下:

```
<语句 1>  if <条件>  else  <语句 2>
```

执行过程为先计算条件表达式,若条件表达式值为真,则返回语句 1 的值;否则,返回语句 2 的值。因此,前一个双分支结构的代码也可以写成:

```
print('恭喜你,猜对了! ') if num==x else print('你猜错了,加油! ')
```

提示:条件表达式在 Python 的所有运算符中优先级最低。

双分支结构在选择结构中使用频率非常高,但有时一个问题可能会有更多路分支的选择。上例中若没有猜对数字,则要提示"太大了!"或"太小了!"这样的提示,这就需要使用 elif 语句。

2.7.3 多分支(if-elif-else)

if-elif-else 多分支结构语法形式为:

```
if 表达式 1:
    语句/语句块 1
elif 表达式 2:
    语句/语句块 2
...
elif 表达式 N:
    语句/语句块 N
[else:
    语句/语句块 N+1]
```

elif 是"else if"的缩写。其先计算表达式 1 的值,若结果为 True,则执行语句(块)1;否则,计算表达式 2,若结果为 True,则执行语句(块)2,以此类推;若表达式 1 至表达式 N 的计算结果都为 False,则执行 else 部分的语句(块)N+1。这种形式称为多分支结构,其流程图如图 2.3 所示。

例题:编程实现猜数字游戏。在程序中要求随机产生一个 0～100 的整数,玩家从键盘

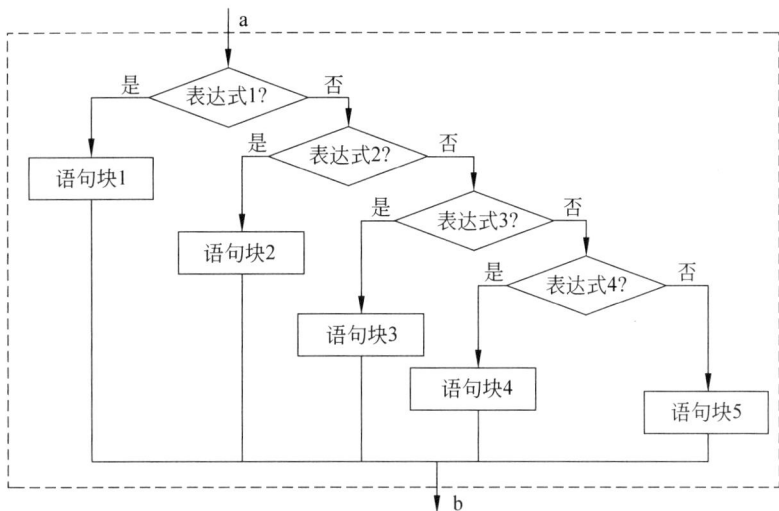

图 2.3　多分支结构流程图

输入所猜的数字,若猜中,则提示"恭喜你,猜对了!";若猜大了,则提示"Too large!";否则,提示"Too small!"。

编写程序如下:

```
from random import randint
x=randint(0,100)
print(x)
num=int(input("Please enter a number between 0-100:"))
if num==x:
    print('恭喜你,猜对了! ')
elif num>x:
    print('Too large! ')
else:
    print('Too small! ')
```

如果在逻辑上希望首先判断数字猜对或猜错,若猜错了则接着判断猜大了还是猜小了,要实现这种结构则需要使用 if 语句的嵌套结构。

2.7.4　选择嵌套结构

在 if 语句中又包含一个或多个 if 语句称为 if 语句的嵌套。多分支的猜数字游戏的代码可以用嵌套的 if 语句进行改写。

```
from random import randint
x=randint(0,100)
num=int(input('Please enter a number between 0-100: '))
if num==x:
    print('恭喜你,猜对了! ')
else:
```

```
if num>x:
    print('Too large! ')
else:
    print('Too small! ')
```

改写后的程序进行了优化,区分了猜对和猜错两种情况,并对猜错的情况进行猜大了或猜小了的进一步判断,第一个 else 相当于"elif　num!＝x"。

提示:使用嵌套的 if 结构时要特别注意 else 与 if 的匹配,Python 中利用缩进结构来匹配 if 和 else。

2.8　循环结构

2.8.1　for 循环

for 循环一般适用于已知循环次数的场合,尤其适用于枚举、遍历序列或迭代对象中元素的场合。Python 中的 for 循环语句功能更加强大,编程时一般优先考虑使用 for 循环。for 循环语句用于遍历可迭代对象集合中的元素,并对集合中的每个元素执行一次相关的循环语句块,当集合中所有元素完成迭代后,结束循环体,继续执行后面的语句。在 Python 中 for 语句语法形式为:

```
for  <循环变量>  in  序列或可迭代对象:
    语句/语句块
[else:
    else 子句代码块]
```

例题:

```
for num in ['11','22','33']:
    print(num)
```

提示:else 为可选结构,如果循环是因为 break 结束的,就不执行 else 中的代码。
for 循环的流程图如图 2.4 所示。

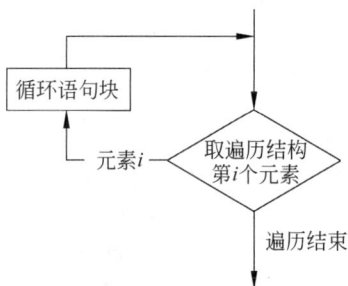

图 2.4　for 循环的流程图

可迭代对象指可以按次序迭代(循环)的对象,一次返回一个元素,适用于循环。Python 包括以下几种可迭代对象。

（1）序列：字符串(str)、列表(list)、元组(tuple)。

（2）迭代器对象(iterator)。

（3）生成器函数(generator)。

（4）enumerate()函数产生字典的键和文件的行等。

2.8.2　while 循环

while 语句是一种"当型"循环结构，只有当条件满足时才执行循环体。while 循环语句的语法格式为：

```
while 表达式：
    语句/语句块
```

运行时先计算(条件)表达式的值，当给定的条件成立，即表达式的结果为 True 时，执行语句/语句块(循环体)；当到达循环语句的结束语句后，转到 while 处继续判断表达式的值是否为 True，若是，则继续执行循环体，如此周而复始，直到表达式的值为 False 退出 while 循环，转到循环语句的后继语句执行。其流程图如图 2.5 所示。

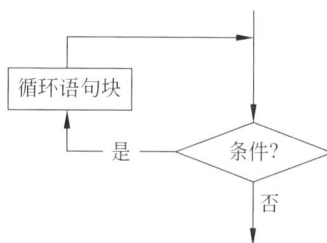

有几点要注意：

（1）while 语句是先判断再执行，所以循环体有可能一次也不执行。

图 2.5　while 循环的流程图

（2）循环体中必须包含能改变循环条件的语句，使循环趋于结束，否则，若表达式的结果始终是 True，则会造成死循环。

（3）要注意语句序列的对齐，while 语句只执行其后的一条或一组同一层次的语句。

例题：计算 $1+2+3+\cdots+100$ 的值。

编程程序如下：

```
sum=0
i=1
while i<=100:
    sum+=i
    i+=1
print("1+2+...+100={:d}".format(sum))
```

2.8.3　循环控制语句 break 与 continue

正常来说，执行到条件为假，或迭代时取不到值，循环将结束，但有时需要提前终止循环或提前结束本轮循环的执行(并不终止循环语句的执行)，这就需要用到 break 语句和 continue 语句。

1. break 语句

break 语句的作用是终止当前循环，转而执行循环之后的语句。

例如,对于如下程序:

```
s=0
i=1
while i<10:
    s+=i
    if s>10:
        break
    i+=1
print('i={0:d},sum={1:d}'.format(i,s))
```

2. continue 语句

continue 语句的作用是在 while 循环和 for 循环中,用来跳过循环体内 continue 后面的语句,并开始新的一轮循环。

例如,对于如下程序:

```
for i in range(1,21):
    if i% 3!=0:
        continue
    print(i,end=' ')
```

2.8.4　循环嵌套结构

一个循环结构可以包含一个或多个循环结构,这种一个循环结构的循环体内又包含一个或多个循环结构,称为嵌套循环结构,也称为多重循环结构,其嵌套层数视问题复杂程度而定。while 语句和 for 语句可以嵌套自身语句结构,也可以相互嵌套,可以呈现各种复杂的形式。

例题:编写程序,统计一元人民币换成一分、两分和五分的所有兑换方案个数。

编写如下代码:

```
j,k=0,0,0    #i,j,k分别代表五分、两分和一分的数量
count=0
for i in range(21):
    for j in range(51):
        k=100-5 * i-2 * j
        if k>=0:
            count+=1
print('count={:d}'.format(count))
```

2.9　函数

2.9.1　MicroPython 内置函数

Python 本身内置了大量的函数,但是 MicroPython 由于硬件资源的限制并没有实现所

有的 Python 内置函数,或者是实现了同名内置函数的部分功能,具体 MicroPython 中内置函数说明可以在官网帮助文件中查看英文版(https://docs.MicroPython.org/en/latest/library/builtins.html),也可以查看一个中文版在线帮助文件(http://MicroPython.com.cn/en/latet/library/builtins.html)。

还可以通过 Thonny 软件连接 ESP32 硬件,在 REPL 窗口中进行在线查询,查询方式如以下代码所示:

```
>>> import builtins
>>> help(builtins)
```

查询结果如图 2.6 所示。这个内置函数在不同版本的 MicroPython 中会有所不同,读者可以根据自己的需要查询是否有准备使用的内置函数。图 2.7 展示了 Python 的内置函数。

```
>>> import builtins
>>> help(builtins)
 object <module 'builtins'> is of type module
    __name__ -- builtins
    __build_class__ -- <function>
    __import__ -- <function>
    __repl_print__ -- <function>
    bool -- <class 'bool'>
    bytes -- <class 'bytes'>
    bytearray -- <class 'bytearray'>
    complex -- <class 'complex'>
    dict -- <class 'dict'>
    enumerate -- <class 'enumerate'>
    filter -- <class 'filter'>
    float -- <class 'float'>
    frozenset -- <class 'frozenset'>
    int -- <class 'int'>
    list -- <class 'list'>
    map -- <class 'map'>
    memoryview -- <class 'memoryview'>
    object -- <class 'object'>
    property -- <class 'property'>
    range -- <class 'range'>
    reversed -- <class 'reversed'>
    set -- <class 'set'>
```

图 2.6　MicroPython 内置函数列表(部分)

abs()	id()	round()	compile()	locals()
all()	input()	set()	dir()	map()
any()	int()	sorted()	exec()	memoryview()
asci()	len()	str()	enumerate()	next()
bin()	list()	tuple()	filter()	object()
bool()	max()	type()	format()	property()
chr()	min()	zip()	frozenset()	repr()
complex()	oct()		getattr()	setattr()
dict()	open()		globals()	slice()
divmod()	ord()	bytes()	hasattr()	staticmethod()
eval()	pow()	delattr()	help()	sum()
float()	print()	bytearray()	isinstance()	super()
hash()	range()	callable()	issubclass()	vars()
hex()	reversed()	classmethod()	iter()	import()

图 2.7　Python 的内置函数

2.9.2　函数的定义与调用

Python 中函数定义的语法形式为:

```
def 函数名([形参列表]):
    '''注释'''
    函数体
    [return 表达式 1,表达式 2,…,表达式 n]
```

在 Python 中,函数定义包括关键字 def、函数名、形数列表、函数体,简单地说:

(1) def 表示函数开始,在第 1 行书写,该行被称为函数首部,以一个冒号结束。

(2) 函数名是函数的名称,是一个标识符,命名时尽量要做到"见名知意"。

(3) 函数名后紧跟一对圆括号(),括号内可以有 0 个、1 个或多个参数,参数间用逗号分隔,这里的参数称为形式参数(简称为形参)。形参只有被调用后才分配内存空间,调用结束后释放所分配的内存空间。

(4) 函数体需要进行缩进,它包含赋值语句和一些功能语句,如果想定义一个什么也不做的函数,函数体可以用 pass 语句表示。

(5) 设计函数时,注意提高模块的内聚性,同时降低模块之间的隐式耦合性。

例如,输出一个字符串的函数定义如下:

```
def printstring(x):              #函数定义部分
    print(x)
x="I like Python"                #主程序
printstring(x)                   #调用函数
```

函数定义后,就可以在程序中多次调用。调用方式非常简单,一般的语法形式为:

```
函数名([实参列表])
```

函数调用时,括号中的参数称为实际参数(简称为实参),在函数调用时分配实际的内存空间。如果有多个实参,则实参间用逗号分隔。也可以没有实参,调用形式为"函数名()",其中圆括号不能省略。调用时将实参一一传递给形参,程序执行流程转移到被调用函数,函数调用结束后返回到之前的位置继续执行。

2.9.3　函数的参数

函数调用时将实参一一传递给形参,通常实参和形参的个数要相同,类型也要相容,否则容易发生错误。Python 函数的参数类型分为普通参数、关键字参数、默认参数、可变长参数等。通过混合使用这些参数类型,可以实现非常丰富的数据传递方法。

1. 普通参数

普通参数也叫位置参数(positional arguments),是比较常用的类型,调用函数时,实参和形参的顺序必须严格一致,并且实参和形参的数量必须相同。目前为止,所使用的函数参数都是位置参数,参数根据位置来决定,如果位置不对,则可能会出问题。例如,下面这个简单的函数：

```
def infoL(numid,name,age):
    print("{1}'s age is {2}.".format(numid,name,age))
infoL("200001","Jerry",25)
```

在调用函数时要注意实参的位置,如果写成"infoL("200001","Jerry",25)",则可以获得合理的输出结果"Jerry's age is 25.";如果实参顺序反了,就会得到错误的结果,例如,如果错写成"25,"Jerry","200001""。参数比较多时,参数顺序容易记错,Python 提供了关键字参数来解决这种问题。

2. 关键字参数

继续上面的例子,关键字参数允许以如下方式调用：

```
infoL(age=25,name="Jerry",numid="200001")
#结果为 Jerry's age is 25.
```

这种使用参数名提供的参数就是关键字参数,有了关键字参数,顺序就不会有影响,并且调用时每个参数的含义更清晰。

3. 默认参数

Python 在定义函数时还可以给某些参数设定默认值。默认参数以赋值语句的形式给出。

```
def dup(str, times = 2):
    print(str * times)
dup("good~")            #无参数传入,使用默认值 2,结果为 good~good~
dup("good~",4)          #替代默认值 4,结果为 good~good~good~good~
```

提示：可选默认参数必须在非可选参数之后。

4. 可变长参数

Python 中允许把一组数据传递给一个形参,形参的形式与以往的形式不同。下面来看一个简单的例子：

```
def greeting(args1, * tupleArgs):
    print(args1)
    print(tupleArgs)
```

形参 tupleArgs 前面有一个" * "号,它是可变长位置参数的标记,用来收集其余的位置参数,将它们放到一个元组中即接收到一个元组。下面来看一下函数调用。

```
greeting('Hello,','lisi','zhangli','wangmeng')
#结果为:
Hello,
('lisi', 'zhangli', 'wangmeng')
```

实参中"'Hello,'"传递给位置参数 args1,其余的 3 个字符串传递给可变长的位置参数 tupleArgs,调用后将这组实参放到一个元组中输出。

5. 可变长关键字参数

既然 Python 中有可变长的位置参数,那么是否也有可变长的关键字参数呢? 确实如此,可用两个星号来标记可变长的关键字参数。

```
def assignmeng(* * dictArgs):
    print(dictArgs)
assignmeng(x=1,y=2,z=3)    #函数调用结果为 {'x': 1, 'y': 2, 'z': 3}
data={'x':1,'z':3,'y':2}
assignmeng(* * data)       #函数调用结果为 {'x': 1, 'z': 3, 'y': 2}
```

可以看到,可变长关键字参数允许传入多个(也可以是 0 个)含参数名的参数,这些参数在函数内自动组装成一个字典。也可先将参数名和参数构建成一个字典,然后作为可变长关键字参数传递给函数调用。

2.9.4　通过形参修改实参

在函数调用中如果实参为不可变数据类型,此时形参只是实参的一个副本,两者完全独立,互相不影响,如以下代码所示:

```
def myfun1(x):
    x=x+100
    print(x)               #输出 300
y=200
myfun1(y)
print(y)                   #输出 200
```

如果实参是一个可变数据类型,此时由于 Python 中变量采用"引用"方式存储变量值,因此此时实参和形参都指向了同一个可变数据存储空间,这时如果形参修改了可变数据存储空间中的值,那么实参对应的取值也发生了改变,如以下代码所示:

```
def myfun2(mylist):
    mylist[1]=100
    print(mylist)          #输出结果为[1,100,3]
y=[1,2,3]
myfun2(y)
print(y)                   #输出结果为[1,100,3]
```

提示:在上述案例中,如果形参 mylist 整体赋值了一个新的值(例如 mylist=123),而不是修改了其内部的部分值,则此时形参和实参互相不影响。

2.9.5　函数的返回值

Python 函数中可以通过 return 语句将值返回给主调用函数,其位置在函数体内,语法形式为:

```
return 表达式 1,表达式 2,…,表达式 n
```

如果返回多个值,则这些值构成一个元组。

2.9.6　函数的嵌套调用与递归调用

函数间可以相互调用,如果在主程序调用了 A 函数,在函数 A 中又调用了函数 B,就形成了函数的嵌套调用,如图 2.8 所示。

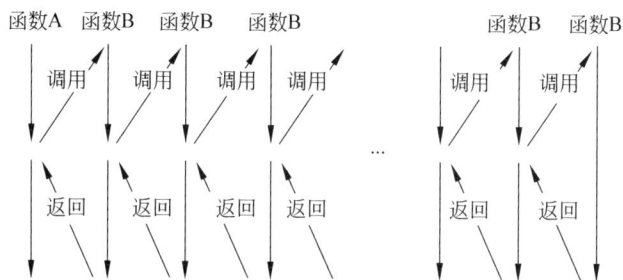

图 2.8　函数的嵌套调用

在图 2.8 中,在函数 B 中又调用函数 B,这种调用称为直接递归调用。函数的间接递归调用和直接递归调用统称为函数的递归调用,通常,程序设计中的递归多指后者,即直接递归调用。

2.9.7　lambda 函数定义与使用

1. lambda 函数定义

lambda 保留字用于定义特殊的函数——匿名函数,又称为 lambda 函数。格式如下:

```
<函数名> = lambda <参数列表>:<表达式>
```

等价于:

```
def <函数名>(<参数列表>):
    return <表达式>
```

lambda 函数用于定义能够在一行内表示的函数,只可包含一个表达式,返回一个函数类型,尤其适合一个函数作为另一个函数参数的场合。

例如:

```
f = lambda x, y : x + y
f(10, 12) #结果为 22
```

lambda 函数在列表中的应用如下。

```
L = [1,2,3,4,5]
print(list(map(lambda x: x+10, L))) #结果为[11, 12, 13, 14, 15]
```

2. lambda 函数中调用其他函数

```
f=lambda n:n*n
a1 = [1,2,3,4,5]
list(map(lambda x: f(x), a1))        #结果为[1, 4, 9, 16, 25]
```

分析：a1 列表解包后分别赋值给 x，x 又作为 f(x) 的参数。

lambda 函数的目的是让用户快速地定义单行函数，简化用户使用函数的过程。lambda 函数常常与函数式编程中所用的 filter()、reduce() 和 map() 函数一起使用，有兴趣的读者可以继续深入了解。

🔑 2.10　局部变量与全局变量

2.10.1　局部变量

局部变量是指在函数内部使用的变量。局部变量仅在函数内部有效，当函数退出时局部变量将不存在，占用的内存空间也被释放。局部变量不允许在函数体外或另一个函数中使用，如以下代码所示：

```
def myfun1():
    x=100               #定义局部变量 x
    print(x)
myfun1()                 #调用函数输出局部变量值 x 为 100
print(x)                 #报错 NameError: name 'x' is not defined
```

2.10.2　全局变量

全局变量是指在所有函数体之外定义的变量。一般没有缩进，在程序执行全过程有效，既可以用在主程序中，也可以用在各函数中，如以下代码所示：

```
x=101
def myfun2():
    print(x)            #输出全局变量 x 为 101
myfun2()
print(x)                #输出全局变量 x 为 101
```

提示：此模式中，如果全局变量为非可变类型，则在函数中只能进行读取使用，不能修改。

以下代码运行会报错，应如何解决呢？

```
x=101
def myfun2():
    x=x+1        #NameError: name 'x' is not defined
print(x)
myfun2()
print(x)
```

2.10.3　局部变量转全局变量

在程序设计中,如果需要把局部变量升级为全局变量,只需要在定义变量前用 global 关键字进行声明即可,格式如下:

```
global 变量名
```

例如,上例修改为如下代码:

```
x=101
def myfun2():
    global x              #定义全局变量
    x=x+1
print(x)                  #输出 x 为 102
myfun2()
print(x)                  #输出 x 为 102
```

2.11　文件

2.11.1　文件基本概念

文件是数据的集合,以文本、图像、音频、视频等形式存储在计算机的外部介质中。存储文件的介质可以是本地存储、移动存储或网络存储等形式,常用的存储介质是磁盘。根据存储格式不同,文件可以分为文本文件和二进制文件两种形式。

文本文件由字符组成,这些字符按照 ASCII 码、UTF-8 或者 Unicode 等格式进行编码,文件内容方便查看和编辑。Windows 记事本创建的 TXT 格式的文件就是典型的文本文件,以.py 为扩展名的 Python 源文件、以.html 为扩展名的网页文件等都是文本文件。文本文件可以被多种编辑软件创建、修改和阅读,常见的编辑软件有记事本等软件。

二进制文件存储的是由 0 和 1 组成的二进制编码。二进制文件内容数据的组织格式与文件用途有关。典型的二进制文件包括 BMP 格式的图片文件、AVI 格式的视频文件、各种计算机语言编译后生成的文件等。

二进制文件和文本文件最主要的差别在于编码格式,二进制文件只能按照字节处理,文本文件读写的是字符串。

无论是文本文件还是二进制文件,都可以用"文本文件方式"和"二进制文件方式"打开,但打开后的操作是不同的。

随着信息技术的发展,汉语、日语、阿拉伯语等不同语系的文字都需要进行编码,于是又有了 UTF-8、Unicode、GB2312、GBK 等格式的编码方案。采用不同编码意味着把字符存入文件时,写入的内容可能不同。Python 程序读取文件时,一般需要指定读取文件的编码方式,否则程序运行时可能出现异常。

2.11.2　文件操作基本流程

Python 文件操作流程如图 2.9 所示。无论是文本文件还是二进制文件,进行文件的读

56   基于 ESP32 的 MicroPython 创新设计与实例（微课版）

写操作时，都需要先打开文件，操作结束后再关闭文件。打开文件是将文件从外部存储介质读取到内存中，文件被当前程序占用，其他程序不能操作这个文件。在某些写文件的模式下，打开不存在的文件实质上是创建文件操作。文件操作之后需要关闭文件，释放程序对文件的控制，将文件内容存储到外部介质，其他程序才能够操作这个文件。

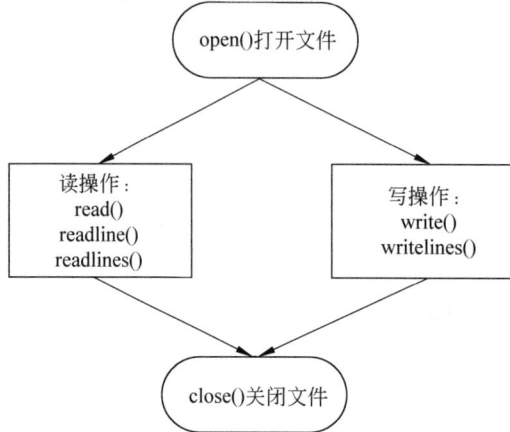

图 2.9   Python 文件操作流程

2.11.3   文件的开关与关闭

1. 文件的打开

要打开文件，可使用函数 open()，它是 Python 的内置函数。其语法格式如下：

```
open(filename, mode=<方式参数>, encoding=<编码方式>)
```

函数 open() 中的文件名 filename 是不可少的参数，其他参数都是可选项。通过 open() 函数返回一个文件对象。第 2 个参数 mode 为文件的读写方式和类型，参数值如表 2.22 所示。

表 2.22   open() 函数中 mode 参数值

值	说　　　明	值	说　　　明
r	读取模式（默认值）	b	二进制模式（与其他模式结合使用）
w	写入模式	t	文本模式（默认值，与其他模式结合使用）
x	独占写入模式	+	读写模式（与其他模式结合使用）
a	追加模式		

例如：

```
f1= open('somefile.txt',mode='wt')        #以文本写入模式打开 somefile.txt 文件
f2=open("tu.jpg",'ab+')                    #以追加读写模式打开二进制文件 tu.jpg
```

2. 文件的关闭

close()方法用于关闭文件。通常情况下,Python 在操作文件时,使用内存缓冲区缓存文件数据。关闭文件时,Python 将缓冲的数据写入文件,然后关闭文件,并释放对文件的引用。例如,使用下面的代码将关闭文件。

```
f1= open('somefile.txt',mode='wt')        #以文本写入模式打开 somefile.txt 文件
f1.close()                                #关闭文件
```

2.11.4　文件的读写操作

当文件打开后,根据文件的访问模式可以对文件进行读写操作。如果文件是以文本方式打开的,则程序会按照当前操作系统的编码方式来读写文件,用户也可以指定编码方式来读写文件。如果文件是以二进制文件方式打开的,则程序会按照字节流方式读写文件。表 2.23 给出了文件内容的读写方法。

表 **2.23**　文件内容的读写方法

方　　法	说　　明
read([size])	读取文件全部内容,如果给出参数 size,读取 size 长度的字符或字节
readline([size])	读取文件一行内容,如果给出参数 size,读取当前行 size 长度的字符或字节
readlines([hint])	读取文件的所有行,返回由行所组成的列表。如果给出参数 hint,则读入 hint 行
write(str)	将字符串 str 写入文件
writelines(seq_of_str)	写多行到文件中,参数 seq_of_str 为可迭代的对象

例如:

```
f1=open("readtest.txt","r")
str2=f1.read()          #读取 readtest.txt 内容存储到变量 str2,类型为字符串
f1.close()

f2=open("writetest.txt","w")
f2.write(str2)          #写字符串到文件 writetest.txt 中
f2.close()
```

🔑 2.12　类与对象

2.12.1　面向对象的编程介绍

1. 什么是类

类:用户定义的对象原型(prototype),该原型定义了一组可描述该类任何对象的属性,

属性是数据成员(类变量和实例对象变量)和方法,可以通过"."来访问。说简单一点,类是一个模板,可以使用该模板生成不同的具体的对象,来完成想要的操作。

2. 什么是实例对象

实例对象:某一个类的单个对象,例如定义了一个 Person 类,而具体的人,比如小明,小黄就是 Person 类的实例对象。

3. 什么是属性

属性:描述该类具有的特征,比如人类具备的属性,身份证号、姓名、性别、身高、体重等都是属性。对于编程而言,就是类中定义的各种变量。属性可以分为类的属性和实例对象的属性。

4. 什么是方法

方法:该类对象的行为,例如这个男孩会打篮球、那个女孩会唱歌等都属于方法,常常通过方法改变一些类中的属性值。对于编程而言就是类中定义的函数,它分为类方法、实例对象方法和静态方法。

2.12.2　类的定义

Python 中定义类是使用关键字 class。在类的定义中主要完成属性的添加和方法的添加。

属性分为类属性(类方法外部定义的没有"self."标识的变量)和实例对象属性(有"self."标识的变量)。

方法分为类方法(在方法定义前一行用@classmethod 进行标识)、实例对象方法(在方法中参数第一个为 self)和静态方法(在方法定义前一行用"@staticmethod"进行标识)。另外,类有一个固定的初始化方法 __init__(self,<参数 1>,<参数 2>,…),用来完成实例对象生成时的初始化。举例如下所示:

```
class A(object): #定义一个类 A
    count = 0  #类属性
    #实例对象初始化方法
    def __init__(self,name,age):
        self.name = 'name'  #实例对象属性
        self.age=age
    #参数含有 self 的实例对象方法
    def test(self): #
        '''
        以 self 为第一个参数的方法都是实例对象方法
        实例对象方法在调用时,Python 会默认将调用对象作为 self 传入
        实例对象方法可以通过实例对象和类去调用
        - 当通过实例对象调用时,会自动将当前调用对象作为 self 传入
        - 当通过类调用时,不会自动传递 self, 此时需要手动传递 self
        '''
```

```
        print('hello:',self.name,self.age)

    #用@classmethod 标识的类方法
    @classmethod
    def test_2(cls):
        '''
        类方法
        在类内部使用 @classmethod 来修饰的方法属于类方法
        类方法和实例对象方法的区别: 实例对象方法第一个参数是 self,而类方法第一个参
数是 cls
        类方法可以通过类调用,也可以通过实例对象调用,没有区别
        '''
        print('这是 test2 方法')

    #用@staticmethod 标识的静态方法
    @staticmethod
    def test_3():
        '''
        静态方法:(可以用类名直接调用)
        在类中使用 @staticmethod 来修饰的方法属于静态方法
        静态方法不需要任何默认参数,可以通过类和实例对象调用
        静态方法: 基本是和当前类无关的方法,它只是保存在当前类中的函数
        静态方法都是一些工具方法,和当前类无关
        '''
        print('test_3 执行了')
```

2.12.3　实例对象的定义与使用

定义完类后,就可以利用类来生成多个实例对象,每个实例对象具有独立的实例对象属性和实例对象方法,相同类的实例对象共用类的属性、类的方法和静态方法。生成实例对象的格式如下:

```
实例对象名称=类名称(<参数 1,参数 2,…>)
```

其中,参数 1、参数 2,…为类的初始化方法__init__(self,参数 1,参数 2,…)。

定义为实例对象后,就可以用实例对象的名字调用各类属性和方法,具体调用格式为:

```
实例对象名称.属性
实例对象名称.方法(参数 1,参数 2,…)
```

利用上面定义的类 A,生成对象 B1、B2 使用的代码如下:

```
B1=A("JACK",20)        #定义类 A 实例对象 B1
B2=A("ROSE",19)        #定义类 A 实例对象 B2
B1.test()              #输出结果为: hello: name 20
B1.test_2()            #输出结果为: 这是 test2 方法
B1.test_3()            #输出结果为: test_3 执行了
B2.age=30              #修改 B2 的实例对象变量值
```

```
B2.test()              #输出结果为: hello: name 30
B2.test_2()            #输出结果为: 这是 test2 方法
B2.test_3()            #输出结果为: test_3 执行了
```

2.12.4　访问权限的控制

在 Python 中也有访问权限修饰符。在 Python 中通过"对象.属性"直接修改一个属性值是有问题的,例如把一个人的年龄设置为 200,超出了属性的有效范围,所以为了防止这种情况的出现,可以把人的年龄属性设置为"私有变量",这样年龄属性就无法在外部直接访问得到了。只需要在 age 字段前面加上"__"即可,这样在外部,就无法使用"对象.age"或"对象.__age"访问到年龄了。具体代码初始化部分为:

```
def __init__(self,name,age):
    self.name = 'name'       #实例对象属性
    self.__age=age
```

提示: 如果想修改私有属性,需要定义对应的实例对象方法,在方法中进行判断和赋值。

2.12.5　类的继承、封装与多态

1. 继承

类的继承就是类之间构成树状结构,由一个类作为父类,可以派生出不同的子类。例如首先定义父类 person,然后利用 person 可以再派生出 student 子类和 teacher 子类。派生子类的格式就是在定义子类时在类名后面的括号中写上父类即可。这样子类就可以继承父类的属性和方法。例如:

```
#父类定义
class people:
    #定义基本属性
    name = ''
    age = 0
    #定义私有属性,私有属性在类外部无法直接进行访问
    __weight = 0
    #定义构造方法
    def __init__(self,n,a,w):
        self.name = n
        self.age = a
        self.__weight = w
    def speak(self):
        print("%s 说: 我 %d 岁。" % (self.name,self.age))

#单继承示例
class student(people):
    grade = ''
```

```
    def __init__(self,n,a,w,g):
        #调用父类的构造函数
        people.__init__(self,n,a,w)
        self.grade = g
    #重写父类的方法
    def speak(self):
        print("% s 说：我 % d 岁了，我在读 % d 年级"% (self.name,self.age,self.grade))
s = student('ken',10,60,3)
s.speak()
#输出结果为:
#ken 说：我 10 岁了，我在读 3 年级
```

Python 支持多继承，就是在子类定义时，添加多个父类即可。需要注意圆括号中父类的顺序，若父类中有相同的方法名，而在子类使用时未指定，则 Python 从左至右搜索，即方法在子类中未找到时，从左到右查找父类中是否包含此方法。

如果父类方法的功能不能满足子类的需求，则可以在子类重写父类的方法，按照正常的方法定义即可。

2. 封装

封装是隐藏对象中一些不希望被外部访问到的属性或方法。Python 中也可以使用 getter 和 setter 方法。

```
class Rectangle():
    #内部访问，使用 hidden 仍然可以被访问
    #使用 __作为私有属性，外部不可以被访问
    def __init__(self,width, height):
        self.__width = width
        self.__height = height

    def setWidth(self,width):  #设置属性值
        self.__width = width

    def getWidth(self):   #读取属性值
        return self.__width

    def setHeight(self,height):
        self.__height = height

    def getHeight(self):
        return self.__height
```

3. 多态

多态指的是一个声明为 A 类型的实例对象，可能是指 A 类型的实例对象，也可以是 A 类型的任何子类对象的实例对象。因此，继承是使用多态的基础。

多态的应用主要体现在，父类和子类中如果有名称相同但是参数不同的方法，如何进行

调用。利用多态的特性,只要在调用同一个名称的方法时提供不同的参数方案,根据参数的自动匹配情况,就会调用满足参数条件的父类或者子类方法。有兴趣的读者可以查阅面向对象的编程资料进一步了解。

🔑 2.13　多线程

2.13.1　多线程基本概念

1. 进程与线程的区别

介绍线程之前,首先要知道何为进程。进程就是一个正在执行的程序,每一个独立进程的执行都有自己独立的一块内存空间、一组系统资源。在进程的概念中,每一个进程的内部数据和状态都是完全独立的,例如运行一个 QQ 程序,就是一个进程。

线程:进程中的一个独立控制单元,线程控制着进程的执行。一个进程中至少有一个线程。线程可以分为单线程和多线程。例如在使用 QQ 时,可以同时进行语音聊天和文字聊天,语音和文字传输分别是两个线程。

单线程:程序执行时,所进行的进程是连续顺序执行的。

2. 什么是多线程

多线程:程序中包含多个执行流,即在一个程序中可以同时运行多个不同的线程来执行不同的任务,也就是说允许单个程序创建多个并行执行的线程来完成各自的任务。一般是有一个主线程,然后利用主线程创建和管理多个子线程。

3. 为什么需要多线程

在 PC 中的程序目前已经普遍采用多线程技术,这是因为 PC 中硬件资源非常丰富,例如 CPU 是多核、内存容量很大。而在嵌入式系统中,早期由于 MCU 中的计算单元都是单核且内存较小,一般采用单线程技术,利用中断实现前后台系统。而目前嵌入式系统硬件不断发展,尤其是物联网技术发展后,无线通信应用越来越多,而仅仅采用前后台系统已经很难满足要求,因此越来越多的嵌入式系统开始采用多线程技术,利用不同线程实现不同的功能。例如利用一个线程进行串口数据传输,一个线程进行基于 TCP 的 MQTT 协议通信,主线程负责逻辑控制等。而在 MicroPython 平台中,并不是所有的硬件版本都支持多线程,一般是硬件资源相对丰富的版本才支持多线程。ESP32-S3 版本的 MicroPython 就有多线程版本和仅支持单线程版本,案例使用的都是多线程版本。

2.13.2　多线程的定义与启动

Python 提供了多个支持多线程的库方案,其中最底层的库为_thread,其上封装了应用更简单 threading 库。而在 MicroPython 中,目前仅实现了_thread 库,其使用方法相对 Python 的版本也要简单一些,其主要方法如表 2.24 所示。

表 2.24　_thread 库主要方法

方　　法	说　　明
_thread.start_new_thread (function,args [,kwargs])	启动一个新线程并返回其标识符。参数 function 是新线程执行的函数,线程使用参数列表 args(必须是元组)执行函数。可选 kwargs 参数指定关键字参数的字典。当函数返回时,线程将以静默方式退出。当函数以未处理的异常终止时,将打印堆栈跟踪,然后线程退出(但其他线程继续运行)
_thread.exit()	引发 SystemExit 异常。如果未捕获,这将导致线程以静默方式退出
_thread.allocate_lock()	返回一个新的锁定对象。锁最初为解锁状态
_thread.get_ident()	返回 thread identifier 当前线程。这是一个非零整数。它的价值没有直接意义;它旨在用作例如索引线程特定数据的字典的 key。当线程退出并创建另一个线程时,可以回收线程标识符
_thread.stack_size([size])	返回创建新线程时使用的线程堆栈大小(以字节为单位)。可选的 size 参数指定用于后续创建的线程的堆栈大小,并且必须是 0(使用平台或配置的默认值)或至少为 4096(4KB)的正整数值。4KB 是目前支持的最小堆栈大小值,以保证解释器本身有足够的堆栈空间

多线程的使用主要包括如下步骤:

(1)定义一个线程准备执行的函数。

(2)利用 _thread 库的 _thread.start_new_thread()方法启动一个新线程执行定义好的函数。

(3)控制线程的退出。

简单案例如下所示:

```
import _thread            #引入多线程库
import time
#定义新线程执行的函数
def th_func(delay, id):
    while True:            #死循环,子线程不结束
        time.sleep(delay)
        print('Running thread % d' %  id)
for i in range(2):
    _thread.start_new_thread(th_func, (i + 1, i)) #开启一个新线程,执行 th_func 函数,函数参数为(i+1,i)
```

运行结果如图 2.10 所示

```
>>> Running thread 0
 Running thread 1
 Running thread 0
 Running thread 0
 Running thread 1
 Running thread 0
 Running thread 0
 Running thread 1
 Running thread 0
```

图 2.10　多线程案例运行结果

2.13.3　线程间的简单数据交换

在多线程开发中，相对较难的问题就是线程间的数据交互，在 Python 中最简单的解决方案就是把需要交互的变量利用 global 定义为全局变量，这样在所在子线程函数中都可以对此变量进行读写。案例代码如下所示：

```
import _thread
import time
import random                              #引入随机库
count = 0
def Process1():
    global count
    while True:
        count = 100                        #修改全局变量
        time.sleep(random.randint(1,3))    #延时随机 1~3 秒
def Process2():
    global count
    while True:
        count = 200                        #修改全局变量
        time.sleep(1)                      #延时 1 秒

_thread.start_new_thread(Process1, ())     #开启 1 号线程，执行 Process1 函数
time.sleep(1)
print("count1={}".format(count))
_thread.start_new_thread(Process2, ())     #开启 2 号线程，执行 Process2 函数
time.sleep(1)
print("count2={}".format(count))
while True:
    time.sleep(1)
    print("count3={}".format(count))       #输出全局变量
```

执行后会发现 print() 输出的 count 值在 100 和 200 两者间来回切换，没有规律性。

在多个线程同时写一个变量时会存在一种冲突的可能，哪个线程的写操作最终生效是很难预计的。为了解决这个问题，可以采用锁定机制。其基本原理就是定义一个锁（Lock）类实例对象，通过这个锁资源的占用和释放，避免不可预测冲突的产生。Lock 类的主要方法及说明如表 2.25 所示。

表 2.25　Lock 类的主要方法及说明

方　　法	说　　明
lock.acquire(waitflag=1, timeout=−1)	在没有任何可选参数的情况下，此方法无条件地获取锁定，如果有必要，等待它被另一个线程释放（一次只有一个线程可以获取锁定——这就是它们存在的原因）。成功获取锁定，则返回值 True；否则，返回值 False
lock.release()	释放锁定。必须先获取锁，但不一定是同一个线程
lock.locked()	返回锁的状态：True 表示被某个线程获取，False 表示没有

修改上面的案例如下：

```
import _thread
import time
import random                                #引入随机库
count = 0
gLock = _thread.allocate_lock()              #创建互斥锁
def Process1():
    global count
    global gLock
    gLock.acquire()                          #等待获得锁资源
    for i in range(1,10):
        count = count+1                      #修改全局变量
        time.sleep(1)                        #延时 1 秒
    gLock.release()                          #线程结束,释放锁资源
def Process2():
    global count
    global gLock
    while True:
        gLock.acquire()                      #等待获得锁资源
        count = 200                          #修改全局变量
        time.sleep(1)                        #延时 1 秒
        gLock.release()                      #释放锁资源

_thread.start_new_thread(Process1, ())       #开启 1 号线程,执行 Process1 函数
time.sleep(1)
print("count1={}".format(count))
_thread.start_new_thread(Process2, ())       #开启 2 号线程,执行 Process2 函数
time.sleep(1)
print("count2={}".format(count))
while True:
    time.sleep(1)
    print("count3={}".format(count))         #输出全局变量
```

程序运行结果如图 2.11 所示。

```
>>> %Run -c $EDITOR_CONTENT

 count1=1
 count2=2
 count3=3
 count3=4
 count3=5
 count3=6
 count3=7
 count3=8
 count3=9
 count3=200
 count3=200
 count3=200
 count3=200
 count3=200
```

图 2.11　程序运行结果

从结果可以看出,只有线程 1 执行完后,才会执行线程 2,这样就避免了共享数据资源写的冲突。

🔑 2.14 常用库的使用

2.14.1 常用内置库

在 Python 中除了内置函数外,还提供了一定量的内置库,这样就进一步丰富了 Python自身功能。而在 MicroPython 中也采用了相同的机制,构建了一定量的内置库,兼容了部分 Python 库,还有一些是 MicroPython 独有的。如果需要查询 MicroPython 中的内置库,可以在 REPL 窗口中执行 help()查询所有库,如以下代码所示:

```
>>> help("modules")
```

运行结果如图 2.12 所示。

```
>>> help("modules")
__main__            framebuf            uasyncio/stream     uplatform
_boot               gc                  ubinascii           urandom
_onewire            inisetup            ubluetooth          ure
_thread             math                ucollections        uselect
_uasyncio           micropython         ucryptolib          usocket
_webrepl            neopixel            uctypes             ussl
apa106              network             uerrno              ustruct
btree               ntptime             uhashlib            usys
builtins            onewire             uheapq              utime
cmath               uarray              uio                 utimeq
dht                 uasyncio/__init__   ujson               uwebsocket
ds18x20             uasyncio/core       umachine            uzlib
esp                 uasyncio/event      uos                 webrepl
esp32               uasyncio/funcs      upip                webrepl_setup
flashbdev           uasyncio/lock       upip_utarfile       websocket_helper
Plus any modules on the filesystem
```

图 2.12 MicroPython 内置库

可以看出 MicroPython 内置库与 Python 库名字的区别是在库名字前面多了"u",例如random 和 urandom。在 MicroPython 中可以直接使用不含 u 字母的库进行导入,导入时使用 import 关键字。例如:

```
import time          #utime
import random        #urandom
```

如果需要了解某个库的信息,可以在 REPL 窗口中执行 help(库名字),例如查询 utime库的帮助文件。

```
>>> import utime
>>> help(utime)
```

运行结果如图 2.13 所示。

```
>>> import utime
>>> help(utime)
 object <module 'utime'> is of type module
   __name__ -- utime
   gmtime -- <function>
   localtime -- <function>
   mktime -- <function>
   time -- <function>
   sleep -- <function>
   sleep_ms -- <function>
   sleep_us -- <function>
   ticks_ms -- <function>
   ticks_us -- <function>
   ticks_cpu -- <function>
   ticks_add -- <function>
   ticks_diff -- <function>
   time_ns -- <function>
```

图 2.13　utime 库的帮助文件

2.14.2　ESP32 特有函数和库

在图 2.12 所示的内置库中有 esp 和 esp32 两个库,两个库的方法是 ESP32 芯片所特有库,可以通过 help 指令查看,或者通过访问在线帮助文件进行了解。

例如,查询 ESP32 的 Flash 大小和 RAM 大小,代码如下:

```
import esp
import gc
x=esp.flash_size()
print(x)              #输出 Flash 大小,单位为字节,例如 16777216
y=gc.mem_free()
print(y)              #输出 RAM 大小,单位为字节,例如 8194704
```

2.14.3　第三方库的获得

MicroPython 之所以能够得到广泛的应用,一方面是它的内置库非常丰富,提供对很多硬件设备的支持,例如 dht 库对温湿度传感器的支持,framebuf 对 LED/LCD 显示帧的支持,ntptime 对网络校时的支持等。另一方面是全世界的程序员提供了大量丰富的第三方库,读者可以从 GitHub(https://github.com/)和 PyPI(https://pypi.org/)网站进行搜索获得库源文件,然后把此文件下载到 ESP32。使用第三方库时,首先通过 import 导入已经下载的库文件,然后就可以正常使用了。这里使用的第三方库,在本书的资源网站中进行提供,主要包括 SSD1306 OLED 中文显示库、ST7789 TFT-LCD 中文显示库、红外遥控器信号接收库,蓝牙通信库和 MQTT 通信驱动库等。

上述论述是手动下载第三方库软件进行安装,在 Thonny 的 REPL 窗口中也可以通过 upip 库进行第三方库的在线安装,例如:

```
>>>import upip
>>upip.install('MicroPython-xxx') #其中 MicroPython-xxx 为要安装的第三方库的
名称
```

🔍实验二　MicroPython 基本语法编程实验

一、实验目的

(1) 掌握 MicroPython 代码编写规则。

(2) 掌握 MicroPython 基本语法规则。

(3) 掌握常用第三方库的使用方法。

二、实验内容

(1) 根据 2.14.2 节案例,读取 ESP32 开发板 Flash 和 RAM 大小数据,并输出到 test.txt 文件中。

(2) 读取 DIY 开发板上的 test.txt 文件,并将结果输出到 REPL 窗口中。

(3) 读取 DIY 开发板上的 test.txt 文件,并将结果输出到 test02.txt 文件中。

第3章

ESP32的GPIO
输出与输入

第 2章主要解决了程序编写的基本语法问题，但是如何利用
MicroPython 驱动硬件工作还需要配合特殊的驱动库和硬件才能实
现。嵌入式硬件学习中最基础的就是 GPIO 使用的学习。本章主要
讲解在 ESP32 中 GPIO 的输入与输出的使用。利用本书配套的 DIY
开发板和 Wokwi 仿真平台，实现 LED 输出控制和按键输入信号的查
询与中断方式使用。

学习目标：

(1) 掌握利用 machine.Pin 库进行 GPIO 初始化的方法。

(2) 掌握 GPIO 数据输出和数据输入方法。

(3) 掌握 GPIO 外部中断的使用方法。

(4) 掌握 Wokwi 和 DIY 开发板的使用方法。

3.1　GPIO 基础知识

3.1.1　什么是 GPIO

通用输入输出(General Purpose Input Output,GPIO)简称 IO 口,也称总线扩展器。GPIO 由引脚和功能寄存器组成,不同架构中的 GPIO 封装不同,所使用的引脚数与寄存器数也不同,具体可以参考芯片手册里的 GPIO 篇。

GPIO 的作用是用来控制连接在此 GPIO 上的外设,一般通过观察原理图找到当前板子的 GPIO 引出在哪个端口上或者引脚上,然后把外设接到上面去就可以通过 GPIO 与这个外设进行交互控制,在驱动层通过读写 GPIO 中的功能寄存器来改变连接在此 GPIO 上的外设状态。

对于不同的芯片要通过厂商提供的芯片手册,查询出芯片的 GPIO 数量和每个 GPIO 引脚的功能,根据设计需求选择对应的 GPIO 进行使用。

目前在嵌入式系统中,芯片的 GPIO 引脚一般都实现了功能复用,一个引脚可以支持多个功能,但是在进行设计时只能选取一个功能。例如在 ESP32 中,大部分 GPIO 引脚都支持输出功能,也支持输入功能,但是进行设备初始化时,只能选择一种功能。例如,在驱动 LED 的时候,选择输出功能;在连接按键开关时,选择输入功能。

在选择 GPIO 功能的时候,还要注意不同引脚的工作电压和负载电流,例如在 ESP32 中,引脚的输入输出电压一般高电压为 3.3V,低电压为 0V,引脚的默认驱动电流为 20mA。

3.1.2　GPIO 推挽输出与开漏输出

GPIO 作为输出使用时,一般要选择工作模式,主要有两种工作模式供选择,分别是推挽输出(push-pull output)和开漏输出(open drain output),两者适用于不同的工作场合。

1. 推挽输出

推挽输出的结构是由两个三极管或者 MOS 管受到互补信号的控制,两个管始终保持一个处于截止状态,另一个处于导通的状态。电路工作时,两个对称的开关管每次只有一个导通,所以导通损耗小、效率高,既提高电路的负载能力,又提高开关速度。推挽输出的最大特点是可以真正地输出高电平和低电平,在两种电平下都具有驱动能力。

所谓的驱动能力,就是指输出电流的能力。一般使用推挽输出可以直接连接 LED 进行驱动,或者直接连接三极管、继电器等开关器件进行驱动。例如,GPIO 推挽输出驱动 LED 如图 3.1(a)所示。

但推挽输出的一个缺点是,如果当两个或多个推挽输出结构的 GPIO 相连在一起,一个输出高电平,即上面的 MOS 导通,下面的 MOS 闭合时,同时另一个输出低电平,即上面的 MOS 闭合,下面的 MOS 导通时,电流会从第一个引脚的 VCC 通过上端 MOS 再经过第二个引脚的下端 MOS 直接流向 GND。整个通路上电阻很小,相当于发生短路,进而可能造成端口的损害。这也是为什么推挽输出不能实现"线与"的原因。

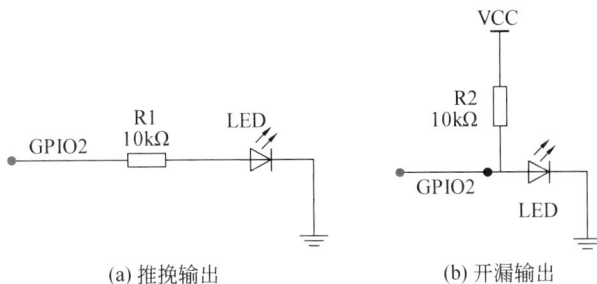

(a) 推挽输出　　　　　　　　(b) 开漏输出

图 3.1　GPIO 输出驱动 LED

2. 开漏输出

常说的与推挽输出相对的就是开漏输出,对于开漏输出和推挽输出的区别最普遍的说法就是,开漏输出无法真正输出高电平,即高电平时没有驱动能力,需要借助外部上拉电阻完成对外驱动。开漏输出没有 PMOS 晶体管,而 NMOS 晶体管的漏极保持在浮空状态。当输出逻辑低电平时,NMOS 将打开并接地。输出高电平时,NMOS 不会打开,引脚处于浮动状态。换句话说,这种模式仅支持灌电流。如果用开漏方式驱动 LED,需要通过外部接上拉电阻模式进行驱动,如图 3.1(b)所示。

建议除了必须用开漏输出模式的场合,建议尽量使用推挽输出模式。

3.1.3　GPIO 上拉输入、下拉输入与悬空输入

GPIO 作为输入使用时,一般有三种工作模式供选择,分别是上拉输入(pull-up input)、下拉输入(pull-down input)与悬空输入(floating input)。

1. 上拉输入

上拉输入是指将信号通过一个电阻连接到高电平(通常是 VCC),并通过一个触发器将不确定的信号维持在高电平。电阻同时起到限流的作用,一般需要较大的电阻,产生较小的电流,小电流的不同,没有什么严格区分。换句话说,当外部开关没有闭合时,输入为上拉电阻的高电平,开关闭合后输入为低电平,如图 3.2(a)所示。

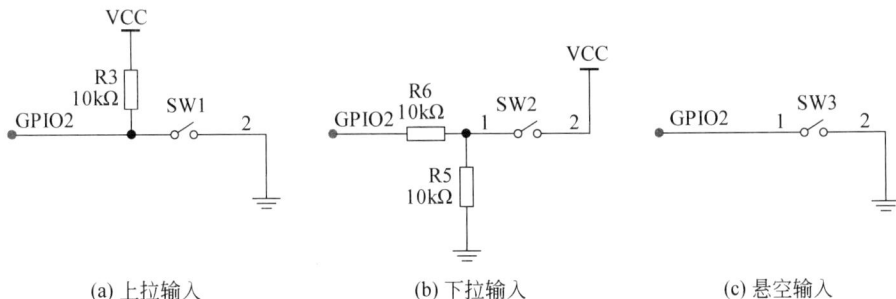

(a) 上拉输入　　　　　　　(b) 下拉输入　　　　　　　(c) 悬空输入

图 3.2　GPIO 输入模式连接开关

2. 下拉输入

下拉输入是指将一个输入端口连接至低电平信号(通常为地线)的电路拓扑。在这种情况下,当外部没有将该输入端口拉向高电平时,其输入端口处于低电平状态。换句话说,当外部开关没有闭合时,输入为下拉的低电平(0V),当开关闭合后输入为高电平(VCC),如图 3.2(b)所示。

3. 悬空输入

悬空输入是指将一个输入端口默认不进行连接(所谓悬空)的电路拓扑。在这种情况下,当外部没有信号输入时,端口的状态是不确定的(高电平或低电平);当有输入时,由输入的电平确定。如图 3.2(c)所示,开关不闭合时无法确定输入状态,开关闭合后输入为低电平。这种不确定的状态一般会引起异常错误,不推荐使用此方式。

3.1.4　ESP32-S3 芯片 GPIO 介绍

不同 ESP32 芯片的 GPIO 引脚数量和功能是不兼容的,要根据芯片手册进行查询确认。这里使用的 ESP32-S3 芯片有 48 个可编程 GPIO,支持常用外设接口如 SPI、I2S、I2C、PWM、RMT、ADC、DAC、UART、SD/MMC 主机控制器和 TWAITM 控制器等。ESP32-S3 开发板引脚图如图 3.3 所示。

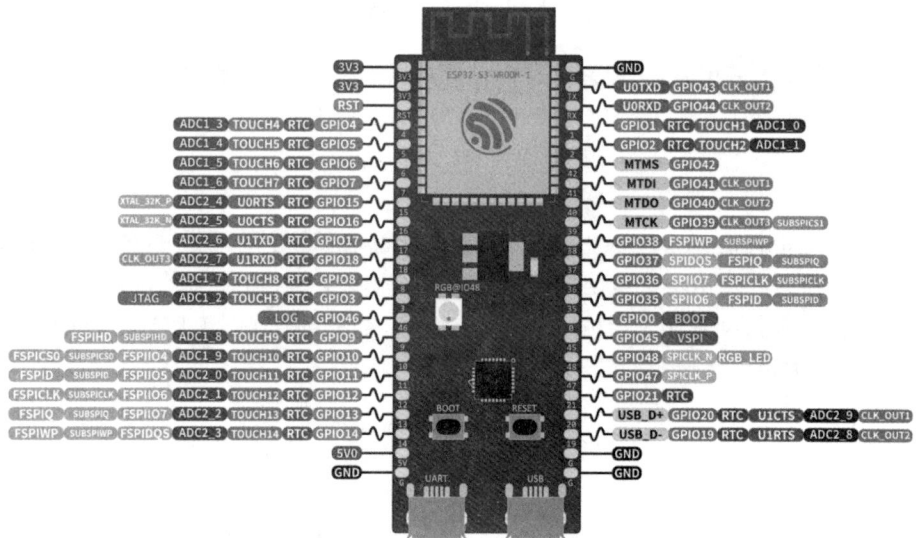

图 3.3　ESP32-S3 开发板引脚图

ESP32-S3 芯片中的 GPIO 通过"GPIO＊"(＊号表示编号)表示,读者可以发现此编号并不连续,这是因为,虽然 ESP32-S3 芯片具有 48 个 GPIO,但是由于一些功能必须占用特定编号的 GPIO,例如 GPIO22～GPIO34 没有在引脚中体现,这些芯片引脚需要完成特定的功能,不能为用户所使用。

从图 3.3 可以看出,ESP32-S3 开发板共引出了 36 个 GPIO,编号范围为 GPIO0～

GPIO21 和 GPIO35～GPIO48。但是这些引脚也不能为用户随便使用,从官方手册中提供的建议如下:

（1）不建议使用的引脚(GPIO):它们用于与封装内 Flash/PSRAM 通信,不建议作其他用途,如表 3.1 所示,这些引脚没有引出。

（2）受限制使用的引脚(GPIO):一般具有重要功能,按需求调整使用,修改其功能时一定要慎重,如表 3.2 所示。注意,ESP32-S3 开发板共引出 36 个引脚,但是如下 9 个引脚受限制使用,就剩下 27 个引脚可以作为 GPIO 使用。

表 3.1　不建议使用的引脚(GPIO)

引　脚	功　能
GPIO26	SPICS1
GPIO27	SPIHD
GPIO28	SPIWP
GPIO29	SPICS0
GPIO30	SPICLK
GPIO31	SPIQ
GPIO32	SPID

表 3.2　受限制使用的引脚(GPIO)

引　脚	功　　能
GPIO0	芯片启动模式
GPIO3	JTAG 信号源
GPIO19	UART 接口,通常用于调试功能
GPIO20	UART 接口,通常用于调试功能
GPIO35	外扩 Flash/PRAM 使用
GPIO36	外扩 Flash/PRAM 使用
GPIO37	外扩 Flash/PRAM 使用
GPIO45	VDD_SPI 电压
GPIO46	启动输出 LOG 信息

3.1.5　MicroPython 中 GPIO 相关类

在 MicroPython 中与 GPIO 功能相关的类和方法在 machine 库的 Pin 模块中。主要使用的 Pin 类构造函数与方法如表 3.3 所示。

表 3.3　Pin 类构造函数与方法

类　方　法	说　　明	示　　例
machine.Pin(id,mode=−1, pull=−1,value)	构造函数,参数 id 为引脚号,mode 为引脚模式(Pin.IN、Pin.OUT、Pin.OPEN_DRAIN),pull 为是否外接上/下拉电阻(None、Pin.PULL_UP、Pin.PULL_DOWN),value 为输出模式下默认值(0 或 1)	led＝machine.Pin(2,Pin.OUT) key＝ machine.Pin(2,Pin.IN, Pin.PULL_UP)
Pin.init(mode=−1,pull=−1,value)	使用给定的参数重新初始化引脚。只会设置那些指定的参数。其余引脚外设状态将保持不变。参数与构造函数相同	led.init(Pin.IN,Pin.PULL_UP)
Pin.value([x])	设置和获取引脚的值,具体取决于是否提供参数 x	led.value(1) x＝key.value()
Pin.on()	将引脚设置为"1"输出电平	led.on()
Pin.off()	将引脚设置为"0"输出电平	led.off()

类 方 法	说 明	示 例
Pin. irq (handler ＝ None, trigger＝Pin.IRQ_FALLING ｜ Pin. IRQ _ RISING , ＊ , priority＝1)	配置在引脚的触发源处于活动状态时要调用的中断处理程序。handler 参数为中断触发时的执行函数,trigger 为触发方式(Pin. IRQ _ FALLING 或 Pin. IRQ _ RISING 或组合),priority 为中断优先级,值越大,优先级越高	key.irq(fun1,Pin.IRQ_FALLING｜)

提示:使用 Pin 类,必须先执行 import machine,导入硬件设备库。

3.2　GPIO 输出

3.2.1　DIY 开发板 LED 硬件原理图分析

如图 3.4 所示,DIY 开发板上共有 4 个 LED,它们通过跳线连接到了 ESP32-S3 芯片的 GPIO11、GPIO2、GPIO42 和 GPIO41。4 个 LED 采用共阴极的连接方式,因此,当 GPIO 输出为高电平(数字量 1) 时,LED 点亮;当 GPIO 输出为低电平(数字量 0)时,LED 熄灭。另外,从 GPIO 外部连接电路分析,LED 没有连接上拉电阻,因此 GPIO 采用推挽输出模式即可完成 LED 的驱动。

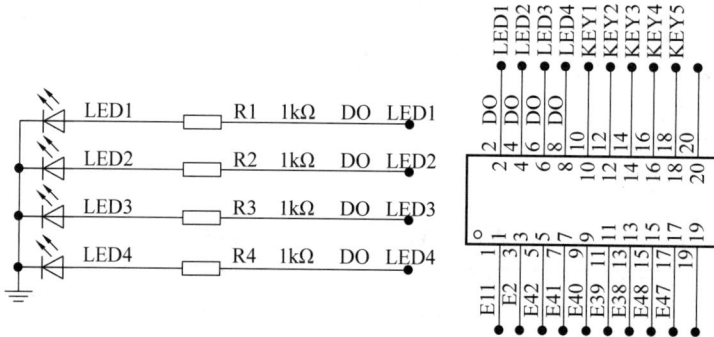

图 3.4　DIY 开发板 LED 硬件原理图

3.2.2　GPIO 输出初始化与使用

根据表 3.3 可以编写如下代码驱动 LED 闪烁。

```
from machine import Pin
import time
led1 = Pin(11, Pin.OUT)
while True:
    led1.value(1)
    time.sleep(1)
    led1.value(0)
    time.sleep(1)
```

　　上述代码中,引入了 time 库,其 time.sleep(x)为延时函数,单位为秒。MCU 会等待 x 秒才执行下面的一条语句。

3.2.3　Wokwi 仿真 LED 流水灯案例

【案例 3.1】　LED 流水灯。

　　所谓流水灯就是 n 个 LED 间隔固定的周期按顺序逐一点亮,然后按顺序逐一熄灭。在 Wokwi 中进行仿真,首先搭建仿真电路,建立的仿真器件连接如图 3.5 所示。在 Wokwi 中仿真选择 ESP32-S3 芯片,根据 DIY 开发板 LED 硬件原理图选择 GPIO11、GPIO2、GPIO42 和 GPIO41 这些引脚连接 LED。

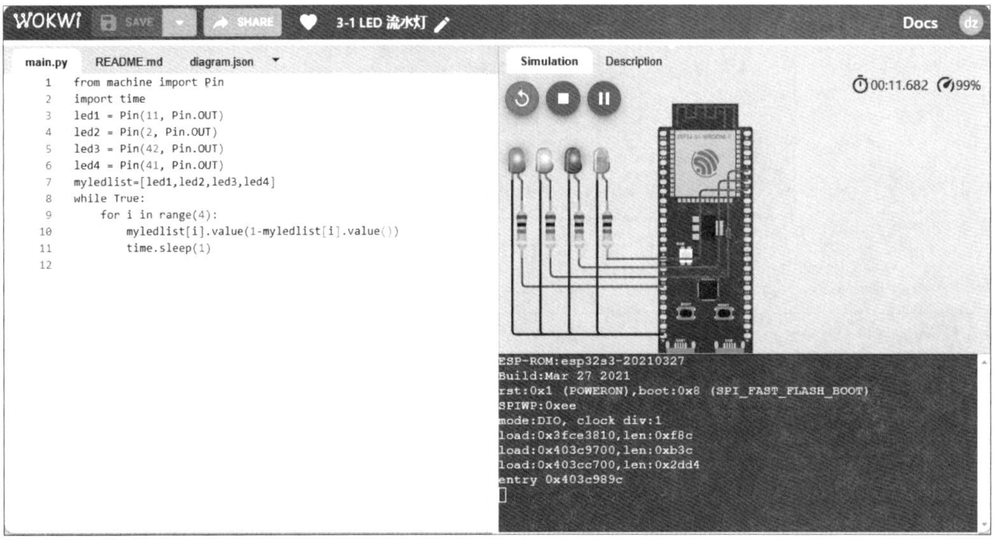

图 3.5　Wokwi 仿真 LED 流水灯图

然后编写如下代码在仿真环境中运行。

```
from machine import Pin
import time
led1 = Pin(11, Pin.OUT)
led2 = Pin(2, Pin.OUT)
led3 = Pin(42, Pin.OUT)
led4 = Pin(41, Pin.OUT)
myledlist=[led1,led2,led3,led4]
while True:
    for i in range(4):
        myledlist[i].value(1-myledlist[i].value()) #GPIO 的输出值进行翻转
        time.sleep(1)
```

　　单击运行按钮后可以观察到 4 个 LED 实现了交替点亮和熄灭。读者可以修改延时时间为 0.5 秒看一下效果。

　　可以单击 LED 弹出属性对话框修改颜色或者旋转器件等,如图 3.6 所示。如果需要知道引脚号,单击对应引脚即可弹出。单击器件的"?"调整到器件的帮助文件,在帮助文件中可以获得器件的说明,如图 3.7 所示。例如 LED 中 A 引脚为阳极,C 引脚为阴极,也可以手动修改 JSON 文件中 LED 的颜色。

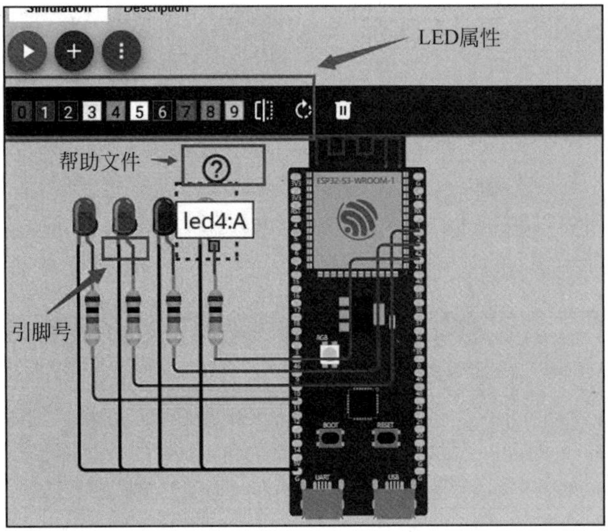

图 3.6　LED 属性对话框

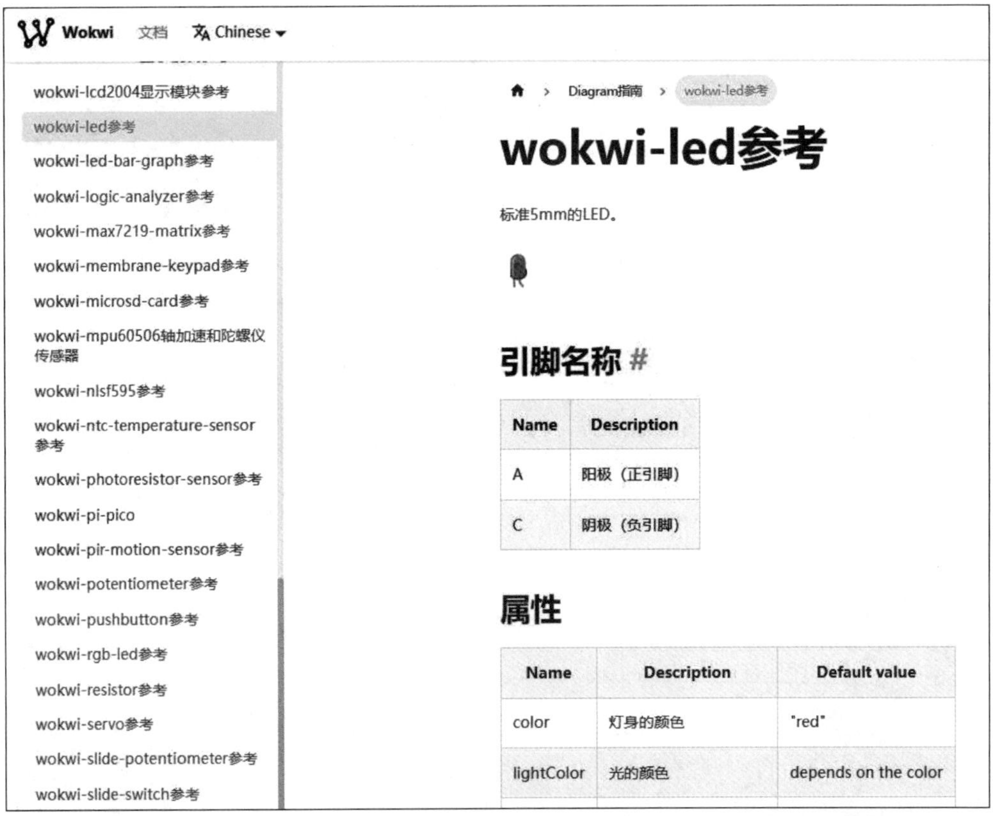

图 3.7　LED 帮助文件

3.2.4　DIY 开发板 LED 流水灯案例

程序仿真通过后,可以把此代码下载到 DIY 开发板中运行,但是要注意,此程序要放在 main.py 中作为主程序运行,同时要根据 DIY 开发板 LED 硬件原理图确认 4 个 LED 引脚为 GPIO11、GPIO2、GPIO42 和 GPIO41。通过 Thonny 软件在 RAM 中运行代码或者将此程序下载到 DIY 开发板后按 RST 键重启硬件,可以看到 DIY 开发板上 4 个 LED 的流水灯效果。

🔑 3.3　GPIO 查询方式输入

3.3.1　DIY 开发板五向按键硬件原理图分析

如图 3.8 所示,DIY 开发板上有一个五向按键,其共有 6 个引脚,它的 1 号引脚为接地引脚,其他 5 个引脚为默认断开开关引脚,当按下某个方向按键后,对应引脚与 1 号引脚导通,就是开关闭合时输入为 0,因此需要在每个方向按键引脚上接一个上拉电阻,当开关没有按下闭合时,引脚输入为高电平 1。这样就实现了开关闭合输入为 0,开关断开输入为 1 的状态。另外,从原理图可以看出,KEY1～KEY5 分别连接了 ESP32-S3 芯片的 GPIO40、GPIO39、GPIO38、GPIO48 和 GPIO47 引脚,因此以上 5 个引脚工作模式设置为 GPIO 上拉输入模式即可。

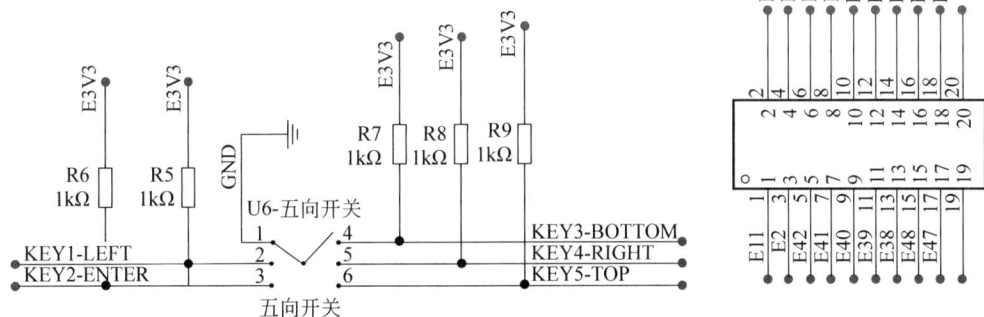

图 3.8　DIY 开发板五向按键原理图

3.3.2　GPIO 输入初始化与使用

根据表 3.3 可以编写如下代码循环读取 1 个按键的值,并利用 print()函数输出结果到交互窗口中观察。

```
from machine import Pin
import time
key1_left=Pin(40, Pin.IN,Pin.PULL_UP)          #初始化 GPIO40 为输入,有上拉电阻模式
while True:
```

```
    time.sleep(1)
    x=key1_left.value()                  #读取 KEY1 按键的输入值,按下为 0,断开为 1
    print("key1-left 值={}".format(x))   #结果输出在 REPL 窗口中
```

注意：上述代码中 Pin 初始化为 3 个参数，比输出模式多了上拉模式参数。

3.3.3 Wokwi 仿真循环查询方式按键输入控制 LED 闪烁案例

【案例 3.2】 查询方式按键控制 LED 闪烁案例。

本案例功能是循环检测上下左右 4 个按键，当某一个按键按下时，对应一个 LED 闪烁一次，中间的 ENTER 按键按下后所有 LED 闪烁一次。

在 Wokwi 中没有五向按键的仿真器件，因此需要选择一个替换的器件。Wokwi 提供了 pushbutton，其说明文件如图 3.9 所示。此按钮有 4 个引脚，其中左侧两个为一组，右侧两个为一组，默认开关为断开状态。使用此按钮时，只要一端连接地线(GND)，另一端连接上拉电阻进行输入控制。根据 DIY 开发板五向按键原理图，搭建 Wokwi 虚拟仿真电路，如图 3.10 所示，5 个按键分别连接 GPIO40、GPIO39、GPIO38、GPIO48 和 GPIO47。

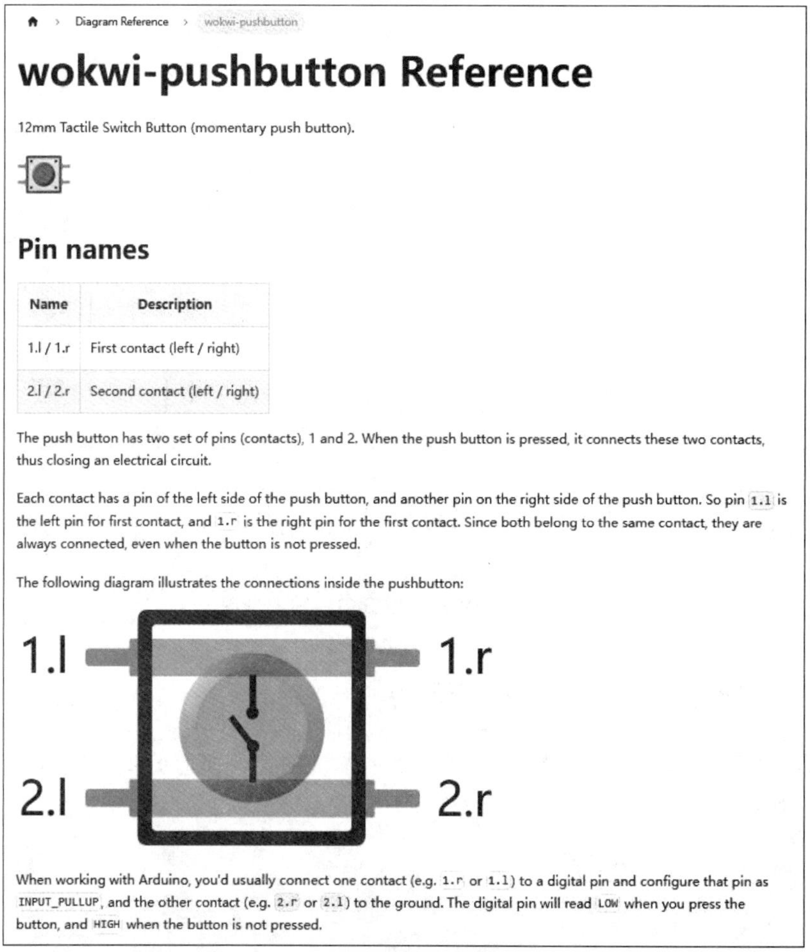

› Diagram Reference › wokwi-pushbutton

wokwi-pushbutton Reference

12mm Tactile Switch Button (momentary push button).

Pin names

Name	Description
1.l / 1.r	First contact (left / right)
2.l / 2.r	Second contact (left / right)

The push button has two set of pins (contacts), 1 and 2. When the push button is pressed, it connects these two contacts, thus closing an electrical circuit.

Each contact has a pin of the left side of the push button, and another pin on the right side of the push button. So pin 1.l is the left pin for first contact, and 1.r is the right pin for the first contact. Since both belong to the same contact, they are always connected, even when the button is not pressed.

The following diagram illustrates the connections inside the pushbutton:

1.l 1.r 2.l 2.r

When working with Arduino, you'd usually connect one contact (e.g. 1.r or 1.l) to a digital pin and configure that pin as INPUT_PULLUP, and the other contact (e.g. 2.r or 2.l) to the ground. The digital pin will read LOW when you press the button, and HIGH when the button is not pressed.

图 3.9 pushbutton 按键说明文件

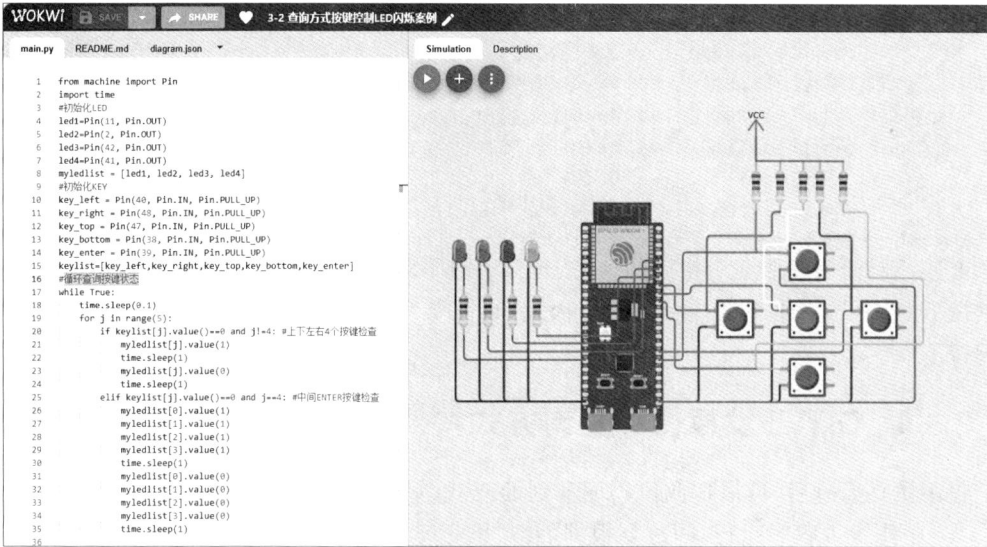

图 3.10　按键控制 LED 闪烁 Wokwi 仿真图

根据 DIY 开发板五向按键原理图编写程序代码如下：

```python
from machine import Pin
import time
#初始化 LED
led1=Pin(11, Pin.OUT)
led2=Pin(2, Pin.OUT)
led3=Pin(42, Pin.OUT)
led4=Pin(41, Pin.OUT)
myledlist = [led1, led2, led3, led4]
#初始化 KEY
key_left = Pin(40, Pin.IN, Pin.PULL_UP)
key_right = Pin(48, Pin.IN, Pin.PULL_UP)
key_top = Pin(47, Pin.IN, Pin.PULL_UP)
key_bottom = Pin(38, Pin.IN, Pin.PULL_UP)
key_enter = Pin(39, Pin.IN, Pin.PULL_UP)
keylist=[key_left,key_right,key_top,key_bottom,key_enter]
#循环查询按键状态
while True:
    time.sleep(0.1)
    for j in range(5):
        if keylist[j].value()==0 and j!=4:      #上下左右 4 个按键检查
            myledlist[j].value(1)
            time.sleep(1)
            myledlist[j].value(0)
            time.sleep(1)
        elif keylist[j].value()==0 and j==4:   #中间 ENTER 按键检查
            myledlist[0].value(1)
            myledlist[1].value(1)
            myledlist[2].value(1)
```

```
            myledlist[3].value(1)
            time.sleep(1)
            myledlist[0].value(0)
            myledlist[1].value(0)
            myledlist[2].value(0)
            myledlist[3].value(0)
            time.sleep(1)
```

上述代码循环读取 5 个按键的值,按键没有按下时,由于有上拉电阻,因此输入为 1;当按键按下时,输入与地连接,输入为 0。因此,只需要判断读取的按键值是否为 0,为 0 则有按键按下。

3.3.4　DIY 开发板循环查询方式按键输入控制 LED 闪烁案例

程序仿真通过后,可以把此代码下载到 DIY 开发板中运行,但是要注意,此程序要放在 main.py 中作为主程序运行,同时要根据 DIY 开发板 LED 硬件原理图确认 4 个 LED 引脚为 GPIO11、GPIO2、GPIO42 和 GPIO41,5 个按键分别连接 GPIO40、GPIO39、GPIO38、GPIO48 和 GPIO47。通过 Thonny 软件在 RAM 中运行代码或者将此程序下载到 DIY 开发板后按 RST 按钮重启硬件,可以看到 DIY 开发板上 4 个 LED 的流水灯效果。

3.4　GPIO 中断方式输入

3.4.1　中断处理程序介绍

在案例 3.2 中按键的输入状态是通过循环不断地读取各个输入引脚获取的,这种方式虽然简单,但是有一定的问题:一是每一个循环周期都有一定的延时,这样有可能错过输入引脚的改变;二是当需要读取多个引脚状态时,每次只能读取一个并处理,这时其他引脚的变化状态可能会丢失。为了解决上述问题,可以使用中断处理程序的方法。

所谓中断处理程序也称为中断服务程序(ISR),它是一个提前定义的函数(也称回调函数),当设备某一特定的事件发生时,触发中断当前正在执行的程序(中断断点处),转而去执行这个函数,在函数执行时传递一些特定的参数给这个函数使用,当中断服务程序执行完后返回中断断点后继续执行主程序。

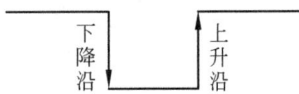

图 3.11　电压中断触发条件

这里的特定事件有可能是外部端口电压的变化,例如高电平变低电平的下降沿触发,或者低电平变高电平的上升沿触发(如图 3.11 所示);也可以是一定时间周期达到后触发。

当程序中有多个中断服务程序时,可以在中断初始化时为每个中断设置不同的优先级别,这样就可以避免中断服务程序之间的冲突,按提前设计好的顺序执行。

3.4.2　GPIO 外部中断初始化与使用

根据表 3.3 可以把输入引脚设置为中断模式,例如设置 DIY 开发板的 KEY1 按键为上升沿中断模式的代码如下：

```
from machine import Pin
import time
#初始化 GPIO40 为输入,有上拉电阻模式
key1_left=Pin(40, Pin.IN,Pin.PULL_UP)
#KEY1 中断回调函数
def key1_left_fun(mypin):
    print('key1_left value={},mypin={}'.format(key1_left.value(),mypin) )
#初始化 KEY1 中断为上升沿触发
key1_left.irq(key1_left_fun, Pin.IRQ_RISING)
#主循环
while True:
    pass        #空语句
    time.sleep(1)
```

通过 Thonny 在 DIY 开发板上运行此程序后,每次按 KEY1 按键,按键按下(下降沿)时没有输出,当按钮释放(上升沿)时输出一行结果。图 3.12 所示为按 4 次按键的输出结果。输出结果中按键的值为 1,获得的参数 mypin 为触发终端的对象 Pin(40)。

```
MicroPython v1.19.1 on 2022-09-23; YD-ESP32S3-N16R8 with ESP32S3R8
Type "help()" for more information.
>>> %Run -c $EDITOR_CONTENT

 key1_left value=1,mypin=Pin(40)
 key1_left value=1,mypin=Pin(40)
 key1_left value=1,mypin=Pin(40)
 key1_left value=1,mypin=Pin(40)
```

图 3.12　按 4 次按键的输出结果

3.4.3　Wokwi 仿真中断方式按键输入控制 LED 闪烁案例

【案例 3.3】　中断方式按键控制 LED 闪烁案例。

本案例功能是循环检测上下左右 4 个按键,当某一个按键按下时,对应一个 LED 闪烁一次,中间的 ENTER 按键按下后所有 LED 闪烁一次。

Wokwi 虚拟仿真电路与案例 3.2 一致,不需要修改。对应的程序如下所示：

```
from machine import Pin
import time
#初始化 LED
led1=Pin(11, Pin.OUT)
led2=Pin(2, Pin.OUT)
led3=Pin(42, Pin.OUT)
led4=Pin(41, Pin.OUT)
myledlist=[led1,led2,led3,led4]
#初始化 KEY
key1_left = Pin(40, Pin.IN, Pin.PULL_UP)
key2_right = Pin(48, Pin.IN, Pin.PULL_UP)
key3_top = Pin(47, Pin.IN, Pin.PULL_UP)
```

```
key4_bottom = Pin(38, Pin.IN, Pin.PULL_UP)
key5_enter = Pin(39, Pin.IN, Pin.PULL_UP)
#KEY1 中断回调函数
def key1_left_fun(mypin):
    led1.value(1-led1.value())
#KEY2 中断回调函数
def key2_right_fun(mypin):
    led2.value(1-led2.value())
#KEY3/KEY4/KEY5 共用回调函数
def key345_fun(mypin):
    print(type(mypin),mypin)              #输出参数类型和值
    if mypin==key3_top:                   #判断是否为 KEY3
        led3.value(1-led3.value())
    elif mypin==key4_bottom:              #判断是否为 KEY4
        led4.value(1-led4.value())
    elif mypin==key5_enter:               #判断是否为 KEY5
        for i in range(4):
            myledlist[i].value(1)
        time.sleep(1)
        for i in range(4):
            myledlist[i].value(0)

#初始化各个中断为上升沿触发
key1_left.irq(key1_left_fun, Pin.IRQ_RISING)
key2_right.irq(key2_right_fun, Pin.IRQ_RISING)
key3_top.irq(key345_fun, Pin.IRQ_RISING)
key4_bottom.irq(key345_fun, Pin.IRQ_RISING)
key5_enter.irq(key345_fun, Pin.IRQ_RISING)
#主循环
while True:
    pass                                  #空语句
    time.sleep(1)
```

在 Wokwik 中运行仿真程序后,触发按键后会发现 LED 的闪烁状态与预期有不同,每次按完按键后 LED 的变化规律都不相同。这是因为在 Wokwi 仿真中默认对按键进行了抖动仿真,就是每按一次按键,会产生一个随机数量的按键抖动,这导致连续触发中断,LED状态变化不可以预测。如果需要去掉抖动效果,可以根据按键的帮助文件,修改工程中 diagram.json 文件中按键的属性,给每个按键添加一个{"bounce":"0"}属性,数字 0 代表抖动次数为 0,修改效果如图 3.13 所示。

在上述中断案例中,中断服务程序的触发条件采用了两种绑定方式,其中 KEY1 和KEY2 分别绑定了一个独立的回调函数,而 KEY3、KEY4 和 KEY5 绑定同一个回调函数,为了在公共回调函数中区分是哪一个引脚触发的中断,可以通过参数 mypin 进行触发引脚的判断,利用选择结构处理不同的触发引脚动作。

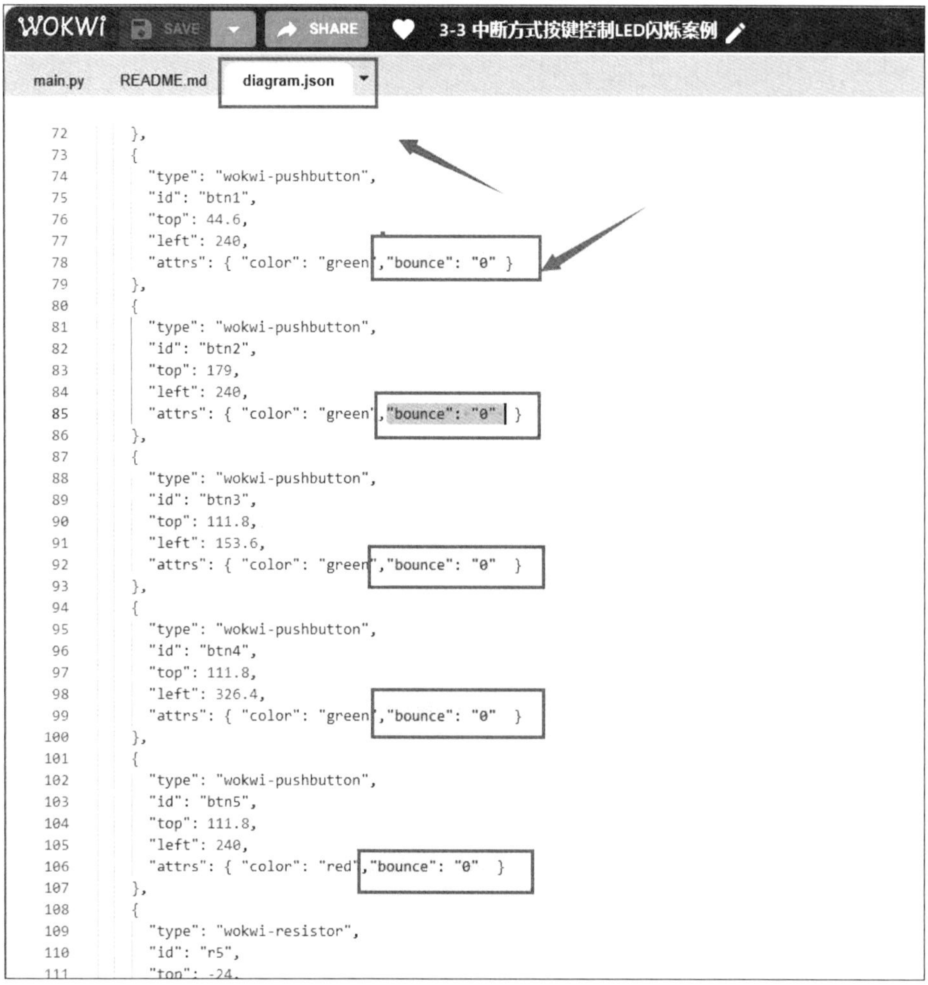

图 3.13　diagram.json 文件修改

再次进行 Wokwi 仿真会发现此次仿真效果与预期的是一致的。

3.4.4　DIY 开发板中断方式按键输入控制 LED 闪烁案例

程序仿真通过后,可以把此代码在 DIY 开发板 RAM 中运行,但是要注意,此程序要放在 main.py 中作为主程序运行。需要注意的问题是,在 DIY 开发板上进行五向按键触发时是否会发生按键的抖动现象,如果发生了按键抖动,可以考虑在程序代码中加入按键防抖处理。其思路就是进入中断后做一个延时(例如 0.5 秒),然后判断按键的值是否为高电平(因为是上升沿,最终稳态是高电平),参考代码如下:

```
def key345_fun(mypin):
    print(type(mypin),mypin)
    time.sleep(0.5)   #去抖动延时
    if mypin==key3_top and mypin.value()==1:      #判断是否为 KEY3,去抖动判断
        led3.value(1-led3.value())
```

```
elif mypin==key4_bottom and mypin.value()==1: #判断是否为 KEY4,去抖动判断
    led4.value(1-led4.value())
elif mypin==key5_enter and mypin.value()==1:  #判断是否为 KEY5,去抖动判断
    for i in range(4):
        myledlist[i].value(1)
    time.sleep(1)
    for i in range(4):
        myledlist[i].value(0)
```

此代码也可以加入 Wokwi 仿真平台,读者可以在不添加{"bounce"："0"}属性的情况下检查是否可以实现去抖动。

3.4.5　ESP32 下载程序后无法连接问题解决

在 DIY 开发板中下载具有中断服务功能的程序后有可能 DIY 开发板无法通过 Thonny 连接,这主要是由中断服务程序引起的。目前,没有很好的解决方法,唯一的解决方法就是 DIY 开发板重新刷入出厂固件,刷新固件的方法在附录 A 中进行了详细描述。如果仅是调试使用,建议在 Thonny 的 RAM 中运行 main.py 程序,而不要把 main.py 下载到 DIY 开发板中。如果此时出现问题,按 DIY 开发板的 RST 按键重启即可解决问题。

🔑实验三　GPIO 输出与输入实验

一、实验目的

（1）掌握 ESP32-S3 芯片 GPIO 端口初始化、数据输出与输入的方法。
（2）掌握通过中断方式实现 GPIO 端口输入数据的方法。
（3）掌握 DIY 开发板上 LED 的驱动方式。
（4）掌握 DIY 开发板上五向按键的驱动方式。

二、实验内容

（1）基于案例 3.2 代码进行修改,实现利用五向按键控制 LED 流水灯闪烁频率变化控制。利用 KEY1 到 KEY5 实现 5 个频率的变化。
（2）五向按键输入数据的采集可以采用查询或中断方式,建议使用中断方式。
（3）在 Wokwi 仿真平台搭建 ESP32-S3＋LED＋KEY 仿真案例并实现程序正确运行。
（4）在 DIY 开发板上完成上述功能。

第4章

ESP32的定时器TIMER

CHAPTER **4**

嵌入式系统开发中,定时器(TIMER)的使用是一个不可或缺的环节。通过定时器的使用,可以实现中断、计时、计数等多项功能,从而极大丰富程序的功能。本章主要讲解 ESP32 内置硬件定时器的初始化、定时中断函数、PWM 输出和 RTC 时钟的使用,实现 Wokwi 仿真平台和 DIY 开发板上 LED 流水灯与呼吸灯案例的调试和运行。

学习目标:

(1)了解 ESP32-S3 芯片硬件定时器的基本情况。

(2)掌握定时器的周期中断的初始化和中断函数使用方法。

(3)掌握定时器 PWM 输出使用方法。

(4)掌握 RTC 时钟的时间设置和读取方法。

4.1　定时器基本知识

4.1.1　什么是定时器

在嵌入式系统中,定时器是一种重要的硬件设备,用于精确地控制时间和进行各种时间相关的任务。所谓定时器就是计时器,用于测量预先初始化的时间间隔,当时间间隔达到(定时中断)后,启动相关的函数(中断服务程序)进行执行。定时器的基本单位是时钟周期,该周期由系统时钟提供。定时器的计数值根据时钟信号递增或递减,从而实现时间的测量和计算。

定时器一般分为硬件定时器和软件定时器。硬件定时器是嵌入式系统最常见的类型,它由专门的硬件电路实现,精确度高,计时可靠,其计时过程不占用 MCU 的资源。软件定时器是基于软件实现的定时器,依赖系统的时钟中断进行计算。软件定时器不需要额外的硬件支持,更加灵活,但在计时精度和稳定性方面可能不如硬件定时器。

4.1.2　MicroPython 中定时器 Timer 类

在 MicroPython 中根据不同的 MCU 硬件,定时器的数量和使用方法不尽相同。在 ESP32 芯片中提供两组硬件定时器,每组包含两个通用硬件定时器,共 4 个定时器,编号从 1 到 4。与定时器相关的库为 timer 库,使用定时器时需要先使用"from machine import Timer"导入定时器库。Timer 类构造函数与方法如表 4.1 所示。

表 4.1　Timer 类构造函数与方法

类　方　法	说　明	示　例
machine.Timer(id)	构造函数,参数 id 为定时器编号(从 1 开始的整数)	tim1=Timer(1)
Timer.init(mode=Timer.PERIODIC,period=−1,callback=None)	定时器初始化方法,参数 mode 为定时器工作方式,Timer.PERIODIC 为循环周期运行,Timer.ONE_SHOT 为定时器只运行一次;period 为定时器的间隔周期时间,单位为毫秒;callback 为中断服务器函数名称	tim1.init(period=500,mode=Timer.PERIODIC,callback=f1)
Timer.deinit()	取消初始化定时器。停止定时器,并禁用定时器外设	tim1.deinit()

提示:machine.Timer(id)中 id 值如果为−1,为虚拟定时器;为 0 时在 DIY 开发板上不能运行,但在 Wokwi 仿真中可以运行;id 大于 4 后,定时器也可以使用,此时为软件定时器。

4.1.3　MicroPython 中 PWM(脉宽调制)类

在定时器的应用中,有一种使用非常多的方法是脉宽调制(Pulse Width Modulation,PWM)技术。其主要应用在步进电机驱动、呼吸灯驱动等方面。所谓 PWM 就是一个连续的周期脉冲信号,如图 4.1 所示,在一个时钟周期 T 中,高低电平各占用了一定的比例,如果高低电平各占 50%,这就是"方波"。当高低电平的比例不相等时,在相同频率下,高电平比例越高,等效的有效电压越大,通过这种调整高低电平比例的方式,可实现供电等效电压的变化。例如呼吸灯,在相同频率下,高电平比例越大,等效电压越高,灯越亮。通过连续改变高低电平比例,就实现了脉宽调制,从而实现灯的由暗到明或由明到暗的效果,如图 4.2 所示。

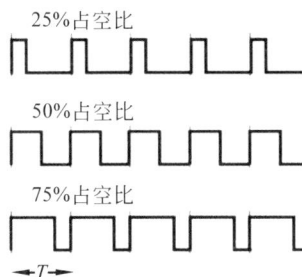

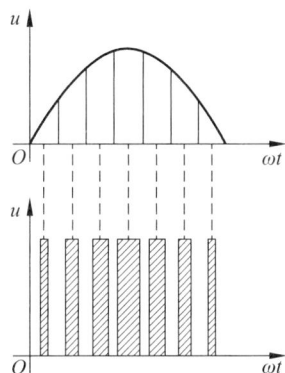

图 4.1　PWM 脉冲　　　　图 4.2　PWM 等效电压示意图

在 MicroPython 中存在 PWM 库,使用时利用代码 from machine import PWM 导入该库,PWM 类构造函数与方法如表 4.2 所示。

表 4.2　PWM 类构造函数与方法

类 方 法	说 明	示 例
machine.PWM(pin,freq,[duty_u16/duty_ns])	构造 PWM 对象。参数 pin 为脉冲输出引脚;freq 为频率,单位为 Hz;duty_u16 为 16 位二进制整数占空比设置(0~65535);duty_ns 为以纳秒为单位设置脉冲宽度。duty_u16 与 duty_ns 只能二选一	led=machine.PWM(machine. Pin(18),freq=1000,duty_u16=32768)
PWM.init(freq,[duty_u16/duty_ns])	修改 PWM 对象的设置。freq 为频率,单位为 Hz;duty_u16 为 16 位二进制整数占空比设置(0~65535);duty_ns 为以纳秒为单位设置脉冲宽度。duty_u16 与 duty_ns 只能二选一	led.init(freq = 500,duty_u16=1000)
PWM.deinit()	禁用 PWM 输出	led.deinit()
PWM.freq([value])	获取或设置 PWM 输出的当前频率。不带参数时,返回以 Hz 为单位的当前频率。使用单个值参数时,则将频率设置为该值(以 Hz 为单位)	x1=led.freq() led.freq(100)
PWM.duty_u16([value])	获取或设置 PWM 输出的当前占空比,值为 0~65535 的无符号 16 位二进制整数	x2=led.duty_u16() led.duty_u16(123)
PWM.duty([value])	获取或设置 PWM 输出的当前占空比,值为 0~1023 的无符号 10 位二进制整数	x2=led.duty() led.duty(123)
PWM.duty_ns([value])	获取或设置 PWM 输出的当前脉冲宽度,以纳秒为单位	x3=led.duty_ns() led.duty_ns(5000)

4.1.4　MicroPython 中时间 time 类

在 MicroPython 中与时间相关的库除了 timer 外,还有一个常用 time 时间库,使用此库时需要使用代码 import time 导入库。time 库中各类方法使用系统时间进行计时,主要用于拥塞延时、DIY 开发板时间获得和时间间隔计时,time 类构造函数与方法如表 4.3 所示。

表 4.3　time 类构造函数与方法

类　方　法	说　明	示　例
time.gmtime([secs])或 time.localtime([secs])	获得时间元组,当没有 secs 参数时,返回当前开发板 RTC 的计时时间,格式为元组(年,月,日,时,分,秒,星期,年中日)。例如(2024,2,17,10,22,45,5,48)表示 2024 年 2 月 17 日 10 时 22 分 45 秒,星期六(0~6),本年中第 48 天。如果有参数,单位为秒,表示此秒数从 2000 年 1 月 1 日开始的计时时间	time.localtime() time.localtime(123)
utime.mktime(para)	这是本地时间的反函数。参数 para 是一个完整的时间元组,表示本地时间。它返回一个整数,它是自 2000 年 1 月 1 日以来的秒数	time.mktime(time.localtime())
time.sleep(seconds)	阻塞式延时时间,单位为秒,支持小数形式	time.sleep(0.5)
time.sleep_ms(ms)	阻塞式延时时间,单位为毫秒,只能为整数或 0	time.sleep_ms(500)
time.sleep_us(us)	阻塞式延时时间,单位为微秒,只能为整数或 0	time.sleep_us(100)
time.ticks_ms()	返回当前系统运行的累计时间,单位为毫秒	t1=time.ticks_ms()
time.ticks_us()	返回当前系统运行的累计时间,单位为微秒	t2=time.ticks_us()
time.ticks_cpu()	返回当前时间,单位不确定	t3=time.ticks_cpu()
time.ticks_add(ticks,delta)	按给定时间起点 ticks,计算 delta 时间偏移后的时间值,delta 可以是正数,也可以是负数。这个函数可以用于计算事件或任务的截止日期	time.ticks_add(t1,3600)
time.ticks_diff(ticks1,ticks2)	测量两个刻度值之间的差异,这个函数可以用于比较两个刻度值或计算时间间隔	x=time.ticks_diff(t3,t1)

提示:在 MicroPython 中也可以使用 utime 代表此 time 库。

4.1.5　MicroPython 中实时时钟 RTC 类

MicroPython 的 RTC 是一个用于获取和设置实时时钟的类,它可以让用户在 Python 中访问和控制硬件上的 RTC 电路,并表示一个可以跟踪日期和时间的接口。在硬件层面上,RTC 电路可以使用独立的电池电路进行供电,这样在系统断电后,通过后备电池供电,可以保证 RTC 的连续计时。如没有电池,RTC 将停止计时,并在系统重新供电后继续进行计时,这样会产生一个时钟延迟。使用与 RTC 相关的库时,需要通过代码 from machine import RTC 导入该库。RTC 类构造函数与方法如表 4.4 所示。

表 4.4　RTC 类构造函数与方法

类　方　法	说　　　明	示　　　例
machine.RTC()	构造函数,定义一个 RTC 对象	rtc＝machine.RTC()
rtc.datetime([para])	获得或设置 RTC 时间。如果没有 para 参数,则返回当前时间,格式为 8 元素元组,即(年、月、日、星期、时、分、秒、亚秒)。如果有 para 参数(元组格式),则设置为当前 RTC 时间	x＝rtc.datetime() rtc.datatime(2024,2,17,5,11,6,58,0)

4.2　定时器 TIMER 中断

4.2.1　DIY 开发板硬件原理图分析

在 ESP32 中,共有 4 个内置硬件定时器,硬件定时器是一个内置器件,无法在外部查看。本节案例通过定时器中断服务程序,驱动 DIY 开发板的 4 个 LED 实现流水灯效果。LED 硬件原理图如图 3.4 所示。

4.2.2　定时器 TIMER 初始化与使用

根据表 4.1 可以编写如下代码,利用定时器周期中断服务程序驱动 LED 闪烁。

```
from machine import Timer, Pin
import time
led1 = Pin(11, Pin.OUT)
#定时器中断服务程序,参数 t 为定时器对象
def f1(t):
    print("count={}".format(t))
    led1.value(1-led1.value())
#初始化定时器 1,间隔时间为 500ms,工作方式为周期中断,中断服务程序为 f1
tim1 = Timer(1)
tim1.init(period=500, mode=Timer.PERIODIC, callback=f1)
#tim1.deinit()          #停止定时器
while True:
    pass
    time.sleep(3)
```

提示:在定时器中断服务程序 f1(t) 的定义中,必须要含有一个参数,这个参数是定时器周期中断传输的定时器参数信息。

4.2.3　Wokwi 仿真定时器周期中断流水灯案例

【案例 4.1】　流水灯(硬件定时器)。

流水灯就是 n 个 LED 间隔固定的周期按顺序逐一点亮,然后按顺序逐一熄灭。通过修改定时器周期,可改变流水灯的闪烁频率。在 Wokwi 中进行仿真,首先搭建仿真电路,建立的仿真器件连接如图 4.3 所示。在 Wokwi 中仿真选择 ESP32-S3 芯片,根据 DIY 开发板

LED 配件原理图选择 GPIO11、GPIO2、GPIO42 和 GPIO41 这些引脚连接 LED。

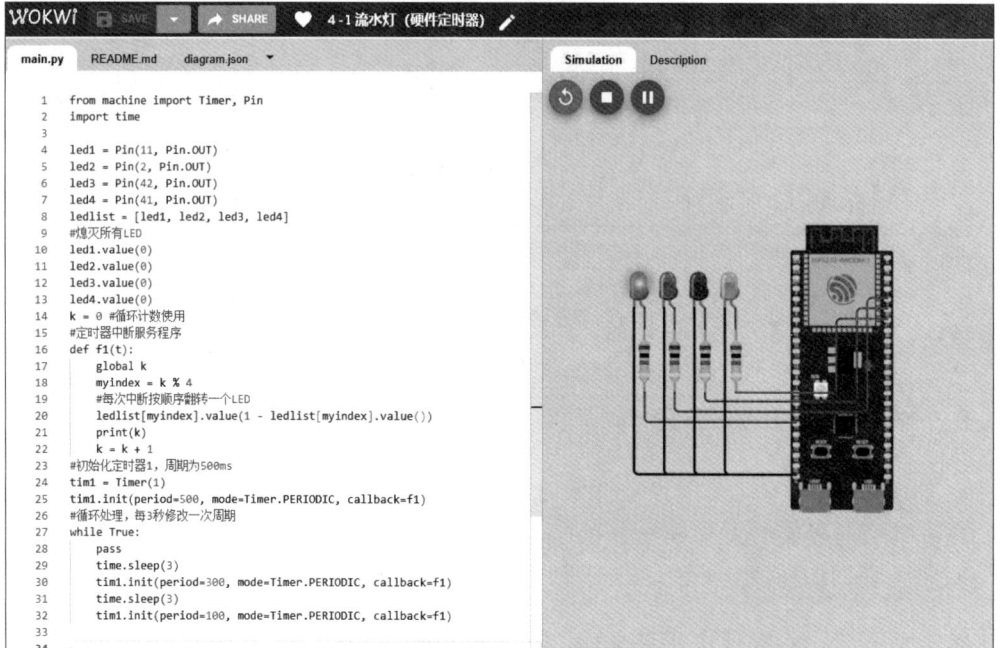

图 4.3　定时器流水灯 Wokwi 仿真图

编写如下代码在仿真环境中运行。

```
from machine import Timer, Pin
import time

led1 = Pin(11, Pin.OUT)
led2 = Pin(2, Pin.OUT)
led3 = Pin(42, Pin.OUT)
led4 = Pin(41, Pin.OUT)
ledlist = [led1, led2, led3, led4]
#熄灭所有 LED
led1.value(0)
led2.value(0)
led3.value(0)
led4.value(0)
k = 0 #循环计数使用
#定时器中断服务程序
def f1(t):
    global k
    myindex = k %  4
    #每次中断按顺序翻转一个 LED
    ledlist[myindex].value(1 - ledlist[myindex].value())
    print(k)
    k = k + 1
#初始化定时器 1,周期为 500ms
tim1 = Timer(1)
tim1.init(period=500, mode=Timer.PERIODIC, callback=f1)
```

```
#循环处理,每 3 秒修改一次周期
while True:
    pass
    time.sleep(3)
    tim1.init(period=300, mode=Timer.PERIODIC, callback=f1) #修改周期为 300ms
    time.sleep(3)
    tim1.init(period=100, mode=Timer.PERIODIC, callback=f1) #修改周期为 100ms
```

上述代码中,定时器的初始周期为 500ms,然后在 while 循环中,每 3 秒修改一次周期为 300ms 和 100ms。通过仿真,可以看到 LED 的闪烁频率不断地周期变化。

4.2.4　DIY 开发板定时器周期中断流水灯案例

上述程序仿真通过后,可以把此代码下载到 DIY 开发板中运行,但是要注意,此程序要放在 main.py 中作为主程序运行,同时要根据开发板 LED 硬件原理图确认 4 个 LED 引脚为 GPIO11、GPIO2、GPIO42 和 GPIO41。通过 Thonny 软件在 RAM 中运行代码或者将此程序下载到 DIY 开发板后按 RST 键重启,可以看到 DIY 开发板上 4 个 LED 的流水灯效果。

🔑 4.3　PWM 输出

4.3.1　DIY 开发板硬件原理图分析

在 ESP32 中,共 4 个定时器,每个定时器都可以独立输出 PWM 信号。PWM 输出引脚为通用的 GPIO 即可,其原理图如图 4.4 所示。定时器通过周期控制输出通道(Channel)对应的引脚驱动 LED。在 DIY 开发板共有 4 个 LED,它们都可以进行 PWM 输出控制。

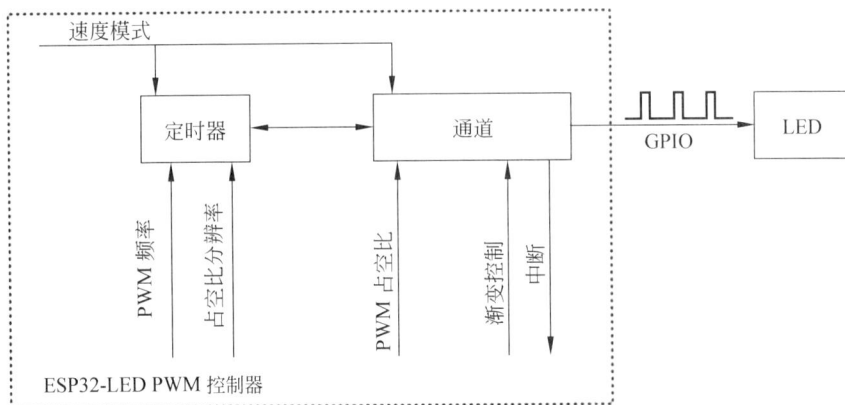

图 4.4　PWM 驱动 Pin 引脚输出原理图

4.3.2　PWM 初始化与使用

根据表 4.2 可以编写如下代码,利用 PWM 输出变化周期和 50% 脉冲宽度的信号驱动 LED1 闪烁。

```
from machine import Pin,PWM
import time
#定义 GPIO11 引脚对应的 LED1 为 PWM 驱动,频率为 2Hz,占空比为 50%
led1=PWM(Pin(11), freq=2, duty_u16=32768)
#循环修改频率
while True:
    time.sleep(3)
    led1.freq(4)                    #修改频率为 4Hz
    time.sleep(3)
    led1.freq(1)                    #修改频率为 1Hz
```

上述代码中,初始化 PWM 频率为 2Hz,然后在 while 循环中,每 3 秒修改一次频率为 4Hz 和 1Hz。注意,ESP32 PWM 最高频率为 40MHz。

4.3.3 Wokwi 仿真呼吸灯案例

【案例 4.2】 PWM 呼吸灯。

所谓呼吸灯就是灯的亮灭模仿人类的呼吸,在一定频率下循环灯由暗到明,然后由明到暗的过程。这个过程中主要有两个参数需要配置:一个是 PWM 的频率参数,采用 1000HZ 即可;另一个是 PWM 的占空比。其中灯的亮灭可以由占空比决定,通过配置 PWM 的 duty_u16 参数从 0 到 65535,对应由暗到明的过程;反之是由明到暗。对于占空比变化频率的分析相对复杂一些。普通人呼吸为每分钟 12 到 20 次,按平均值 15 次,就是 1 分钟 15 次呼吸,每次呼吸为 4 秒,吸气和呼气各占 2 秒。对于 LED 的明暗就是 2 秒一次由暗到明,再用 2 秒由明到暗,一个周期为 4 秒。在 2 秒内完成占空比从 0 到 65535 的变化,同时需要考虑人眼的反应速度,即 1 秒内超过 24 幅画面的变化就是连续的,因此可以采用 2 秒内把 65535 分为 80 份,1 份约为 820,就是 1 秒变化 40 次,每次占空比变化 820 即可。

在 Wokwi 中进行仿真,首先搭建仿真电路,建立的仿真器件连接如图 4.5 所示。在 Wokwi 中仿真选择 ESP32-S3 芯片,根据 DIY 开发板 LED 硬件原理图选择 GPIO11 对应的 LED1 完成呼吸灯。

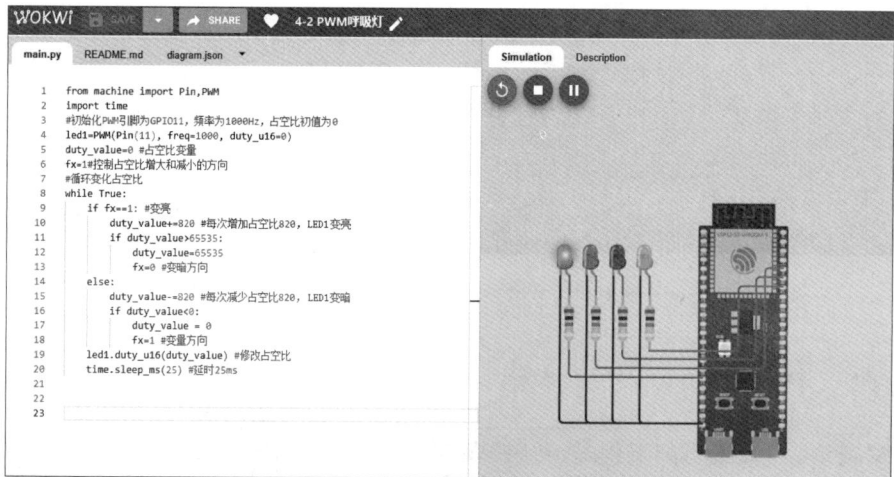

图 4.5 PWM 呼吸灯 Wokwi 仿真图

编写如下代码在仿真环境中运行。

```
from machine import Pin,PWM
import time
#初始化 PWM 引脚为 GPIO11,频率为 1000Hz,占空比初值为 0
led1=PWM(Pin(11), freq=1000, duty_u16=0)
duty_value=0                          #占空比变量
fx=1                                  #控制占空比增大和减小的方向
#循环变化占空比
while True:
    if fx==1:                         #变亮
        duty_value+=820               #每次增加占空比 820,LED1 变亮
        if duty_value>65535:
            duty_value=65535
            fx=0                      #变暗方向
    else:
        duty_value-=820               #每次减少占空比 820,LED1 变暗
        if duty_value<0:
            duty_value = 0
            fx=1                      #变量方向
    led1.duty_u16(duty_value)         #修改占空比
    time.sleep_ms(25)                 #延时 25ms
```

在上述代码中,可以修改 while 循环中的延时时间 25ms,通过修改这个值可以改变呼吸灯的变化速度,读者可以自行修改参数进行观察。

4.3.4　DIY 开发板呼吸灯案例

上述程序仿真通过后,可以把此代码下载到 DIY 开发板中运行,但是要注意,此程序要放在 main.py 中作为主程序运行,同时要根据开发板 LED 硬件原理图确认 4 个 LED 引脚为 GPIO11、GPIO2、GPIO42 和 GPIO41。通过 Thonny 软件在 RAM 中运行代码或者将此程序下载到 DIY 开发板后按 RST 键重启,可以看到 DIY 开发板上对应 LED 的呼吸灯效果。

🔑 4.4　RTC 时钟

4.4.1　Wokwi 仿真循环输出系统时间

【案例 4.3】　RTC 时钟显示。

RTC 为系统实时时钟,是 ESP32 内置硬件单元,其不具备断电存储时间功能,每当系统断电重启后,RTC 时钟从默认初始时间(2000 年 1 月 1 日,00 时 00 分 00 秒)开始计时,在 Wokwi 仿真中只要有 ESP32-S3 芯片即可,利用 print()函数输出结果于 REPL 窗口中,仿真案例如图 4.6 所示。

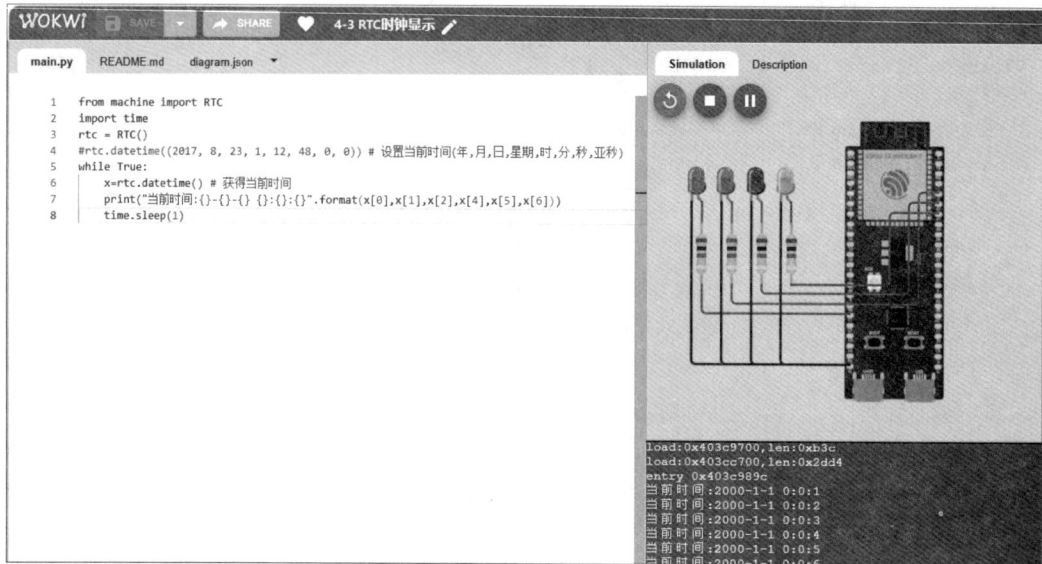

图 4.6 RTC 时钟显示 Wokwi 仿真图

编写如下代码在仿真环境中运行。

```
from machine import RTC
import time
rtc = RTC()
#rtc.datetime((2017, 8, 23, 1, 12, 48, 0, 0))      #设置当前时间(年,月,日,星期,时,
                                                    #分,秒,亚秒)
while True:
    x=rtc.datetime()                                #获得当前时间
    print("当前时间:{}-{}-{} {}:{}:{}".format(x[0], x[1], x[2], x[4], x[5], x[6]))
    time.sleep(1)
```

上述代码运行后,可以在仿真窗口右下侧的 REPL 窗口中观察到输出时间,每 1 秒输出一次,时间从 2000-1-1 0:0:0 开始。每次重新运行仿真后,均从这个默认初始时间开始。

4.4.2 DIY 开发板循环输出系统时间

上述程序仿真通过后,可以把此代码下载到 DIY 开发板中运行,但是要注意,此程序要放在 main.py 中作为主程序运行,运行结果如图 4.7 所示。在 REPL 窗口中观察输出,可以看到此时的时间显示为当前的实时时间,而不是从 2000 年开始的默认时间,这是因为在使用 Thonny 软件连接 ESP32 芯片时,Thonny 软件会自动发送当前 PC 中的实时时间设置 ESP32 芯片的 RTC 初始时间,然后基于此时间进行累计计时。

```python
main.py
  1  from machine import RTC
  2  import time
  3  rtc = RTC()
  4  #rtc.datetime((2017, 8, 23, 1, 12, 48, 0, 0)) # 设置当前时间(年,月,日,星期,时,分,秒,亚秒)
  5  while True:
  6      x=rtc.datetime() # 获得当前时间
  7      print("当前时间:{}-{}-{} {}:{}:{}".format(x[0],x[1],x[2],x[4],x[5],x[6]))
  8      time.sleep(1)

Shell

MicroPython v1.19.1 on 2022-09-23; YD-ESP32S3-N16R8 with ESP32S3R8
Type "help()" for more information.
>>> %Run -c $EDITOR_CONTENT
  当前时间:2024-2-17 14:13:38
  当前时间:2024-2-17 14:13:39
  当前时间:2024-2-17 14:13:40
  当前时间:2024-2-17 14:13:41
  当前时间:2024-2-17 14:13:42
  当前时间:2024-2-17 14:13:43
  当前时间:2024-2-17 14:13:44
  当前时间:2024-2-17 14:13:45
  当前时间:2024-2-17 14:13:46
```

图 4.7　RTC 时钟显示在 DIY 开发板中的运行结果

🔑实验四　定时器 TIMER 实验

一、实验目的

（1）掌握 ESP32-S3 芯片硬件定时器 TIMER 的初始化、周期中断使用。

（2）掌握定时器 PWM 初始化和占空比变化控制方式。

（3）掌握基于 PWM 模式的 LED 呼吸灯工作原理。

（4）掌握 DIY 开发板上五向按键的驱动方式。

二、实验内容

（1）基于案例 4.2 代码进行修改，实现利用五向按键控制 LED 呼吸灯变化的频率。利用 KEY1 到 KEY5 实现 5 个频率的变化。

（2）在 Wokwi 仿真平台搭建 ESP32-S3＋LED＋KEY 仿真案例并实现程序正确运行。

（3）在 DIY 开发板上完成上述功能。

第 5 章

ESP32的串口通信

目前,嵌入式系统已经不是简单的独立工作的设备,往往需要与其他设备或用户进行互动,这就涉及数据的传输。在嵌入式系统中,典型的通信方式就是串口通信。本章主要讲解异步串行通信的原理,ESP32 中串口初始化、串口数据的输出、串口数据的查询输入方法,并在 Wokwi 仿真平台和DIY 开发板上实现呼吸灯占空比数据输出和输入控制案例的调试与运行。

学习目标:

(1) 掌握 ESP32 中串口基本特性。

(2) 掌握 ESP32 串口的初始化和输入、输出使用方法。

(3) 掌握 Wokwi 仿真平台和 DIY 开发板上串口调试流程和方法。

🔑 5.1　串口通信原理

5.1.1　串行通信介绍

1. 什么是串行通信

所谓通信,对于设备而言就是它们之间的数据交换,这种数据交换是通过传输电信号来实现的。在以二进制为基础的计算机中,高电位(数据"1")是一种状态,低电位(数据"0")则是另一种状态,通过若干高低电位的组合状态进行传递就实现了数据交换。

终端与计算机之间或者计算机与计算机之间交换信息时,通常采用的是并行通信的方式,但是微型计算机相互通信,特别是远距离通信中,并行通信已显得无能为力。因此随着微型计算机技术的发展,除了采用并行通信方式外,还经常采用串行通信方式。

并行通信是指数据的各位同时进行传输,其优点是传输数据速率快,缺点是有多少位数据就需要多少根传输线,这在数据位数较多,传输距离较远时就不宜采用。

串行通信是指数据一位一位地按顺序传输,其突出优点是无论数据有多少位只需一根传输线,特别适应于远距离传输,缺点是传输速率较慢。

2. 单工、半双工与全双工

在串行通信中,数据传输有 3 种工作方式:单工方式、半双工方式和全双工方式,如图 5.1 所示。单工方式只允许数据按一个固定的方向传输;半双工方式中,数据在一个时刻只能进行一个方向的传输;全双工方式下,同一时刻数据可以在两个方向上相互传输。

3. 同步与异步传输

串行通信分为同步传输和异步传输两种方式,如图 5.2 所示。

同步传输方式要求通信双方以相同的速率进行,而且要准确地协调。它通过共享一个单一的时钟或定时脉冲源以保证发送方和接收方准确同步。其特点是允许连续发送一组字符序列(而非单个字符),每个字符数据位数相同,且不增加任何附加位,没有起始位和停止位,效率高。

异步传输方式不要求通信双方同步,其优点是收发双方不需要严格的位同步。也就是说,在这种通信方式下,每个字符作为独立的通信单元,可以随机地出现在数据流中,而每个字符出现在数据流中的相对时间是随机的。在异步通信中,"异步"是指字符与字符之间异步,而在字符内部,仍然是同步传输。发送方和接收方可以有各自的时钟源。为了能够实现通信,双方必须都遵循异步通信协议。在异步通信中,通信双方必须规定两件事:一是采用的字符格式,即规定字符各部分所占的位数,是否采用奇偶校验,以及校验的方式;二是采用的波特率,以及时钟率与波特率之间的比例关系。由此可见,异步通信方式的传输效率比同步通信方式低,但它对通信双方的同步要求大幅降低,因而成本也比同步通信方式低。

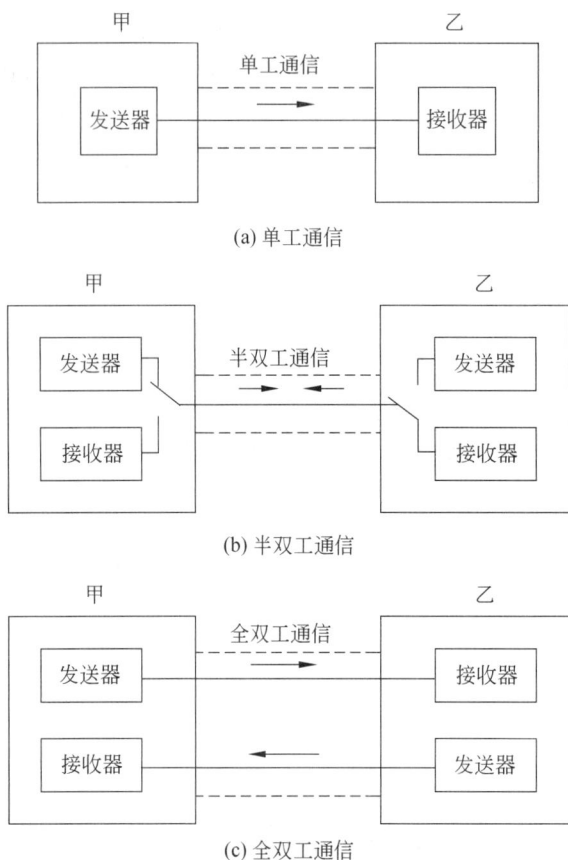

(a) 单工通信

(b) 半双工通信

(c) 全双工通信

图 5.1　串行工作方式

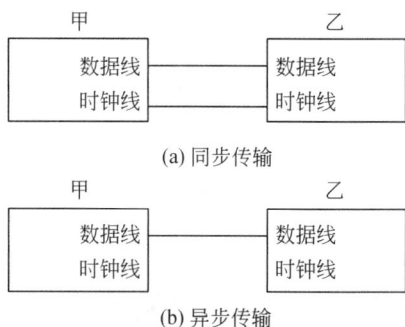

(a) 同步传输

(b) 异步传输

图 5.2　同步传输与异步传输示意图

4. ESP32 的全双工异步串行通信

目前在嵌入式设备串口通信中,大多数使用全双工异步传输通信方式。ESP32 支持全

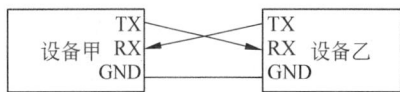

图 5.3　全双工异步传输通信

双工异步传输通信方式,其硬件连接方式如图 5.3 所示。两个设备之间只要使用 3 条线路即可,其中 TX 为发送数据,RX 为接收数据,GND 为地信号。TX 和 RX 之间一般采用交叉连接方式。从图中可以看出,在全双工硬件连接方式下,也可以通过软件控制实现单工或半双工工作方式。

在异步串行通信中使用的通信协议格式如图 5.4 所示。数据是以字符(例如 1 字节即 8 位)为单位一个个地发送和接收的。发送的 1 个字符为 1 帧数据,其由 4 部分组成:

(1) 起始位:1 位,用逻辑"0"低电平表示,用于通知接收设备新字符到达,并复位接收设备以准备接收。

(2) 有效数据位(字符位):可选 5~8 位,表示发送的 1 个字符数据。

(3) 奇偶校验位:0 位或 1 位,可选奇校验、偶校验或无校验。

(4) 停止位:1 位、1.5 位或 2 位,用逻辑"1"高电平表示。

上述格式中规定异步串行通信 1 帧数据的格式,但是没有规定具体每一位二进制数据占用的时间,而这个参数用串口参数波特率来确定,串口通信的双方只有采用相同的波特率

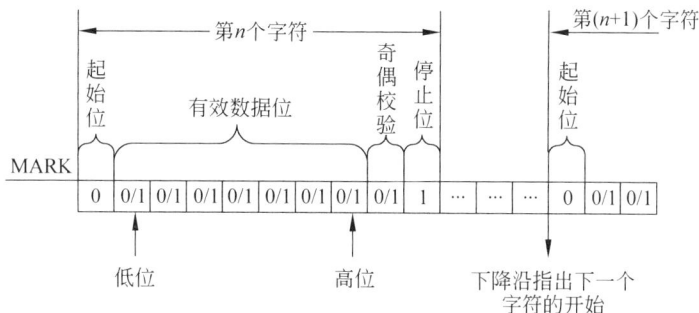

图 5.4　在异步串行通信中使用的通信协议格式

才能够正常通信。如果不采用相同波特率,往往接收到的就都是乱码数据。

所谓波特率就是每秒传输二进制数码的位数,以位/秒(b/s)为单位,亦称"波特"。

典型的波特率有 9600b/s、38400b/s 和 115200b/s 等。

5. TTL 串口、RS-232 串口与 RS-485 总线

串口通信虽然适合远距离通信,但是随着两个设备间距离的增大,信号在电缆中衰减加大,同时所受干扰也会增多,这样就会导致信号发送错乱,因此不同方式的串口通信传输距离一定有一个上限显示。目前,经常使用的串口通信连接方式有 3 中,分别为 TTL 串口、RS-232 串口与 RS-485 总线。

TTL 串口是嵌入式设备端口一般默认支持的,不需要外加器件就可以实现两个 TTL 串口之间的连接。TTL 全称为 Transistor-Transistor Logic,即逻辑门电路,其输出高电平为 2.4~5V,输出低电平为 0~0.4V。使用 TTL 串口连接的距离一般限制在 2 米,连接方式如图 5.3 所示。

RS-232 串口是一种差分电路信号,规定逻辑"1"的电平为-15~-5 V,逻辑"0"的电平 5V~15V。而在嵌入式芯片中一般工作电压为 0~3.3V,因此如果需要 RS-232 通信,一般需要把芯片的 TTL 串口引脚连接到 TTL 转 RS-232 通信芯片上,从而支持 R2-232 通信。典型 RS-232 通信转换芯片有 MAX232 等,如图 5.5 所示。RS-232 串口通信距离一般限定在 15 米以内。

图 5.5　RS-232 通信示意图

RS-485(EIA-485 标准)总线是一种多设备、远距离数据传输方案。上述 TTL 串口和 RS-232 串口只能进行两个设备之间的直接连接,不能同时连接多个设备,如果需要用串口方式连接多个设备,可以采用 RS-485 模式。RS-485 通信只需要两条线路即可,不需要共地信号。其信号也采用差分方式,两个线缆的电压差大于 1.5V 即可进行通信,共模电压为-7~12V。由于采用差分信号,因此只能采用半双工工作模式,通信效率相对较低。传输距离一般限定在 1.5 千米以内。此种方式也需要外接电路支持,典型的 RS-485 转换芯片为 MAX485、MAX1487 等。总线上最多连接设备数量根据芯片不同数据不同,一般为 32~

256 个。连接方式如图 5.6 所示。

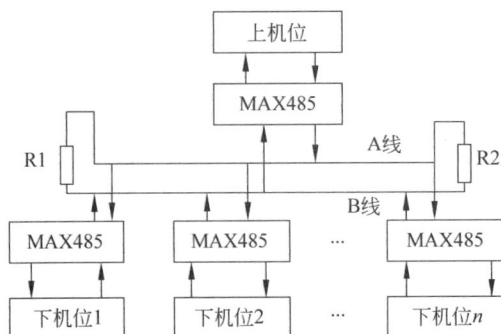

图 5.6　RS-485 连接示意图

提示：上述 3 种通信方式的限定距离一般随着波特率的增大而缩短。同时要注意，这 3 种方式的通信设备之间不能连接通信。如果连接了，由于工作电压不一致，有可能导致设备通信端口损坏。

5.1.2　ESP32-S3 开发板串口介绍

根据 ESP32-S3 开发板官方手册，ESP32-S3 芯片共有 3 个串口，分别是 UART0、UART1 和 UART2 通信速率可达到 5Mb/s。这 3 个串口原理上可以选择芯片任意通用 GPIO 引脚配置为 TX 和 RX 引脚。但是在 MicroPython 中，需要利用 1 个串口进行 REPL 通信，系统采用的是 UART0 进行 REPL 通信，因此供用户使用的只有 UART1 和 UART2。

在 YD-ESP32-S3 开发板中，共提供了两个 Type-C 类型的 USB 转串口端口（USB 和 COM 端口）。其中 Type-C 的 COM 端口连接 ESP32-S3 芯片，如图 5.7 所示，通过 CH343P 芯片实现 USB 转 TTL 串口的功能，连接到 ESP32-S3 芯片的 U0RXD（GPIO44）和 U0TXD（GPIO43）引脚。注意，在程序中使用这两个引脚时，要使用引脚号 44 和 43 进行配置，且只能配置为 UART1 或 UART2 的引脚，不能配置为 UART0 的引脚。

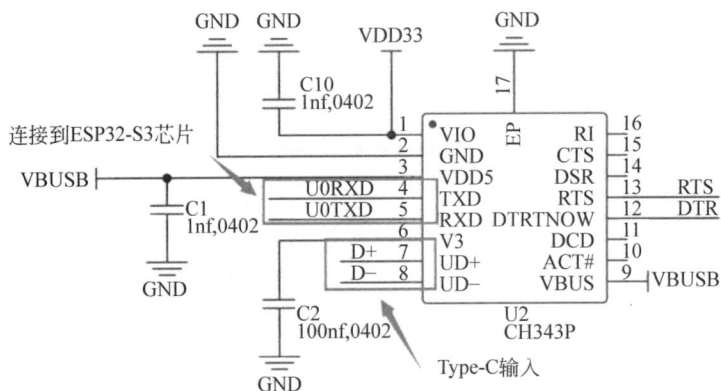

图 5.7　COM 端口

Type-C 的 USB 端口连接 ESP32-S3 芯片，如图 5.8 所示。外部信号经过 TYPEC-304-BCP16 芯片后连接到 ESP32-S3 的 GPIO19 和 GPIO20 引脚。这两个引脚启用的是 USB

功能,默认是在 debug 中进行 REPL 通信,用户不能修改,直接调用 print()和 input()函数使用即可。

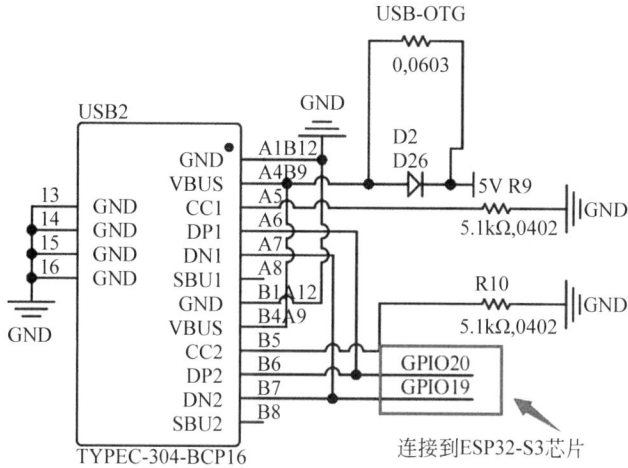

图 5.8　USB 端口

5.1.3　MicroPython 中串口 UART 类

在 MicroPython 中与串口相关的库为 UART 库,使用此库时需要使用代码 from machine import UART 导入库。UART 库中主要包括串口的初始化和串口发送与接收方法,UART 类构造函数与方法如表 5.1 所示。

表 5.1　UART 类构造函数与方法

类　方　法	说　明	示　例
machine.UART(id,baudrate=9600,bits=8,parity=None,stop=1,tx,rx)	构造给定 id 的 UART 对象。参数 id 的取值为 1 或 2;baudrate 为波特率,默认为 9600b/s;bits 为数据有效位数,取值为 7、8 或 9,默认为 8;parity 是奇偶校验,取值为无校验 None、偶校验 0 或奇校验 1;stop 是停止位的数量,取值为 1 或 2;tx 为发送数据引脚号;rx 为接收数据引脚号	myuart1=UART(1,baudrate=9600,bits=8,parity=None,stop=1,tx=43,rx=44)
UART.init(baudrate=9600,bits=8,parity=None,stop=1,tx,rx)	使用给定的参数初始化 UART 总线	myuart1.init(baudrate=9600,bits=8,parity=None,stop=1,tx=43,rx=44)
UART.deinit()	关闭 UART 总线	myuart1.deinit()
UART.any()	返回一个整数,计算可以在不阻塞的情况下读取的字符数。如果没有可用字符,则返回 0;如果有字符,则返回大于 0 的整数。即使有多个字符可供读取,该方法也可能返回 1	x=myuart1.any()
UART.read([nbytes])	读取字符。如果 nbytes 指定,则最多读取 nbytes 字节;否则,读取尽可能多的数据。如果超时,则返回 None。注意读取的结果为 bytes 类型	data1=myuart1.read()

续表

类　方　法	说　　明	示　　例
UART.readinto(buf[,nbytes])	将字节读入 buf 中。如果 nbytes 指定,则最多读取 nbytes 字节。否则,最多读取 len(buf)字节。如果超时,则返回 None	myuart1.readinto(buf01)
UART.readline()	读取一行,以换行符结尾。如果超时,则返回 None	data2＝myuart1.readline()
UART.write(buf)	将字节缓冲区 buf 内容写入总线,进行发送。返回值为写入字节数或 None	myuart1.write("abc")

注意：上述 UART 库中的方法,在 ESP32-S3 中只能用在 UART1 和 UART2 中。而在 MicroPython 中,print()和 input()函数也可以用于串口通信,但这两个函数使用的是在 REPL 窗口中的数据。

5.2　UART 串口输出

5.2.1　DIY 开发板硬件原理图分析

在 DIY 开发板上,除去 Type-C 的 COM 端口外,没有单独引出特殊引脚作为串口使用,如果不使用 Type-C 的 COM 端口进行连接,可以利用 YD-ESP32-S3 核心开发板外接引脚中的通用 GPIO 引脚作为串口使用。

本节案例可以利用 Type-C 接口 USB 数据线连接 PC 和 YD-ESP32-S3 核心开发板的 COM 端口,同时为了下载程序和使用 REPL 环境进行调试,也需要连接 YD-ESP32-S3 核心开发板的 USB 端口,就是说 DIY 开发板共连接了两个 USB 端口,在 PC 中产生两个串口号,如图 5.9 所示。需要注意区分两个串口号对应的端口,通过插拔 USB 数据线可以去除和再产生串口号,其中标识"CH343"文字的是 COM 串口号,另一个为 USB 串口号。

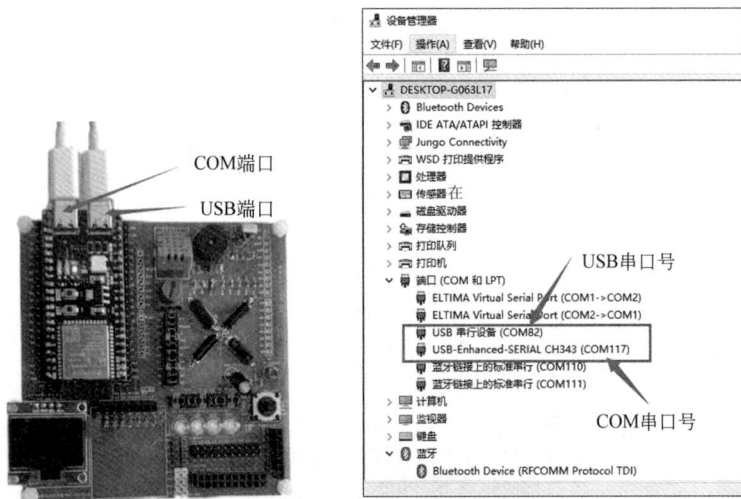

图 5.9　DIY 开发板串口连接

5.2.2　UART 串口初始化与输出使用

UART 串口的使用主要包括串口配置参数初始化，然后是串口的写和读。根据表 5.1 编写如下代码完成写串口操作，利用串口每 1 秒循环输出一次计数值。

```
from machine import Pin,UART
from utime import sleep
#串口号使用1或2,不能使用0
#串口1初始化,引脚为43和44(U0RXD(GPIO44)和U0TXD(GPIO43))
myuart1=UART(1,baudrate=9600,bits=8,parity=None,stop=1,tx=43,rx=44)
myuart1.write("start game\r\n") #写串口
i=0
while True:
    i=i+1 #计数累计
    s1 = "i={}\r\n".format(i)
    myuart1.write(s1) #写串口,或者 myuart1.write(bytearray(s1,"utf-8"))
    sleep(1)
```

提示：上述代码 myuart1.write(s1) 中，s1 为字符串，系统会自动把字符串（str 类型）转换为字节串（bytes 类型）输出。write( ) 函数中参数可以是字节串，会直接输出，同时 MicroPython 也支持串口中文输出，编码方式为 UTF-8 格式。

5.2.3　Wokwi 仿真串口输出呼吸灯占空比案例

【案例 5.1】　利用 UART1 循环输出案例 4.2 中呼吸灯占空比。

在 Wokwi 仿真中系统提供了 serialMonitor 虚拟调试设备，其为串口模拟调试器。可以通过配置工程中 diagram.json 文件来修改 serialMonitor 的连接引脚，连接到对应串口引脚即可完成串口监测，注意 serialMonitor 与 ESP32 串口引脚的连接采用交叉连接方式，即是 TX 连接 RX；同时 serialMonitor 支持的波特率只能为 9600b/s，无法在其他波特率下工作。

由于本案例中需要模拟 DIY 开发板 COM 端口输出，在 5.1.2 节中已经介绍 COM 端口连接的是开发板的 U0RXD(GPIO44) 和 U0TXD(GPIO43) 引脚，因此在程序代码中使用引脚号 44 和 43。但是在 diagram.json 文件中，这两个引脚比较特殊，不能直接使用引脚号，需要替换为对应的标识名字 TX 和 RX。基于案例 4.2 的 Wokwi 仿真工程，只要在 diagram.json 文件中修改 connections 属性中的 serialMonitor：RX 和 serialMonitor：TX 值即可，如图 5.10 所示。

编写如下代码在仿真环境中运行。

```
from machine import Pin,PWM,UART
import time
#初始化 PWM 引脚为 GPIO11,频率为 1000Hz,占空比初值为 0
led1=PWM(Pin(11), freq=1000, duty_u16=0)
myuart1=UART(1,baudrate=9600,bits=8,parity=None,stop=1,tx=43,rx=44)
duty_value=0              #占空比变量
fx=1                      #控制占空比增大和减小的方向
mycyctime=2000            #一次亮灭变化的总时间为 2000ms
```

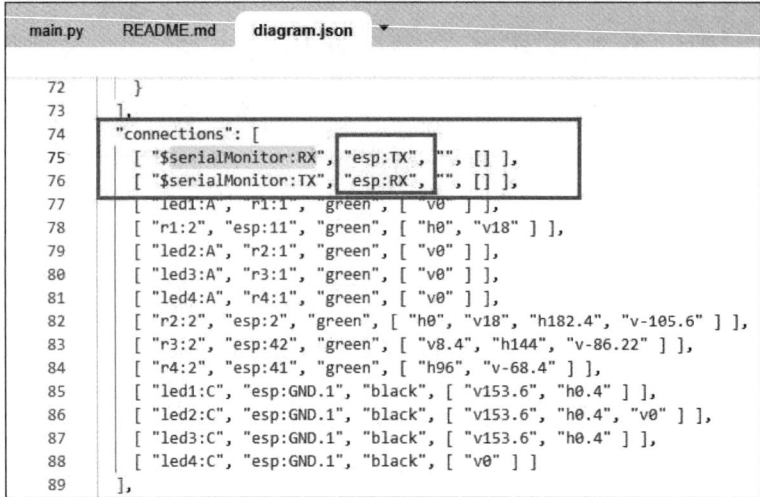

```
72        }
73      ],
74      "connections": [
75        [ "$serialMonitor:RX", "esp:TX", "", [] ],
76        [ "$serialMonitor:TX", "esp:RX", "", [] ],
77        [ "led1:A", "r1:1", "green", [ "v0" ] ],
78        [ "r1:2", "esp:11", "green", [ "h0", "v18" ] ],
79        [ "led2:A", "r2:1", "green", [ "v0" ] ],
80        [ "led3:A", "r3:1", "green", [ "v0" ] ],
81        [ "led4:A", "r4:1", "green", [ "v0" ] ],
82        [ "r2:2", "esp:2", "green", [ "h0", "v18", "h182.4", "v-105.6" ] ],
83        [ "r3:2", "esp:42", "green", [ "v8.4", "h144", "v-86.22" ] ],
84        [ "r4:2", "esp:41", "green", [ "h96", "v-68.4" ] ],
85        [ "led1:C", "esp:GND.1", "black", [ "v153.6", "h0.4" ] ],
86        [ "led2:C", "esp:GND.1", "black", [ "v153.6", "h0.4", "v0" ] ],
87        [ "led3:C", "esp:GND.1", "black", [ "v153.6", "h0.4" ] ],
88        [ "led4:C", "esp:GND.1", "black", [ "v0" ] ]
89      ],
```

图 5.10　serialMonitor 参数配置

```
#每次脉宽变化量为 820,65535/820=80 次,每个显示周期时间为 2000ms/80=25ms
mydelaytime=int(mycyctime/80)          #显示周期时间
while True:
    if fx==1:                          #变亮
        duty_value+=820                #每次增加占空比 820,LED 变亮
        if duty_value>65535:
            duty_value=65535
            fx=0                       #变暗方向
    else:
        duty_value-=820                #每次减少占空比 820,LED 变暗
        if duty_value<0:
            duty_value = 0
            fx=1                       #变量方向
    led1.duty_u16(duty_value)          #修改占空比
    #输出占空比(百分数形式,保留 2 位小数)
    myuart1.write("占空比={:.2f}% \r\n".format(duty_value/65535 * 100))
    print("占空比={:.2f}% , mydelaytime={}\r\n".format(duty_value/65535 * 100,
mydelaytime))
    time.sleep_ms(mydelaytime)         #延时 25ms
```

　　仿真程序正常运行后,会在右下侧串口监测窗口输出串口 1 的输出结果,如图 5.11 所示。

　　提示:在上述案例中,使用 ESP32 的 GPIO44 和 GPIO43 引脚是特殊引脚,在 Wokwi 仿真中是 ESP32 的 REPL 仿真使用的引脚。如果在串口初始化中使用了这两个引脚,就不能再用函数 print()输出数据。读者也可以修改串口的引脚为其他引脚进行仿真。例如,上述代码中串口的初始化代码可修改如下:

```
myuart1=UART(1,baudrate=9600,bits=8,parity=None,stop=1,tx=14,rx=13)
```

　　此时也需要对应修改 Wokwi 仿真案例中的"diagram.json"文件,如下所示:

```
[ "$ serialMonitor:RX", "esp:13", "", [] ],
[ "$ serialMonitor:TX", "esp:14", "", [] ],
```

图 5.11　serialMonitor 串口仿真输出结果

读者可以观察 serialMonitor 监测窗口中的数据变化与之前的不一样之处。

5.2.4　DIY 开发板串口输出呼吸灯占空比案例

上述程序仿真通过后,可以把此代码下载到 DIY 开发板中运行,但是要注意,此程序要放在 main.py 中作为主程序运行。在此案例中,UART1 串口要发送数据给 PC,因此在 PC 中需要一个串口调试工具来接收此数据,推荐使用串口调试助手(UartAssist)软件。在 DIY 开发板运行程序后,在 PC 中接收的串口数据如图 5.12 所示。

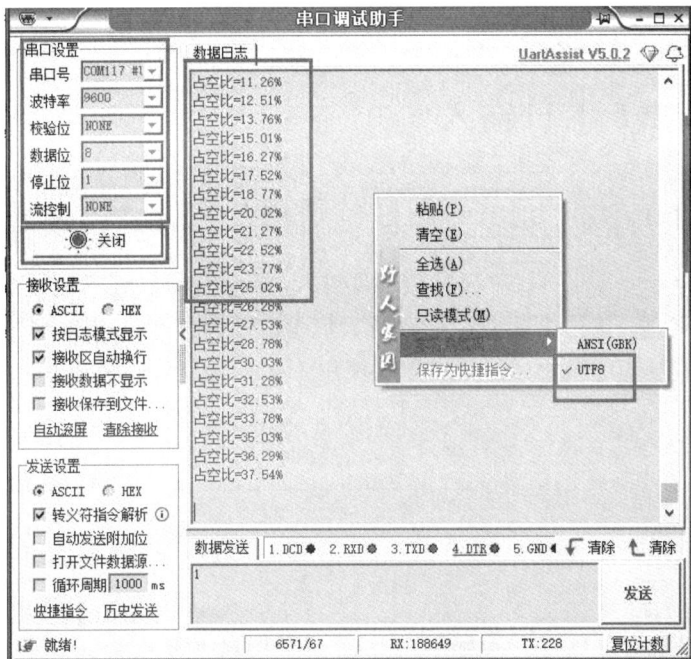

图 5.12　串口调试助手接收数据

　　串口调试助手在使用时需要先配置串口的基本参数，参数内容要与 DIY 开发板中串口程序的初始化代码中的参数一致。如果在接收数据窗口中有乱码，一般是中文编码解析错误，在窗口中右击，如图 5.12 所示，选择"字符集编码"中的"UTF8"编码，就可以正确显示中文。

　　在 MicroPython 的调试软件 Thonny 中，REPL 窗口连接是 DIY 开发板的 Type-C 的 USB 端口，因此可以在 DIY 开发板代码中添加 print() 代码将数据发送到 REPL 窗口中，例如，添加如下代码：

```
myuart1.write("占空比={:.2f}% \r\n".format(duty_value/65535 * 100))
print("占空比 2={:.2f}% \r\n".format(duty_value/65535 * 100))
```

　　在 Thonny 中，REPL 窗口输出结果如图 5.13 所示。

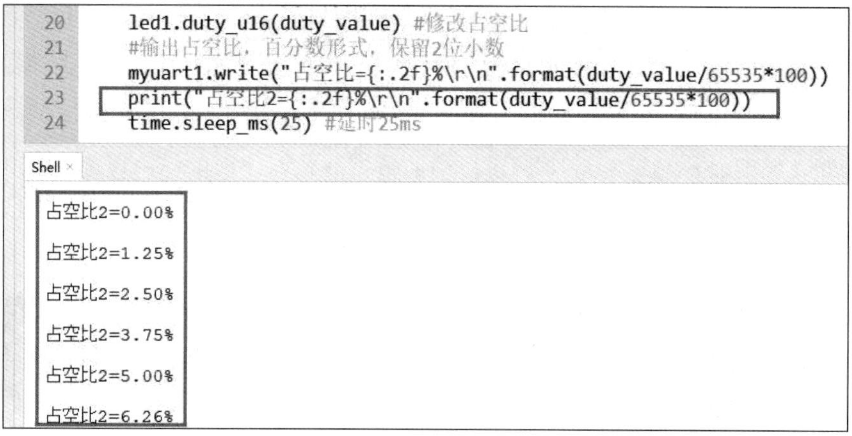

图 5.13　REPL 窗口输出结果

5.3　UART 串口输入

5.3.1　input() 和 print() 函数的使用

　　在 Python 中，input() 函数对应的是键盘输入，print() 函数对应的是输出结果到屏幕。而在 MicroPython 中，这两个函数都修改为对应 REPL 串口输入和输出，它们默认占用了 ESP32 的 UART0 端口，因此 0 号串口不能使用 UART 的库，而是通过 input() 和 print() 函数来实现。

　　编写如下代码完成接收 REPL 串口输入的数据，并将结果输出到 REPL 窗口中。

```
import time
print("start new game\r\n")
while True:
    x=input()                              #等待接收串口数据
    print("get data={}".format(x))         #输出接收的数据
    time.sleep(0.1)
```

把上述代码在 Wokwi 中仿真运行,如图 5.14 所示。在 serialMonitor 窗口中输入 123 和 ABC 后按 Enter 键,然后观察输出结果。

图 5.14　input( )和 print( )函数的 Wokwi 仿真结果

把上述代码通过 Thonny 软件下载到 DIY 开发板中,在 Thonny 中,REPL 窗口运行结果如图 5.15 所示。在 REPL 窗口中分别输入 123 和 abc 后按 Enter 键,然后观察输出结果。

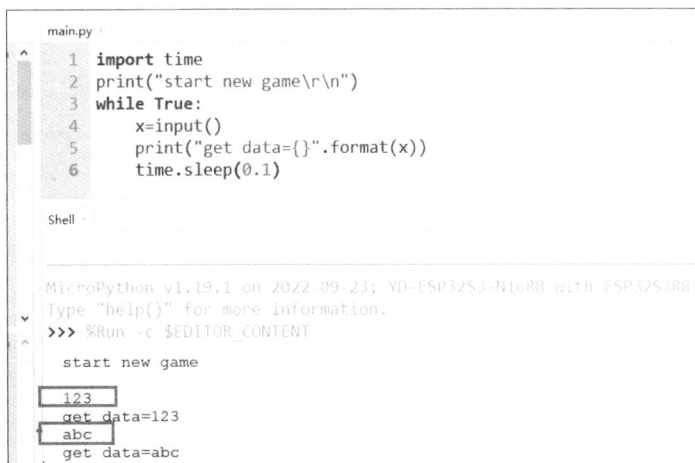

图 5.15　input( )和 print( )函数在 DIY 开发板上的运行结果

5.3.2　UART 串口初始化与输入使用

在进行串口输入使用时,其初始化方法与输出中的初始化方法一样,串口只要初始化一次后就可以进行输出和输入使用。对于串口输入数据,根据表 5.1 中的描述,可以使用 UART.any( )、UART.read([nbytes])、UART.readinto(buf[,nbytes])和 UART.readline( )多种方法。其中 UART.any( )主要用于判断串口是否接收到数据,如果接收到了数据,再利用其他三种方法根据不同的需求进行数据的读取。串口接收的常用代码如下:

```
from machine import Timer, Pin,UART
import time
#初始化串口 1
myuart1=UART(1,baudrate=9600,bits=8,parity=None,stop=1,tx=43,rx=44)
myuart1.write("start new game\r\n")
#循环处理,检测串口输入数据
while True:
    x=myuart1.any()                           #检测是否接收到数据,若无数据则为 0
    if x!=0:
        data1=myuart1.read()                  #读取串口数据,为字节串
        myuart1.write("get data={}".format(data1))            #Wokwi 中不能使用
    time.sleep(0.5)
```

5.3.3　Wokwi 仿真串口输入控制流水灯频率

【案例 5.2】　在案例 4.1 的基础上,修改为通过串口输入定时器周期时间控制闪烁频率(图 5.17 中显示为“串口输入”)。

本案例中,要在 Wokwi 的 serialMonitor 窗口输入数据,但是此窗口的默认配置参数中不支持串口输入,因此需要通过修改 diagram.json 文件中的 serialMonitor 属性实现输入功能。具体 serialMonitor 属性需要查阅 Wokwi 在线帮助文件,如图 5.16 所示。

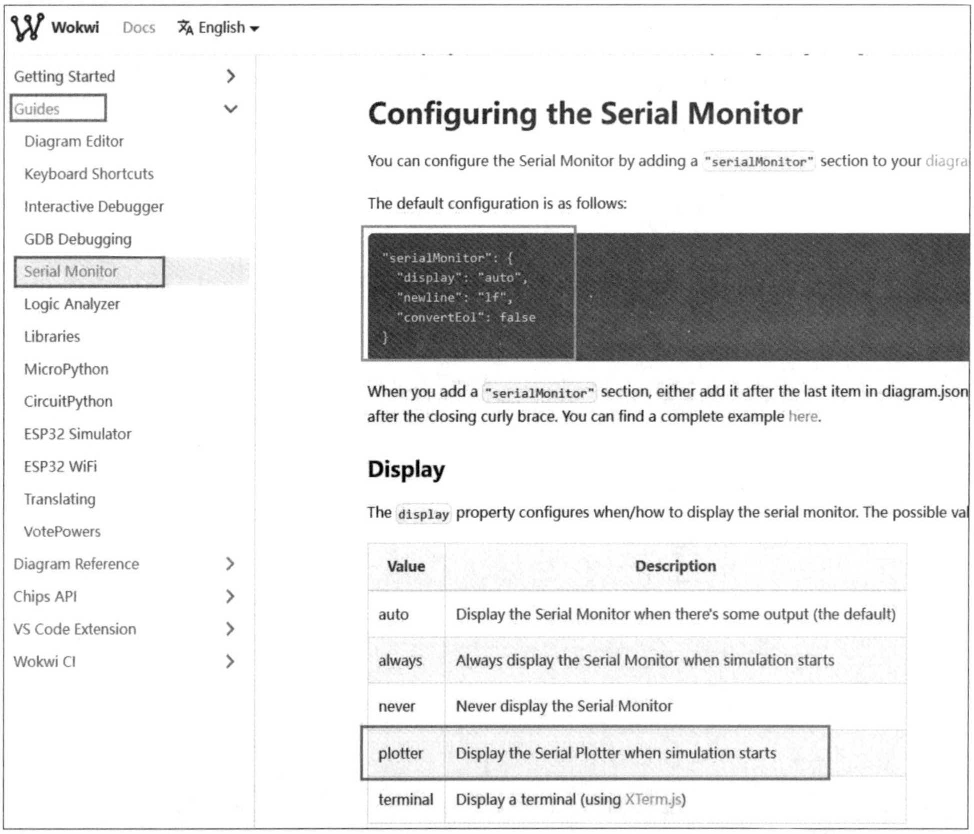

图 5.16　serialMonitor 帮助文件

根据帮助文件描述，需要在 diagram.json 文件添加 serialMonitor 属性项，如图 5.17 所示。其默认属性如以下代码所示。其中最重要的是 display 属性，把它修改为 plotter。

```
"serialMonitor": {
    "display": "plotter",
    "newline": "lf",
    "convertEol": false
},
```

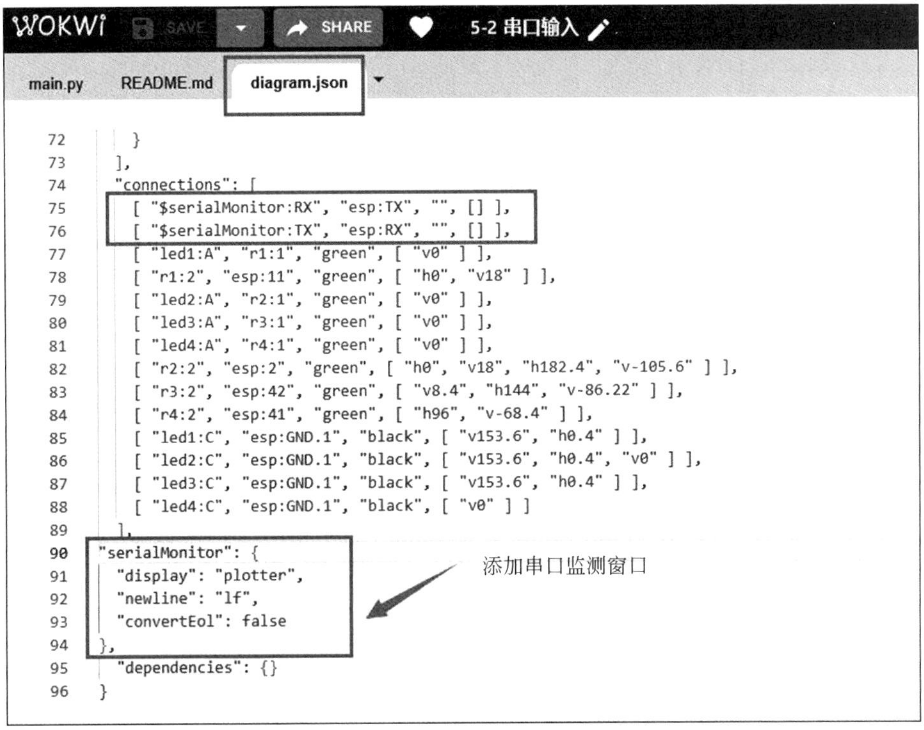

图 5.17　Wokwi 仿真串口监测窗口参数配置

编写如下代码在仿真环境中运行。

```
from machine import Timer, Pin,UART
import time
#初始化串口 1
myuart1=UART(1,baudrate=9600,bits=8,parity=None,stop=1,tx=43,rx=44)
myuart1.write("start new game\r\n")
#初始化 LED 端口
led1 = Pin(11, Pin.OUT)
led2 = Pin(2, Pin.OUT)
led3 = Pin(42, Pin.OUT)
led4 = Pin(41, Pin.OUT)
ledlist = [led1, led2, led3, led4]
#熄灭所有 LED
led1.value(0)
led2.value(0)
led3.value(0)
led4.value(0)
```

```
k = 0              #循环计数使用
#定时器中断服务程序
def f1(t):
    global k
    myindex = k % 4
    #每次中断按顺序翻转一个 LED
    ledlist[myindex].value(1 - ledlist[myindex].value())
    #print(k) #Wokwi 中不能使用
    k = k + 1
#初始化定时器 1,周期为 500ms
tim1 = Timer(1)
tim1.init(period=500, mode=Timer.PERIODIC, callback=f1)
#循环处理,检测串口输入数据,控制流水灯频率
while True:
    x=myuart1.any()                          #检测是否接收到数据,若无数据则为 0
    if x!=0:
        data1=myuart1.read()                 #读取串口数据,为字节串
        #print("get data={}".format(data1))  #Wokwi 中不能使用
        data2=eval(data1.decode())           #把字节串转换为数值,单位为毫秒
        #修改定时器周期,period 单位为毫秒
        tim1.init(period=data2, mode=Timer.PERIODIC, callback=f1)
        #print("修改定时器周期={}ms".format(data2))     #Wokwi 中不能使用
        myuart1.write("修改定时器周期={}ms\r\n".format(data2))
    time.sleep(0.5)
```

上述程序在仿真平台运行后,如图 5.18 所示,单击"关闭曲线"按钮就会切换到串口监测窗口,在下方输入文本框中输入定时器周期数据后,按 Enter 键,就可以观察到 LED 流水灯频率的变化和在串口监测窗口中输出的周期参数。

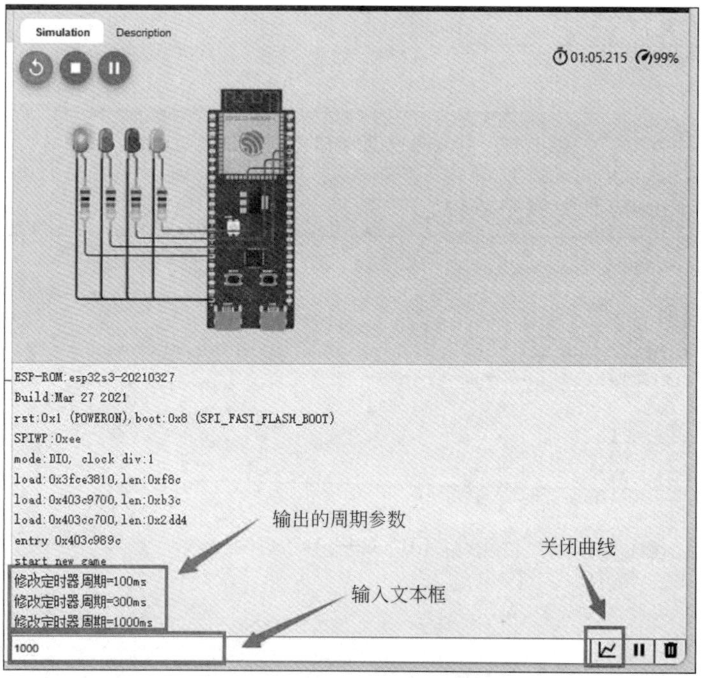

图 5.18 串口输入 Wokwi 仿真结果

5.3.4　DIY 开发板串口输入控制流水灯频率

上述程序仿真通过后,可以把此代码下载到 DIY 开发板中运行,但是要注意,此程序要放在 main.py 中作为主程序运行。在此案例中,UART1 串口要发送数据给 PC,因此在 PC 中需要运行串口调试助手(UartAssist)软件。在 DIY 开发板运行程序后,在 PC 中接收的串口数据如图 5.19 所示。

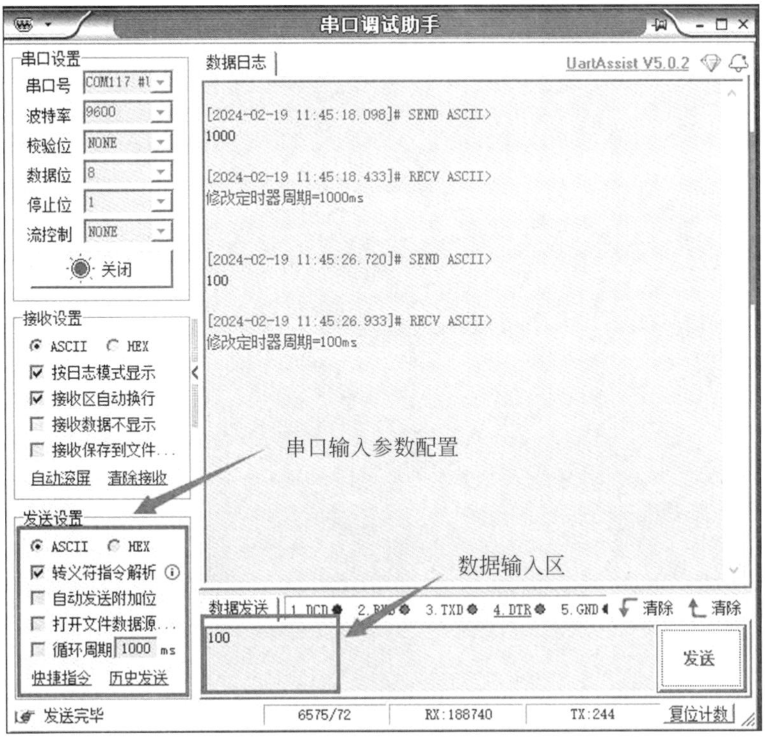

图 5.19　串口调试助手周期数据输入

注意,在发送数据之前,要先配置串口输入参数为 ASCII 模式,然后输入数据后单击"发送"按钮即可。通过发送不同的周期数据,可以观察到流水灯的闪烁频率变化。

🔑实验五　串口实验

一、实验目的

(1) 掌握 ESP32-S3 芯片串口的初始化、串行数据的发送和接收。

(2) 掌握 PC 端串口调试助手软件的使用。

(3) 掌握串口字符接收解码方法。

(4) 掌握 print()和 input()函数与 UART 库中数据发送和接收的区别。

二、实验内容

(1) 基于案例 5.2 的修改,实现串口接收数据,并控制 LED 呼吸灯变化的频率。利用 UART1 进行数据接收,并利用 print()函数在 REPL 窗口中进行数据输出。

(2) 在 Wokwi 仿真平台搭建"ESP32-S3＋LED＋串口调试工具"仿真案例并实现程序正确运行。

(3) 在 DIY 开发板上完成上述功能。

第6章

ADC数据采集

CHAPTER *6*

在嵌入式系统中对外部数据的采集一般有两种方式：一种是利用数字通信进行数据传输，例如第5章中的串口通信；另一种是采集外部设备的模拟信号，例如设备的电压、电流。本章讲解 ESP32 中 ADC 数据的采集方法，主要包括 ADC 对象的初始化、模拟电压信号的采集以及数字量转换为电压的方法，以及 Wokwi 仿真电位器和 DIY 开发板电位器电压采集案例。

学习目标：

（1）掌握 ESP32 硬件 ADC 模块的特性。

（2）掌握 ESP32 中 ADC 对象的初始化和电压采集方法。

（3）掌握 Wokwi 和 DIY 开发板上 ADC 数据采集的调试方法。

6.1 ADC 数据采集原理

6.1.1 什么是 ADC

模/数转换器(Analog-to-digital DConverter,ADC)是将连续的模拟量转换成数字量的接口器件,是联系数字处理设备和现实模拟量的纽带。

在工业检测控制和生活中的许多物理量都是连续变化的模拟量,如温度、压力、流量、速度等,这些模拟量可以通过传感器或换能器变成与之对应的电压、电流或频率等电模拟量。为了实现数字系统对这些电模拟量进行检测、运算和控制,就需要一个模拟量与数字量之间的相互转换的过程,简称 A/D 转换,完成这种转换的器件称为 ADC。

模拟信号转换为数字信号,一般分为四个步骤进行,即取样、保持、量化和编码。前两个步骤在取样—保持电路中完成,后两个步骤在 ADC 中完成。取样(采样)是对一个在时间上和量值上均连续变化的模拟量按一定的时间间隔抽取样值。因为 ADC 转换一次需要一定的时间,所以,将模拟信号转换为数字信号实际上只能实现模拟信号的有限个取样值转换为数字信号,这就需要对模拟信号进行取样。为了保证转换的准确性,要求在转换过程中取样值保持不变,这就是保持过程。取样—保持电路的输出信号仍然是模拟信号,若用一个测量单位去测量并取其整数,然后将这个整数值用一组二进制代码表示,这就是量化-编码过程。一般把取整量的过程称为量化,把用二进制代码表示量化值的过程称为编码。

评估 ADC 性能的重要参数主要包括分辨率(ADC 位数)、采样频率和采样精度。

1. 分辨率(ADC 位数)

分辨率(resolution)是指 ADC 能够分辨量化的最小信号的能力,用二进制位数表示。它表示在采样的模拟信号量范围内,最大模拟量理论上最多可被分成多少位的二进制信号。ADC 位数越多,分辨率越高。以 12 位 ADC 为例,表示它能将满量程信号分割成 4095 份,满量程信号值由输入 ADC 的参考电压决定。如果使用 5V 参考电压,则得 1LSB= 5V/4095= 2.4mV;如果使用 3.3V 参考电压,则得 1LSB=3.3V/4095=0.8mV。即分辨率越高,就可以将满量程里的电平分出更多份数,得到的结果就越精确,得到的数字信号就越接近原来输入的模拟值。所以,对于给定的一个具体 ADC 器件,其分辨率值是固定的。

2. 采样频率

它表示在单位时间(如 1 秒)内采样的次数,采样频率必须大于被采信号频率的 2 倍,采得的二进制信号才能基本反映被采模拟信号的特征(香农采样定理)。采样频率通常以赫兹(Hz)为单位表示。对于 ADC 而言,采样频率越高,越能准确捕捉到更高频率的信号变化。在实际应用中,ADC 的采样频率会根据需要进行设定,以确保对输入信号进行足够精确的数字化转换。

3. 采样精度

采样精度(precision)是指对于给定模拟输入,实际数字输出与理论预期数字输出之间的接近度(误差值是多少)。换而言之,转换器的精度决定了数字输出代码中有多少比特表示有关输入信号的有用信息。在 ADC 的 datasheet 中,会注明精度值或精度范围。对于给定的一个具体 ADC,其精度值可能会受外界环境(温度等)的影响而变化。

6.1.2　ESP32-S3 中 ADC 介绍

ESP32-S3 集成了两个 SAR(逐次逼近寄存器)12 位 ADC,每个 ADC 支持 10 个通道采集数据(ADC1 为 GPIO1～GPIO10,ADC2 为 GPIO11～GPIO20),总共支持 20 个模拟通道输入。由于扩展 RAM 和调试端口的使用,ESP32-S3 核心开发板只能使用 GPIO1、GPIO2、GPIO4～GPIO18 进行 ADC 的数据采集。使用默认配置时,ADC 引脚上的输入电压测量范围为 0.0～1.0V。如果需要扩大测量范围,需要配置衰减器,最大测量范围为 0～3.3V。

需要注意,ESP32-S3 芯片的最大允许输入电压是 3.6V,因此输入接近 3.6V 的电压可能会导致 IC 烧坏。

还需要注意:是 ADC2 被 Wi-Fi 使用,因此当 Wi-Fi 激活时,尝试从 ADC2 引脚读取模拟值将引发异常;ADC 在接近参考电压(尤其是在较高衰减时)时线性度较小,最小测量电压约为 100mV,电压等于或小于此值将读取为 0。

6.1.3　MicroPython 中 ADC 类

在 MicroPython 中,与 ADC 相关的库为 ADC 库,使用此库时需要使用代码 from machine import ADC 导入库。ADC 库中主要包括 ADC 的初始化和 ADC 采集数据的读取方法,ADC 类构造函数与方法如表 6.1 所示。

表 6.1　ADC 类构造函数与方法

类方法	说明	示例
machine.ADC(pin,atten)	ADC 构造函数。参数 pin 为采集引脚,atten 为输入衰减,不同取值表示不同的测量范围,如下所示: ADC.ATTN_0DB:无衰减(100～950mV)) ADC.ATTN_2_5DB:2.5dB 衰减(100～1250mV) ADC.ATTN_6DB:6dB 衰减(150～1750mV) ADC.ATTN_11DB:11dB 衰减(150～3300mV)	pot=ADC(Pin(1),atten=ADC.ATTN_11DB)
ADC.atten(para)	配置 ADC 输入衰减参数,参数 para 的取值如下所示: ADC.ATTN_0DB:无衰减(100～950mV)) ADC.ATTN_2_5DB:2.5dB 衰减(100～1250mV) ADC.ATTN_6DB:6dB 衰减(150～1750mV) ADC.ATTN_11DB:11dB 衰减(150～3300mV)	pot.atten(ADC.ATTN_11DB)
ADC.width(para)	配置 ADC 采样精度,参数 para 取值为 ADC.WIDTH_12BIT,表示 12 位采样精度	pot.width(ADC.WIDTH_12BIT)

续表

类　方　法	说　　明	示　　例
ADC.read()	返回 ADC 采集数据原始值,取值范围为[0,4095]	x1＝pot.read()
ADC.read_u16()	返回 ADC 采集数据原始值,取值范围为[0,65535]	x2＝pot.read_u16()
ADC.read_uv()	返回 ADC 采集数据转换后的电压值,单位为微伏,如果要转换为伏,需要除以 1000000	x3＝pot.read_uv()/1000000

注意：在 MicroPython 中,对于 ADC 的配置参数只有分辨率,没有采样速率,这个参数在底层的系统中已经进行固化设置。在 ESP32-S3 中,采样精度只有一个配置参数可选,默认可以不需要配置。

6.2　ADC 数据采集介绍

6.2.1　DIY 开发板硬件原理图分析

在 DIY 开发板中,在 GPIO1 引脚连接了一个 10KΩ 的电位器(型号为 3386P),其硬件连接如图 6.1 所示,其中 DI_RR 为通过跳线连接到 ESP32-S3 的 GPIO1 引脚。电位器的功能与滑动变阻器相同,通过旋转电位器按钮,可以产生不同的采样电压,其最高采样电压为VCC(3.3V),最低采样电压为 GND(0V)。电路中 C2 电容为滤波电容,不影响 ADC 采集电压。

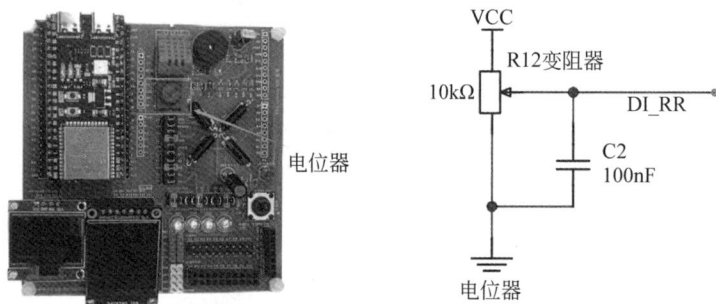

图 6.1　电位器硬件原理图

6.2.2　ADC 初始化与使用

根据表 6.1 在 MicroPython 中 ADC 的使用只需要两个步骤：第一步是初始化 ADC,设置 ADC 的采集引脚和输入衰减参数;第二步是循环执行重复采集数据方法。案例代码如下所示：

```
from machine import Pin, ADC              #引入 ADC 模块
import time
pot = ADC(Pin(1),atten=ADC.ATTN_11DB)     #定义 1 脚为 ADC 脚,衰减设置范围:输入
                                          #电压 0~3.3V
pot.width(ADC.WIDTH_12BIT)                #配置采样精度为 12 位
#pot.atten(ADC.ATTN_11DB)                 #衰减设置范围:输入电压为 0~3.3V
while True:
    pot_value1 = pot.read()               #读取 ADC 采样值,取值范围为[0,4095]
    pot_value2 = pot.read_u16()           #读取 ADC 采样值,取值范围为[0,65535]
    pot_value3 = pot.read_uv()            #读取 ADC 采样转换后的电压值,单位为微伏
    print(pot_value1,pot_value2,pot_value3/1000000)
    time.sleep(1)
```

上述代码用三种方法读取了 ADC 采集的电位器的值,实际使用中采用一种方式即可。

6.2.3　Wokwi 仿真电位器电压采集案例

【案例 6.1】　ADC 电位器数据采集。

在 Wokwi 中有虚拟电位器(potentiometer)器件,其共有 3 个引脚,具体使用说明可以参考官方指南,如图 6.2 所示。虚拟电位器与真实电位器的区别在于其没有电阻等级,其模拟的是数字输出。虚拟电位器会根据 ADC 器件的采样精度返回对应的数字量数值。其硬件连线方式可以采用与真实器件一样的方式,其中 SIG 为输出信号端,连接到 ESP32-S3 的 ADC 采样引脚即可。根据 DIY 开发板,连接 Wokwi 的 ADC 仿真电路,如图 6.3 所示,其中 VCC 为 3.3V,SIG 连接到 GPIO1 引脚。

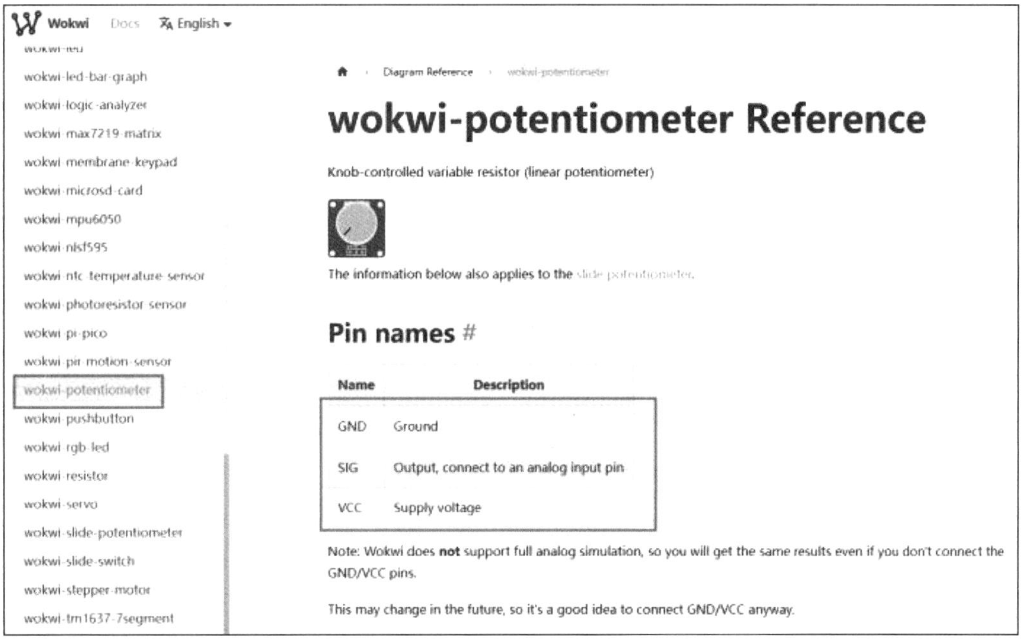

图 6.2　电位器官方指南

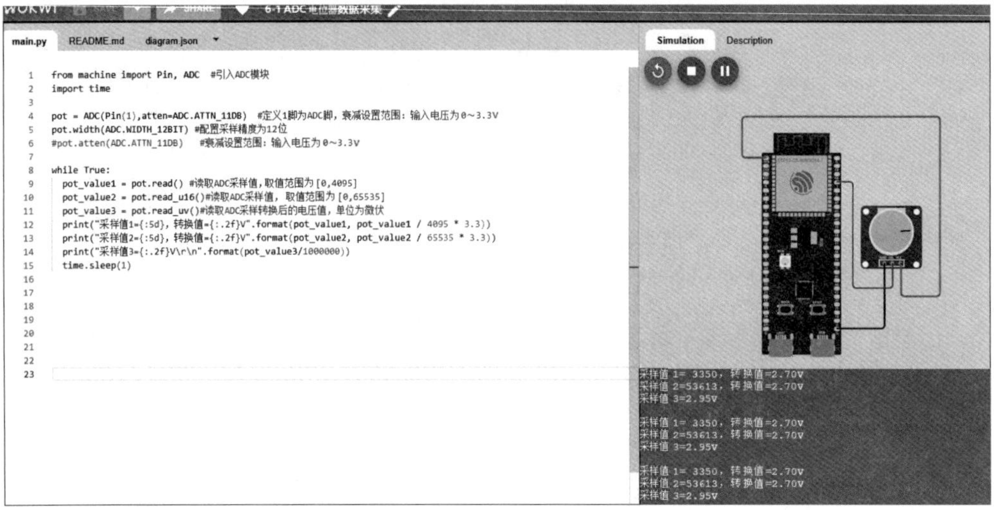

图 6.3 ADC 电位器数据采集 Wokwi 仿真图

编写如下程序在仿真环境中运行。

```
from machine import Pin, ADC          #引入 ADC 模块
import time
pot = ADC(Pin(1),atten=ADC.ATTN_11DB) #定义 1 脚为 ADC 脚,衰减设置范围:输入电压
                                      #为 0~3.3V
pot.width(ADC.WIDTH_12BIT)            #配置采样精度为 12 位
#pot.atten(ADC.ATTN_11DB)             #衰减设置范围:输入电压为 0~3.3V
while True:
    pot_value1 = pot.read()           #读取 ADC 采样值,取值范围为[0,4095]
    pot_value2 = pot.read_u16()       #读取 ADC 采样值,取值范围为[0,65535]
    pot_value3 = pot.read_uv()        #读取 ADC 采样转换后的电压值,单位为微伏
    print("采样值1={:5d},转换值={:.2f}V".format(pot_value1, pot_value1/4095 * 3.3))
    print("采样值2={:5d},转换值={:.2f}V".format(pot_value2, pot_value2/65535 * 3.3))
    print("采用值 3={:.2f}V\r\n".format(pot_value3/1000000))
    time.sleep(1)
```

运行结果如图 6.3 所示。用鼠标旋转电位器按钮,可以产生不同的采样值,其结果如图 6.3 所示。在代码中通过如下公式将采样的原始数据转换为电压值。

$$转换值 = \frac{采样值}{最大精度} \times 参考电压$$

观察采样转换结果,会发现通过 read_uv()产生的结果与其他两种方式会有偏差,具体哪种方式最精确需要在实际应用中进行测试。注意,在 Wokwi 仿真中通过 read_uv()产生的最大采样值为 5V,但是仿真电路中的最大电压值为 3.3V,这个问题应该是仿真器件的 bug。

6.2.4 DIY 开发板电位器电压采集案例

上述程序仿真通过后,可以把此代码下载到 DIY 开发板中运行,但是要注意,此程序要放在 main.py 中作为主程序运行。在 DIY 开发板上通过旋转电位器按钮,观察在 Thonny

的 REPL 窗口中的输出结果，如图 6.4 所示。从结果可以看出，真实 ADC 采样效果与 Wokwi 类似。注意，在采集最大电压时，DIY 开发板上 read_uv() 采集的电压值为 3.3V，这是真实采样值，而在 Wokwi 仿真中是 5V。

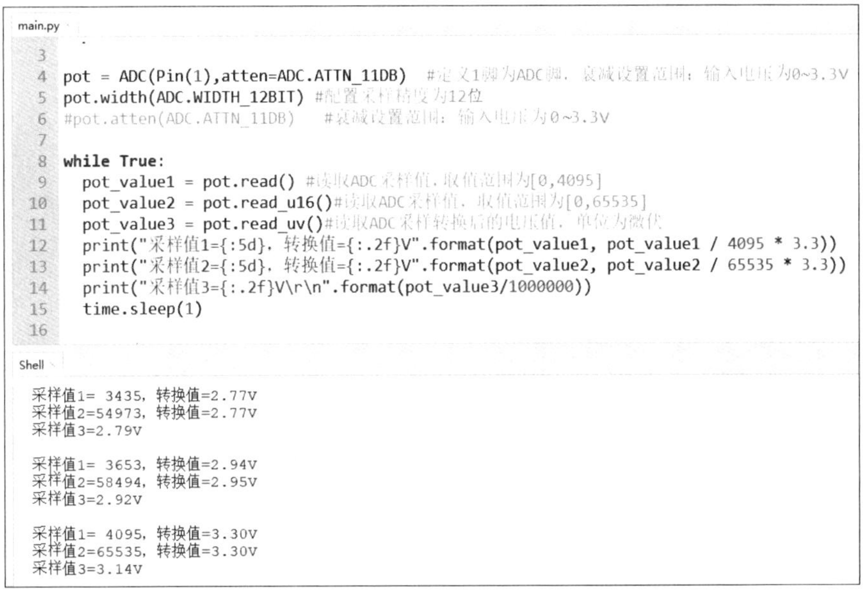

```
main.py

  3
  4    pot = ADC(Pin(1),atten=ADC.ATTN_11DB)    #定义1脚为ADC脚，衰减设置范围：输入电压为0~3.3V
  5    pot.width(ADC.WIDTH_12BIT)    #配置采样精度为12位
  6    #pot.atten(ADC.ATTN_11DB)    #衰减设置范围：输入电压为0~3.3V
  7
  8    while True:
  9        pot_value1 = pot.read()    #读取ADC采样值，取值范围为[0,4095]
 10        pot_value2 = pot.read_u16()  #读取ADC采样值，取值范围为[0,65535]
 11        pot_value3 = pot.read_uv()  #读取ADC采样转换后的电压值，单位为微伏
 12        print("采样值1={:5d}，转换值={:.2f}V".format(pot_value1, pot_value1 / 4095 * 3.3))
 13        print("采样值2={:5d}，转换值={:.2f}V".format(pot_value2, pot_value2 / 65535 * 3.3))
 14        print("采样值3={:.2f}V\r\n".format(pot_value3/1000000))
 15        time.sleep(1)
 16

Shell

 采样值1= 3435，转换值=2.77V
 采样值2=54973，转换值=2.77V
 采样值3=2.79V

 采样值1= 3653，转换值=2.94V
 采样值2=58494，转换值=2.95V
 采样值3=2.92V

 采样值1= 4095，转换值=3.30V
 采样值2=65535，转换值=3.30V
 采样值3=3.14V
```

图 6.4　DIY 开发板 ADC 电位器采样结果

提示：在 MicroPython 中，ESP32-S3 的 ADC 数据采集由于没有设置采样频率参数，因此采样频率是不可调的，此种模式下不适合高速率采样。同时在小电压采样环境下，采样的误差也会相对较大，因此在使用时要结合实际进行调整。

实验六　ADC 数据采集实验

一、实验目的

（1）掌握 ESP32 芯片 ADC 工作原理。
（2）掌握 ESP32 芯片 ADC 接口的初始化、数据读取与转换。
（3）掌握 DIY 开发板电位器的工作原理。

二、实验内容

（1）基于案例 6.1 与案例 4.2 代码进行修改，实现利用电位器控制 LED 亮度。当电位器电阻值增大时，LED 亮度也随之提高，反之 LED 亮度降低。
（2）在 Wokwi 仿真平台搭建"ESP32-S3＋LED＋电位器"仿真案例并实现程序正确运行。
（3）在 DIY 开发板上完成上述功能。

第 **7** 章

I2C通信

CHAPTER *7*

嵌入式系统与外部设备进行通信的方法有多种，串口通信只能实现两个设备间的通信，如果多个设备间需要通信，这就需要总线通信方式，在总线通信中可以同时在线路上连接多个设备进行通信。在总线通信协议中，I2C是一种线路简单、使用便捷的通信方式。本章主要讲解 I2C 通信的原理、I2C 接口初始化、I2C 数据输入和输出方法的使用，并以 I2C 接口驱动的 SSD1306 OLED 为对象，讲解如何基于 I2C 在 OLED 上显示英文与绘图、显示汉字与 BMP 图片，以及 Wokwi 仿真和 DIY 开发板 OLED 显示案例的调试与运行。

学习目标：

（1）掌握 ESP32 中 I2C 接口基本特性。

（2）掌握 ESP32 中 I2C 接口初始化、I2C 数据输入和输出方法的使用。

（3）掌握 SSD1306 OLED 显示英文与绘图、显示汉字与 BMP 图片。

7.1　I2C 通信介绍

7.1.1　什么是 I2C 通信

I2C(Inter-Integrated Circuit)通信是一种总线形式通信技术,它是由 PHILIPS 公司开发的两线式串行总线,用于连接微控制器及其外围设备。也可以简单地理解为 I2C 是微控制器与外围芯片的一种通信协议。在不同的书籍中,I2C 也可能会称为,IIC 或者 I^2C,但是它们的概念是一样的,只是叫法不同。

I2C 总线的两条数据线:一条是串行数据线(SDA),另一条是串行时钟线(SCL)。在 I2C 总线上,每个连接到总线的器件都需要有唯一的一个地址。在总线上采用主从结构,通信过程由主机发起,从机进行应答。I2C 是真正的多主机总线,如果两个或更多主机同时初始化,数据传输可以通过冲突检测和仲裁防止数据被破坏。

I2C 通信采用串行通信,串行的 8 位双向数据传输位速率在标准模式下可达 100kb/s,在快速模式下可达 400kb/s,在高速模式下可达 3.4Mb/s;I2C 总线上连接到相同总线的 IC 数量受到总线的最大电容 400pF 限制。

I2C 总线是由数据线 SDA 和时钟线 SCL 构成的串行总线,可发送和接收数据。在单片机与被控 IC 之间,最高传输速率为 100kb/s。各种 I2C 器件均并联在这条总线上,就像电话线网络一样不会互相冲突,要互相通信就必须拨通其电话号码,每一个 I2C 模块都有唯一的地址,并接在 I2C 总线上的模块,既可以是主控器(或被控器),也可以是发送器(或接收器),这取决于它所要完成的功能,如图 7.1 所示。I2C 总线在传输数据的过程中共有四种类型的信号,它们分别是起始信号、停止信号、应答信号与非应答信号。串行时钟线和串行数据线都为高,说明总线处在空闲状态。

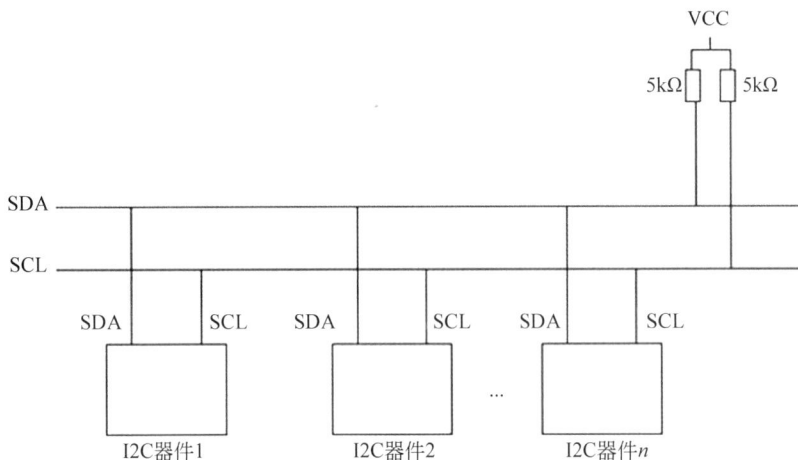

图 7.1　I2C 总线连接示意图

I2C 总线的主要优点如下:

(1) 硬件结构上具有相同的接口界面。

(2) 电路接口简单。

（3）软件操作一致。

I2C 总线占用芯片的引脚非常少,因此减少了电路板的空间和芯片引脚的数量,进而降低了互连成本。其总线的长度最长为 50cm 左右,并且能够以 10kb/s 的最大传输速率支持 40 个器件。I2C 总线还具备另一个优点,就是任何能够进行发送和接收数据的设备都可以成为主控器。当然,在任何时间点上只能允许有一个主控器。

I2C 总线本身是一种硬件协议规则,使用 I2C 技术的不同器件一般采用不同的软件通信协议规则。软件通信协议规则,主要规定了 I2C 设备的初始化方法和设备间的应答通信机制等,具体每种器件的通信协议规则可以在厂商的技术手册中获得。

7.1.2　ESP32-S3 的 I2C 接口

ESP32-S3 有两个 I2C 总线硬件接口,根据用户的配置,总线接口可以用作 I2C 主机或从机模式。I2C 接口支持多主机和从机通信,支持标准模式和快速模式,支持 7 位和 10 位地址寻址,支持拉低 SCL 时钟实现连续数据传输,支持可编程数字噪声滤波功能,支持从机地址和从机内存或寄存器地址的双寻址模式。

ESP32-S3 的两个 I2C 总线硬件接口(编号为 0 和 1)使用的 SCL 和 SDA 引脚可以配置为 ESP32-S3 中任意的通用 GPIO 引脚。

I2C 通信除了可以使用硬件 I2C 接口外,也可以利用普通的 GPIO 端口,通过不断改变输入和输出模式来软件模拟 I2C 接口,这种 I2C 接口称为软件 I2C 接口。软件 I2C 接口较硬件接口要复杂,所有的时钟频率和信号检测都需要利用 MCU 的计算周期获得,占用 MCU 的资源。它的好处在于,在硬件 I2C 接口不够用的情况下,可以扩展出多个 I2C接口。

7.1.3　MicroPython 中 I2C 类

在 MicroPython 中与硬件 I2C 接口相关的库为 I2C 库,使用此库时通过代码 from machine import I2C 导入该库;与软件 I2C 接口相关的库为 SoftI2C 库,使用此库时通过代码 from machine import SoftI2C 导入该库。I2C 库与 SofeI2C 库的区别主要在于两者的初始化参数略有区别,它们通过 I2C 进行通信的方法是一样的。I2C 类构造函数和方法如表 7.1 所示。

表 7.1　I2C 类构造函数和方法

类　方　法	说　　明	示　　例
machine. I2C (id, scl, sda, freq = 400000)	硬件 I2C 接口构造函数。参数 id 表示硬件接口编号(0 或 1);sc 指定用于 SCL 的引脚;sda 指定用于 SDA 的引脚;设置 SCL 的最大频率,取值为整数	myi2c = I2C (0, scl = Pin (13), sda = Pin(14))
machine.SoftI2C(scl,sda,freq= 400000,timeout=255)	软件 I2C 接口构造函数。参数 timeout 为等待超时时间	myi2c = SoftI2C(scl = Pin(13), sda = Pin(14))

类 方 法	说 明	示 例
I2C.scan()	扫描 0x08 和 0x77 之间的所有 I2C 地址,并返回响应的列表	x=myi2c.scan()
I2C.start()	在总线上产生一个 START 条件(SCL 为高时,SDA 转换为低)	myi2c.start()
I2C.stop()	在总线上产生一个 STOP 条件(SCL 为高时,SDA 转换为高)	myi2c.stop()
I2C.readinto(buf,nack=True)	从总线读取字节并将它们存储到 buf 中。读取的字节数是 buf 的长度。收到除最后一字节以外的所有字节后,将在总线上发送 ACK。接收到最后一字节后,如果 nack 为真,则将发送 NACK；否则,将发送 ACK(在这种情况下,从设备假定将在以后的调用中读取更多字节)	buf=bytearray(10) myi2c.readinto(buf)
I2C.write(buf)	将字节从 buf 写入总线。检查写入每字节后是否收到 ACK,如果收到 NACK,则停止传输剩余的字节。该函数返回接收到的 ACK 数	myi2c.writeto('123')
I2C.readfrom(addr,nbytes,stop=True)	从 addr 指定的从站读取 nbytes。如果 stop 为真,则在传输结束时生成 STOP 条件。返回读取数据的对象	myi2c.readfrom(0x3a,4)
I2C.readfrom_into(addr,buf,stop=True)	从 addr 指定的从站读入 buf。读取的字节数将是 buf 的长度。如果 stop 为真,则在传输结束时生成 STOP 条件	myi2c.readfrom_into(0x3a,buf)
I2C.writeto(addr,buf,stop=True)	将 buf 中的字节写入 addr 指定的从站。如果在从 buf 写入一字节后收到 NACK,则不会发送剩余的字节。如果 stop 为真,则在传输结束时生成 STOP 条件,即使收到 NACK 也是如此。该函数返回接收到的 ACK 数	myi2c.writeto(0x3a,'12')
I2C.writevto(addr,vector,stop=True)	将 vector 中包含的字节写入 addr 指定的从站。vector 是具有缓冲协议的元组或对象列表	i2c.writevto(0x3a,(buf1,buf2))

上述方法针对读写操作提供了两种方案。一种是没有地址的方案,另一种是有地址的方案。其中没有地址的方案需要用户在接收到数据后进行地址解析和匹配。

7.2 SSD1306 OLED 显示屏简介

7.2.1 OLED 显示屏显示原理

1. 0.96 英寸 OLED 模块介绍

OLED，即有机发光二极管（Organic Light-Emitting Diode），又称为有机电致发光显示（Organic Electroluminescence Display，OELD）。OLED 由于同时具备自发光、不需要背光源、对比度高、厚度薄、视角广、反应速度快、可用于挠曲性面板、使用温度范围广、构造及制程较简单等优异特性，被认为是下一代平面显示器新兴应用技术。

DIY 开发板使用的 OLED 为 0.96 英寸 OLED 模块，如图 7.2 所示。模块有单色和双色两种可选，单色为纯蓝色，双色为黄蓝双色。单色模块每个像素只有亮与不亮两种情况，没有颜色区分。该模块的分辨率为 128×64，即 128 列×64 行。该模块驱动采用 SSD1306 控制器，工作电压为 3.3V。

2. OLED（128×64 像素）显示原理

OLED 屏幕示意图如图 7.3 所示，以左上角为 0 点，x 轴 128 个点，y 轴 64 个点，x 与 y 的交叉就是一个要显示的像素，值为 0 或者 1，对应一个二进制数。当需要一个像素点亮时，对应位为 1；熄灭时，对应位为 0。因此一幅单色的 128×64 像素的画面显示需要 128×64/8=1024B=1KB 的显示缓存。控制显示缓存进行显示和变化是由 OLED 的驱动控制模块实现的。OLED 有不同的驱动控制模块，在 0.96 英寸 OLED 显示模块中，比较经典的控制模块是 SSD1306，其支持 I2C 和 SPI 接口。DIY 开发板采用的是 SSD1306 驱动的 I2C 接口。SSD1306 驱动模块厂商提供不同语言版本的驱动库，例如 C、MicroPython 语言版本等，其中 MicroPython 版本可以在 GitHub 上获得，网址为 https://github.com/adafruit/micropython-adafruit-ssd1306。用户只需要调用驱动库中对应的方法函数，即可完成画面的显示变化，使用相对比较简单，降低了显示模块的使用难度。

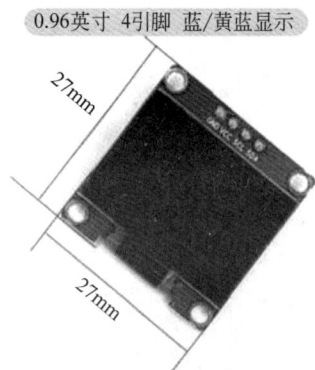

图 7.2 0.96 英寸 OLED 模块

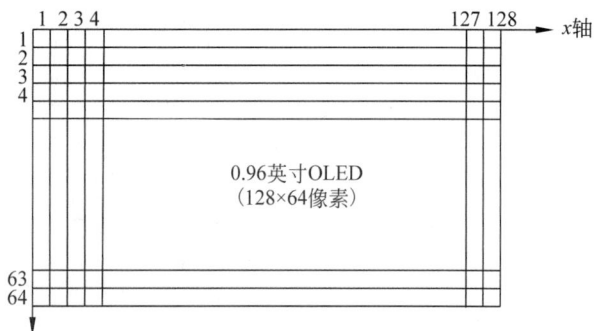

图 7.3 0.96 英寸 OLED 示意图

7.2.2　SSD1306 驱动芯片的 MicroPython 驱动库

官方 SSD1306 驱动版本只完成了基本英文显示、像素显示、滚屏控制和显示缓存数组的功能。如果要显示图片和中文等,需要进一步在官方驱动的基础上进行修改。这里使用的驱动为修改后的驱动库文件 ssd1306.py,在本书配套资料中有提供,在使用此库时,需要把 ssd1306.py 文件下载到开发板中,然后使用 import ssd1306 导入系统使用库文件。OLED 驱动库 ssd1306 的方法如表 7.2 所示。

表 7.2　OLED 驱动库 ssd1306 的方法

类　方　法	说　　明	示　　例
ssd1306.SSD1306_I2C(width, height,i2c)	OLED 初始化方法,参数 width 为宽度,值填写 128;height 为高度,值填写 64;i2c 为 I2C 接口对象	i2c=I2C(0,scl=Pin(13),sda=Pin(14)) oled=ssd1306.SSD1306_I2C(128,64,i2c)
ssd1306.fill(0)	清屏	oled.fill(0)
ssd1306.text(string,x,y)	输出字符串 string,从坐标(x,y)开始	oled.text('Hello,Wokwi!',2,10)
ssd1306.show()	把后台显示缓存输出到前台显示。此方法用在其他输出函数之后,只有调用此方法才会把输出显示在屏幕上	oled.show()
ssd1306.draw_line(x1,y1,x2,y2,isRectangle=0)	绘制线段或矩形。参数 isRectangle 为 0,表示绘制从(x1,y1)到(x2,y2)的线段;参数 isRectangle 为 1,表示绘制对角线定点为(x1,y1)和(x2,y2)的矩形	
ssd1306.draw_rectangle(x,y,length,width isFill=0)	绘制矩形。(x,y)为矩形左上角,length 为矩形高度,width 为矩形宽度,isFill 为是否填充矩形	oled.draw_rectangle(10,10,30,20)
ssd1306.draw_circular_arc(x,y,r,start_angle,end_angle,isCircular=0)	绘制圆弧方法。(x,y)为圆心坐标,r 为半径,start_angle 和 end_angle 为角度范围,isCircular 表示是否为圆	oled.draw_circular_arc(30,30,20,15,65)
ssd1306.draw_circular(x,y,r,fill=0)	绘制圆形。(x,y)为圆心坐标,r 为半径,fill 表示是否填充圆形	oled.draw_circular(30,30,10,1)
ssd1306.show_image(data,row,col)	输出图形。data 为准备显示的缓冲帧,row 为行值,col 为列值	fb=framebuf.FrameBuffer(mydata,128,64,framebuf.MONO_HMSB) oled.show_image(fb,128,64)
ssd1306.show_hanzi(row,col,charlist1)	输出显示汉字。(row,col)为输出起始坐标,charlist1 为要显示的汉字对应的字节串	char1=[0x20,0x10,0x08,0xFC,0x03,0x20,0x20,0x10,0x7F,0x88,0x88,0x84,0x82,0xE0,0x00,0x00,0x04,0x04,0x04,0x05,0x04,0x04,0x04,0xFF,0x04,0x04,0x04,0x04,0x04,0x04,0x04,0x00] #华 oled.show_hanzi(1,0,char1)

提示：上述方法只是库文件中的部分方法，其他方法可以查询库文件，每个方法都有对应的注释说明。

7.3 OLED 显示英文与绘图

7.3.1 DIY 开发板 OLED 接口硬件原理图分析

DIY 开发板中预留了 OLED 接口，如图 7.4 所示。这个接口为了适配两种 VCC 和 GND 的顺序，设计了两个接口，区别就是 VCC 和 GND 的顺序不一样，适配不同的接口。此接口共 4 个引脚，另外两个引脚分别是 SCL 和 SDA 引脚，对应连接到 ESP32-S3 的 GPIO13 和 GPIO14 引脚。用户在使用时，把这两个引脚配置为 I2C 的 SCL 和 SDA 即可，使用硬件 I2C 和软件 I2C 库都可以。

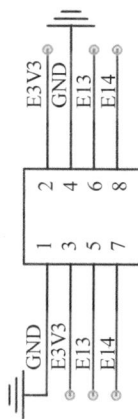

图 7.4　DIY 开发板 OLED 接口

7.3.2 Wokwi 仿真 OLED 显示英文与绘图

【案例 7.1】　OLED 显示英文与绘图。

Wokwi 提供了虚拟的 SSD1306 OLED 模块，其帮助文件如图 7.5 所示。此模块共 4 个引脚，与真实模块一致。OLED 模块作为 I2C 从站使用，其地址为 0x3c。此地址在 SSD1306 驱动库中底层初始化代码已经进行配置，用户不需要设置。

如图 7.6 所示，进行案例的硬件连接，其中 OLED 模块的 VCC 连接 3.3V，GND 连接芯片的 GND，SCL 连接 ESP32-S3 的 GPIO13，SDA 连接 GPIO14 即可。

在连接完硬件后，还需要手动导入或新建 ssd1306.py 驱动库文件到仿真环境中。如图 7.7 所示，先选择代码编辑窗口上方的下三角按钮，然后选择 New file，输入文件名 ssd1306.py，最后把本书配套资料中的 ssd1306.py 文件内容复制到 Wokwi 中新建的文件即可。

创建完 ssd1306.py 驱动库文件后，在 main.py 中编写如下 OLED 程序在虚拟仿真环境中运行。在此程序中，共设计并显示了两幅画面，第一幅画面显示完后延时 1 秒后进行清屏

图 7.5　SSD1306 OLED 模块帮助文件

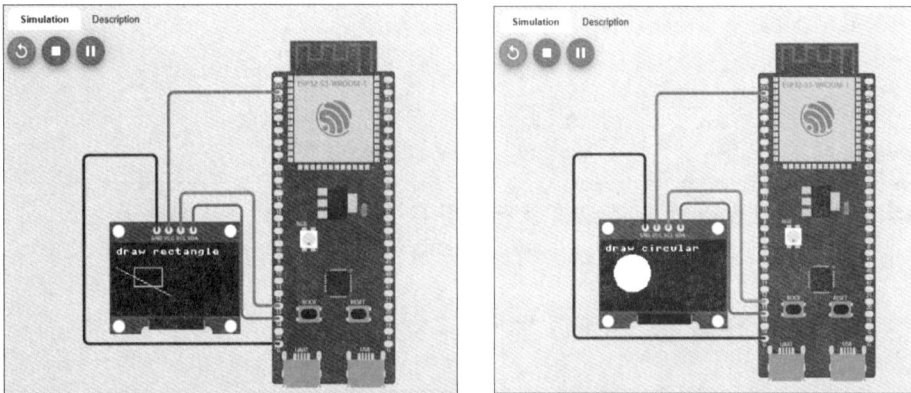

图 7.6　SSD1306 OLED 模块在 Wokwi 中的仿真图（显示英文与绘图）

图 7.7　新建 ssd1306.py 驱动库文件

(oled.fill(0))，然后绘制第二幅画面，但是要注意，执行完不同的写英文方法（oled.text()）或绘图方法（oled.draw_circular()等）后，并不会立刻显示在屏幕上，此时显示数据是放在后台显示缓存中，需要变为前台缓存后，这些图像才能够显示出来。这个后台缓存到前台缓冲的变化通过执行方法 oled.show()实现。程序运行结果如图 7.6 所示，两个图分别是程序运行的两幅画面的截图，其包含了英文和图形。

```python
import time
from machine import Pin, I2C
import ssd1306                              #导入 SSD1306 驱动库
#硬件 I2C 对象定义
i2c = I2C(0, scl=Pin(13), sda=Pin(14))
myaddress = i2c.scan()                      #获得 I2C 地址
print("i2c 地址:{},{:02X}".format(type(myaddress), myaddress[0]))
#初始化 OLED 对象
oled = ssd1306.SSD1306_I2C(128, 64, i2c)
#显示第一幅画面
oled.fill(0)                                #清屏
oled.text('draw rectangle', 0, 0)          #显示英文
oled.draw_line(0, 20, 60, 50)              #绘制直线
oled.draw_rectangle(20, 20, 30, 20)        #绘制矩形
oled.show()                                 #显示
time.sleep(1)
#显示第二幅画面
oled.fill(0)                                #清屏
oled.text('draw circular', 0, 0)           #显示英文
oled.draw_circular(30, 30, 20, 1)          #绘制填充的圆形
oled.show()                                 #显示
```

提示：在绘制新画面时，如果没有执行清屏操作，新的画面会与旧画面叠加，用户可以利用这个特性进行动画设计，避免动态图像显示时产生的画面闪烁现象。

7.3.3 DIY 开发板 OLED 显示英文与绘图

上述程序仿真通过后，可以把此代码下载到 DIY 开发板中运行，但是要注意，此程序要放在 main.py 中作为主程序运行，同时还要下载 ssd1306.py 到 DIY 开发板中。程序运行结果如图 7.8 所示，与 Wokwi 仿真显示一致。

图 7.8　DIY 开发板 OLED 显示英文与绘图

在 7.3.2 节代码中,oled.text( )方法显示的字符串为 ASCII 码字符串,每一个字符的大小为 8×8 像素矩阵。因为每个 ASCII 码字符的显示编码都包含在 SSD1306 驱动模块,因此在编程时直接写字符即可,而不用考虑字符的具体显示编码。由于 0.96 英寸 OLED 显示屏像素为 128×64,而每个 ASCII 码字符显示编码为 8×8,经过转换可得,每行可以显示 128/8=16 个字符,每列可以显示 64/8=8 个字符。

在 DIY 开发板中运行如下代码,其结果如图 7.9 所示,可以看出,OLED 显示屏每行显示 16 个字符,每列显示 8 个字符。

```
import time
from machine import Pin, I2C
import ssd1306
#硬件 I2C 对象定义
i2c = I2C(0, scl=Pin(13), sda=Pin(14))
myaddress = i2c.scan()                     #获得 I2C 地址
print("i2c 地址:{},{:02X}".format(type(myaddress), myaddress[0]))
#初始化 OLED 对象
oled = ssd1306.SSD1306_I2C(128, 64, i2c)
#显示第一幅画面
oled.fill(0)                               #清屏
oled.text('1234567890123456', 0, 0)        #显示英文
for i in range(2,9):
    oled.text('{}'.format(i), 0,(i-1) * 8)
oled.show()                                #显示
```

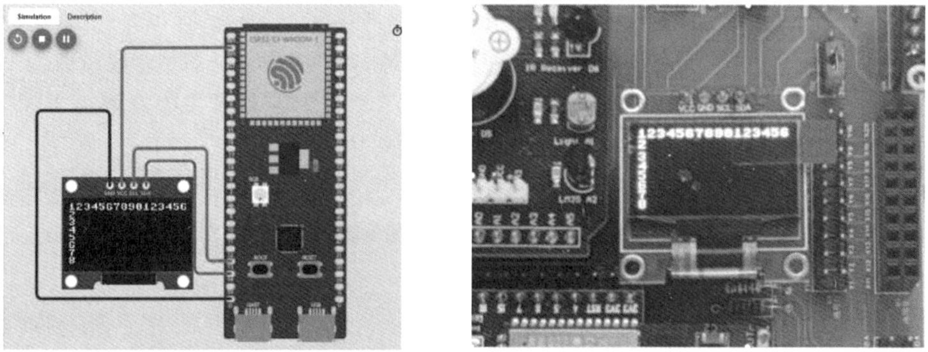

图 7.9　OLED 显示英文字符数量测试

🔑 7.4　OLED 显示汉字与 BMP 图片

7.4.1　汉字与 BMP 图片的取模

1. 显示汉字原理

由于在 SSD1306 驱动库中只内置了英文 ASCII 码字符,而没有汉字的显示编码,因此要显示某一个汉字,就需要将这个汉字转换为对应的显示编码字节数组,这个过程称作"取

模"。例如,汉字"我"的显示字符编码数组产生如图 7.10 所示。此例子中,1 个汉字用 16×16 像素,由于每字节 8 位,16×16＝32×8,就是 32 字节,形成的字节数组如图 7.10 中右侧所示。

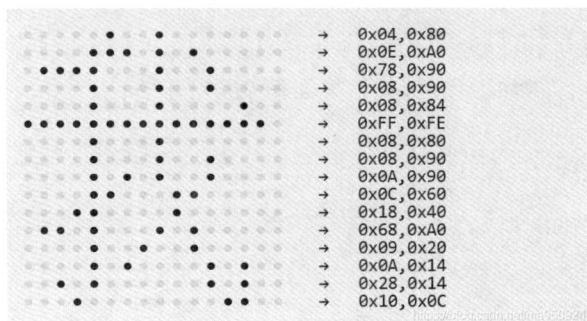

图 7.10 "我"字取模

相同的汉字在显示时可以有不同的字体和大小,因此在取模过程中就需要先设置这些参数,然后进行字符取模。这个取模计算过程相对比较复杂,手动计算比较困难,因此可以利用相关的取模软件实现此功能。推荐使用"点阵液晶取模.EXE"软件进行汉字的取模。具体取模操作流程如下。

图 7.11 "点阵液晶取模.EXE"图标

2. 汉字取模操作

(1) 运行取模软件:双击"点阵液晶取模.EXE"图标(如图 7.11 所示),运行取模软件。

(2) 设置取模参数:在软件主界面选择"参数设置"→"其他选项",弹出"选项"对话框,如图 7.12 所示。设置取模方式参数为"纵向取模"和"字节倒序",其他参数为默认即可,然后单击"确定"按钮。

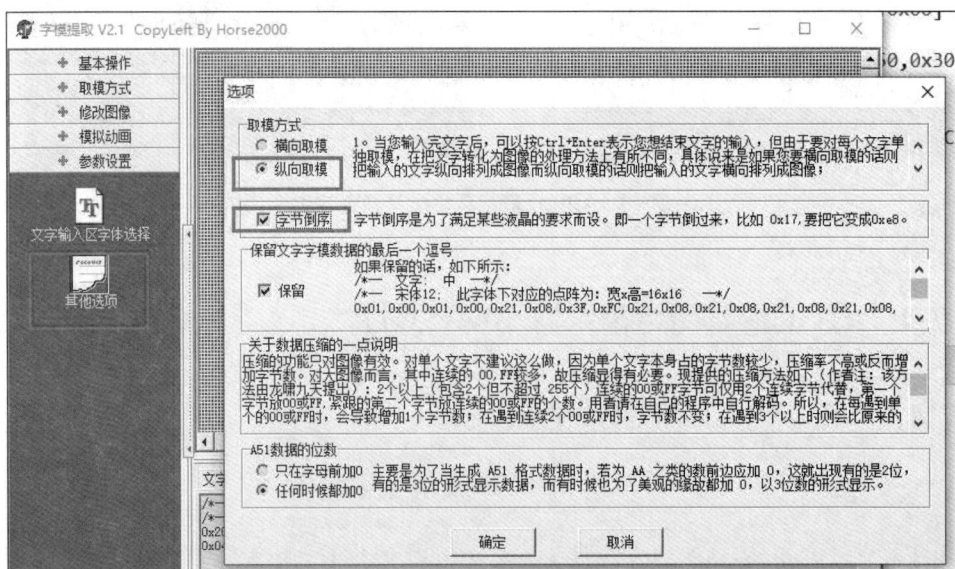

图 7.12 设置取模参数

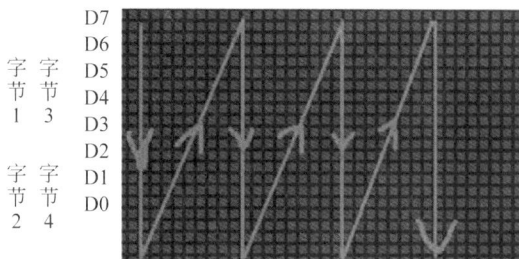

图 7.12　（续）

（3）输入汉字：单击"参数设置"中的"文字输入区字体选择"，弹出"字体"对话框。由于准备要采集的汉字为 16×16 像素，因此选择"宋体""常规"和"小四"号字，然后在下方"文字输入区"输入想进行取模的汉字，按 Ctrl＋Enter 组合键结束输入，例如"华"，如图 7.13 所示。

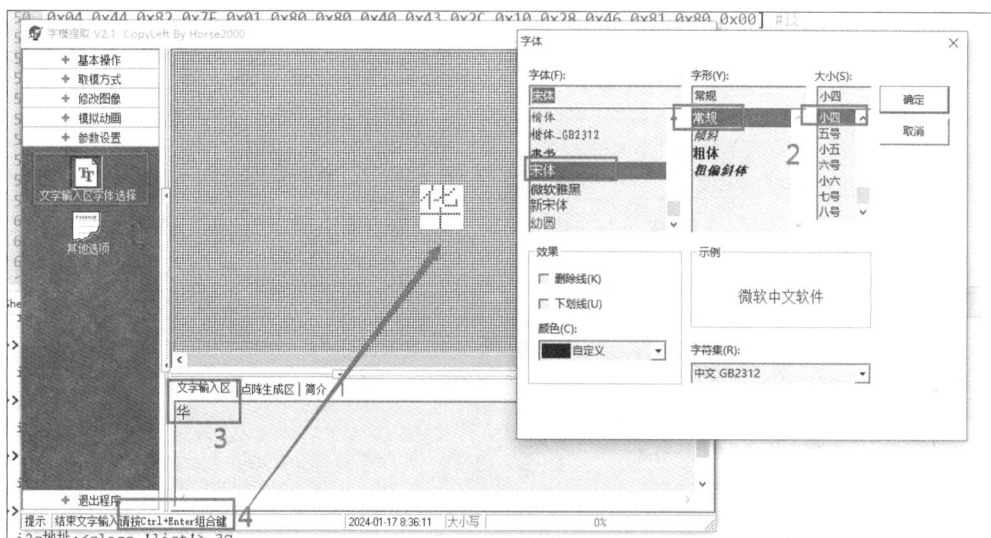

图 7.13　输入汉字

（4）输出取模字节数组：如图 7.14 所示，单击"取模方式"中的"C51 格式"，在下方"点阵生成区"中获得取模字节数组和对应的说明，此案例中获得字符编码大小为 16×16 像素一个汉字。生成的 32 字节就是汉字对应显示字节数组。在程序中复制此字节数组到代码中，然后调用显示汉字方法 ssd1306.show_hanzi(row,col,charlist1)即可显示此汉字。

3. BMP 图片取模

（1）创建 128×64 像素的 BMP 文件：在 OLED 中显示图片与汉字取模类似。先利用 Windows 系统中的"画图"软件创建一个像素为 128×64 的图片，然后保存为 BMP 格式文件，如图 7.15 所示。注意，因为 OLED 为单色显示器，因此需要采用黑白色图片方式，这样在 OLED 上显示的画面比较清晰。

（2）在取模软件中导入图片：双击打开"点阵液晶取模.EXE"软件，然后选择"基本操作"→"打开图像图标"，选择刚才创建的 BMP 文件，然后会在右侧窗口看到导入后的效果，

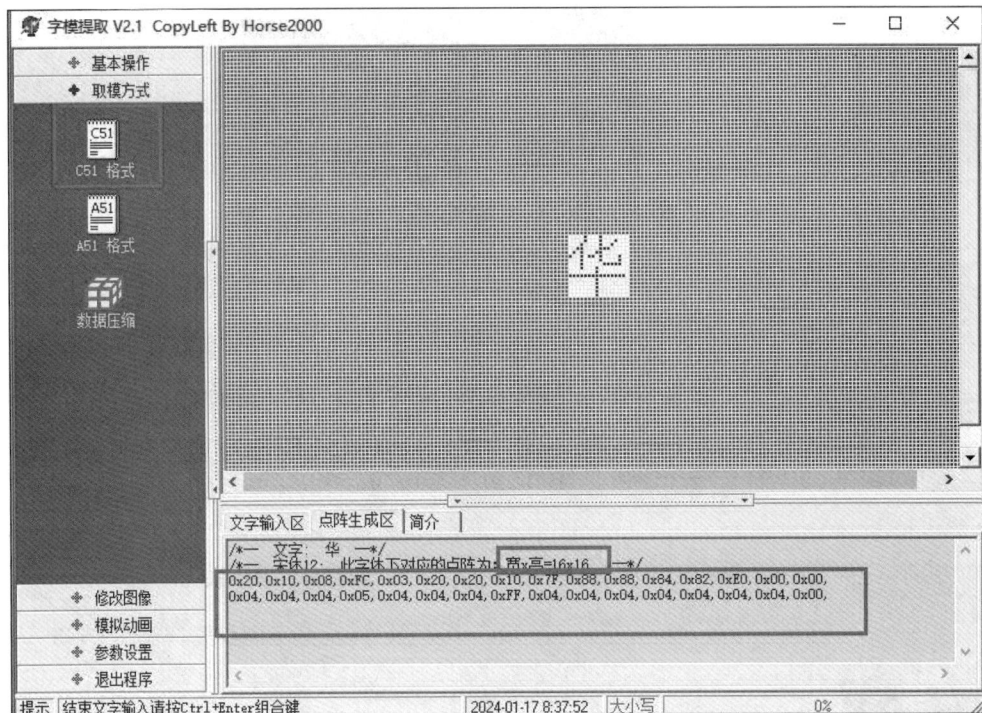

图 7.14　输出汉字取模字节数组

图 7.15　BMP 文件创建

如图 7.16 所示。如果生成图像效果不满意，需要修改原始的 BMP 文件，然后再重新导入。

（3）设置取模参数：由于本次取模是整幅画面的取模，因此参数与汉字取模有不同，如图 7.17 所示。设置取模方式参数为"横向取模"和"字节倒序"，然后单击"确定"按钮即可。

（4）生成取模字节数组：在软件中选择"取模方式"→"C51 格式"，然后在下方"点阵生成区"显示生成的取模字节数组，如图 7.18 所示。

（5）保存数据：单击如图 7.16 所示的"基本操作"→"保存点阵数据"，输出为 TXT 文件。此 TXT 文件中包含注释信息，无法直接使用，还需要进一步修改文件。打开此 TXT

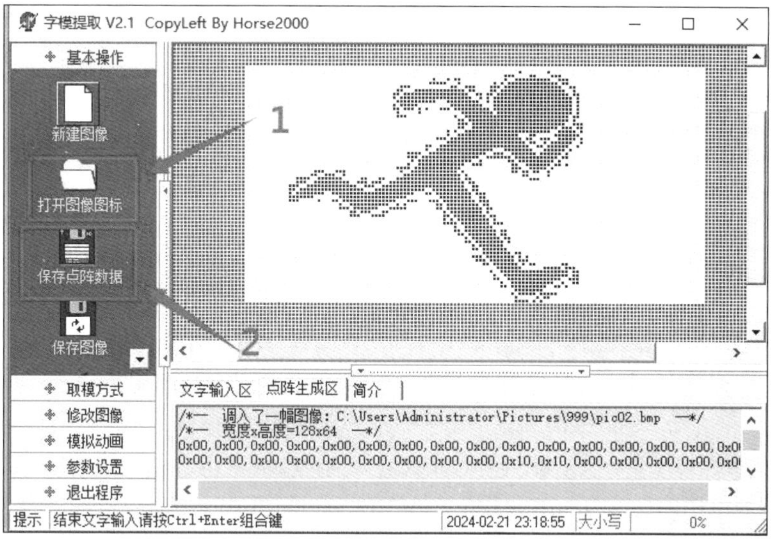

图 7.16　在取模软件中导入图片

图 7.17　设置取模参数

文件,删除前两行的中文注释,把后面的数据定义为列表格式,存储到变量 data 中,如图 7.19 所示,然后把此文件另存为 PY 格式文件,例如 mypic01.py。

　　此 PY 文件为后续 OLED 显示 BMP 图片的数据来源文件,首先需要将 PY 文件下载到 ESP32 中,然后使用代码 import mypic01 导入文件即可使用里面的列表数据,把列表数据存入一个显示帧变量中,最后调用 oled.show_image()方法显示图形即可。以下代码为模板,可以参考使用。

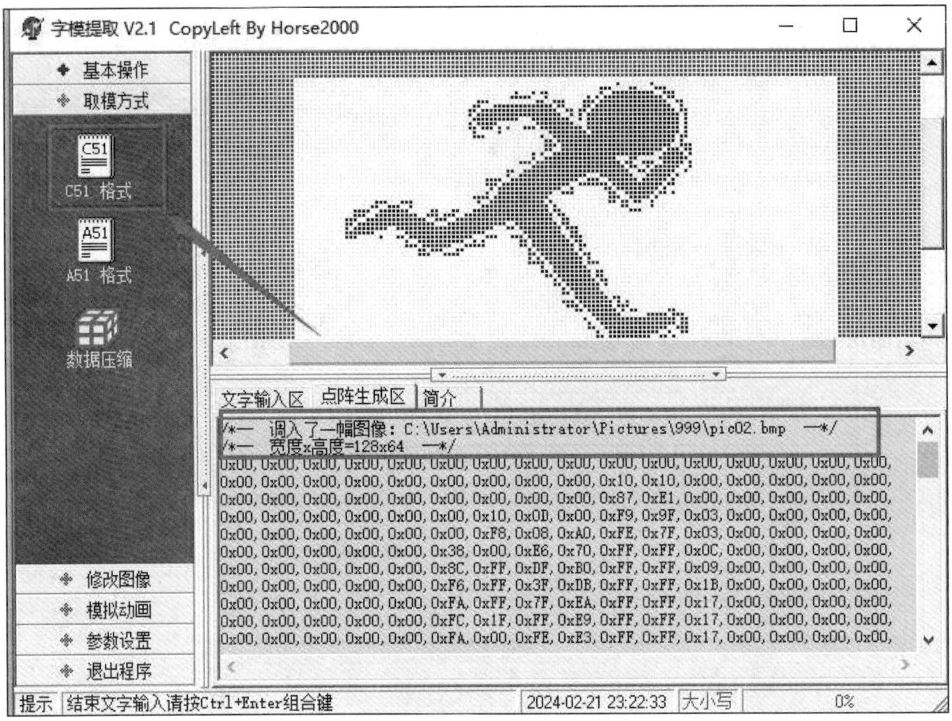

图 7.18　生成取模数字节

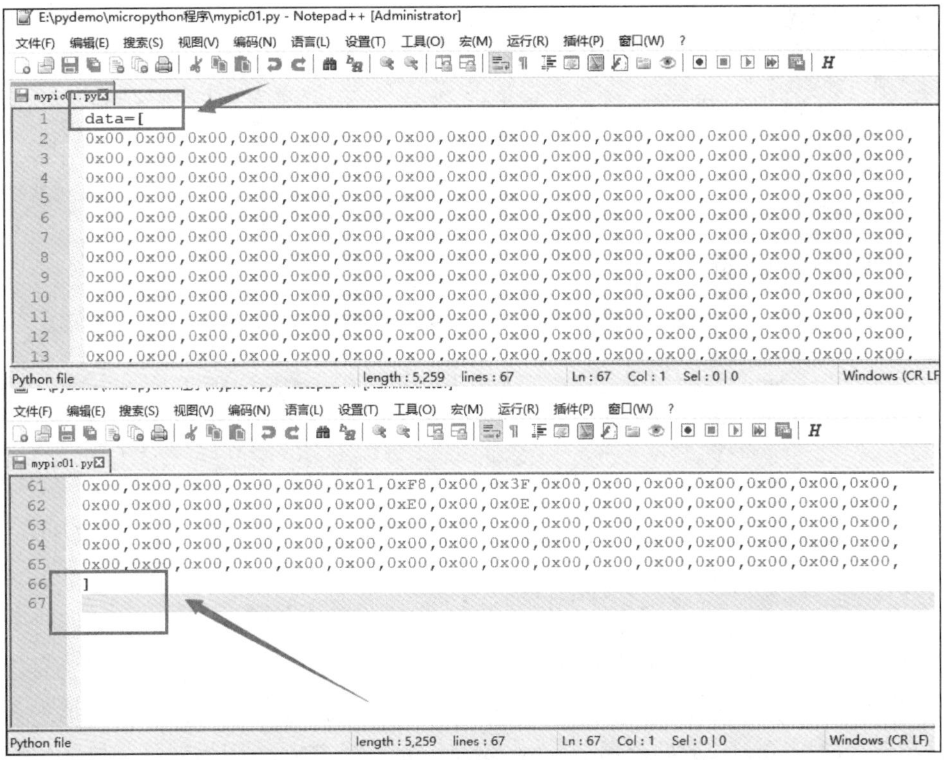

图 7.19　保存数据文件为 PY 文件

```
import framebuf                              #导入帧缓冲库
import mypic01                               #导入 BMP 图片字节数组
mydata=bytearray(mypic01.data)              #转换字节数组格式
fb = framebuf.FrameBuffer(mydata, 128, 64, framebuf.MONO_HMSB)  #生成显示帧数据
oled.show_image(fb,64,128)                   #导入显示帧
```

7.4.2　Wokwi 仿真 OLED 显示汉字与 BMP 图片

【案例 7.2】　在 DIY 开发板中利用 OLED 显示汉字与 BMP 图片。

如图 7.20 所示，进行案例的硬件连接，其中 OLED 模块的 VCC 连接 3.3V，GND 连接芯片的 GND，SCL 连接 ESP32-S3 的 GPIO13，SDA 连接 GPIO14 即可。

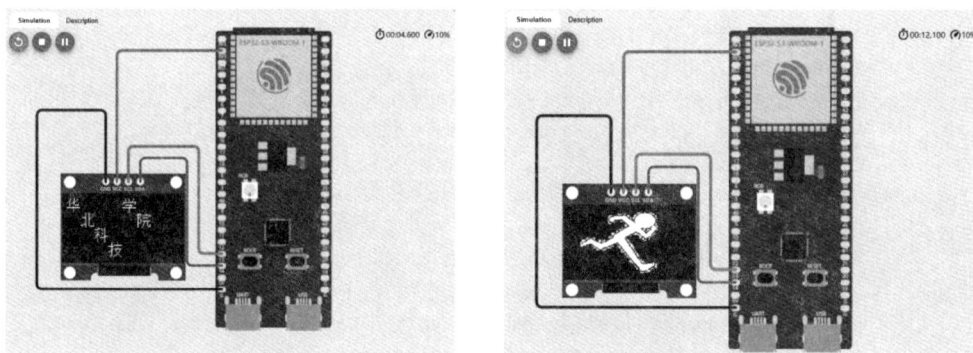

图 7.20　SSD1306 OLED 模块在 Wokwi 中的仿真图（显示汉字与 BMP 图片）

在连接完硬件后，还需要手动导入或新建 ssd1306.py 驱动库文件和 BMP 取模数据文件 mypic01.py 到仿真环境中。如图 7.21 所示，先选择代码编辑窗口上方的下三角按钮，然后选择 New file，输入文件名 ssd1306.py 或 mypic01.py，最后把本书配套资料中的 ssd1306.py 文件内容和之前修改的 BMP 取模输出 PY 文件内容复制到对应的 Wokwi 文件中即可。

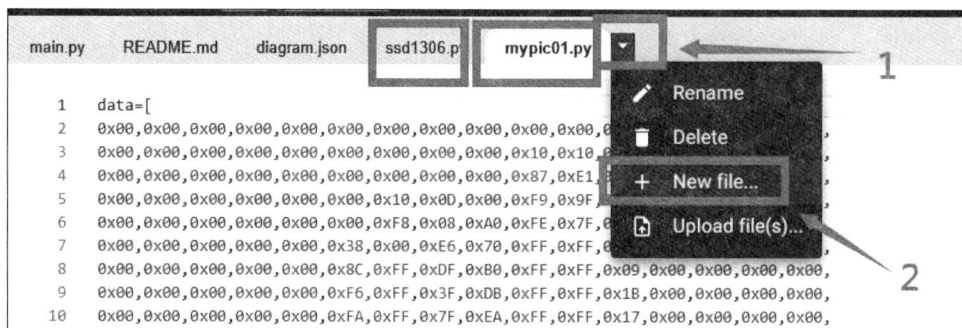

图 7.21　在 Wokwi 中新建 ssd1306.py 和 mypic01.py 文件

在完成以上工作后，编写如下代码实现两幅画面的显示，第一幅画面为汉字，第二幅画面为 BMP 图片。其中用 oled.show_hanzi(row,col,char1)方法显示 16×16 像素的汉字。由于 OLED 分辨率为 128×64，因此一行能显示 $128/16=8$ 个汉字，一列能显示 $64/16=4$ 个汉字。参数 row 为行像素，取值为 1～4；col 为列像素，取值为 0～127。显示 BMP 图片

使用 oled.show_image(fb,64,128)实现，其参数 fb 为 MicroPython 帧缓存类 framebuf 变量。

```python
import time
from machine import Pin, I2C
import ssd1306
#硬件 I2C 对象定义
i2c = I2C(0, scl=Pin(13), sda=Pin(14))
myaddress = i2c.scan()                    #获得 I2C 地址
print("i2c 地址:{},{:02X}".format(type(myaddress), myaddress[0]))
#初始化 OLED 对象
oled = ssd1306.SSD1306_I2C(128, 64, i2c)
#汉字编码
char1=[0x20,0x10,0x08,0xFC,0x03,0x20,0x20,0x10,0x7F,0x88,0x88,0x84,0x82,
       0xE0,0x00,0x00,0x04,0x04,0x04,0x05,0x04,0x04,0x04,0xFF,0x04,0x04,
       0x04,0x04,0x04,0x04,0x04,0x00] #华
char2=[0x00,0x20,0x20,0x20,0x20,0xFF,0x00,0x00,0x00,0xFF,0x40,0x20,0x10,
       0x08,0x00,0x00,0x20,0x60,0x20,0x10,0x10,0xFF,0x00,0x00,0x00,0x3F,
       0x40,0x40,0x40,0x40,0x78,0x00] #北
char3=[0x24,0x24,0xA4,0xFE,0xA3,0x22,0x00,0x22,0xCC,0x00,0x00,0xFF,0x00,
       0x00,0x00,0x00,0x08,0x06,0x01,0xFF,0x00,0x01,0x04,0x04,0x04,0x04,
       0x04,0xFF,0x02,0x02,0x02,0x00] #科
char4=[0x10,0x10,0x10,0xFF,0x10,0x90,0x08,0x88,0x88,0x88,0xFF,0x88,0x88,
       0x88,0x08,0x00,0x04,0x44,0x82,0x7F,0x01,0x80,0x80,0x40,0x43,0x2C,
       0x10,0x28,0x46,0x81,0x80,0x00] #技
char5=[0x40,0x30,0x11,0x96,0x90,0x90,0x91,0x96,0x90,0x90,0x98,0x14,0x13,
       0x50,0x30,0x00,0x04,0x04,0x04,0x04,0x04,0x44,0x84,0x7E,0x06,0x05,
       0x04,0x04,0x04,0x04,0x04,0x00] #学
char6=[0x00,0xFE,0x22,0x5A,0x86,0x10,0x0C,0x24,0x24,0x25,0x26,0x24,0x24,
       0x14,0x0C,0x00,0x00,0xFF,0x04,0x08,0x07,0x80,0x41,0x31,0x0F,0x01,
       0x01,0x3F,0x41,0x41,0x71,0x00] #院
#显示汉字
oled.fill(0) #清屏
startpos = 0
oled.show_hanzi(1, startpos, char1)        #显示汉字 1   row=0,col=0
oled.show_hanzi(2, startpos + 16, char2)   #显示汉字 2   row=0,col=16
oled.show_hanzi(3, startpos + 32, char3)   #显示汉字 3   row=0,col=32
oled.show_hanzi(4, startpos + 48, char4)   #显示汉字 4   row=0,col=48
oled.show_hanzi(1, startpos + 64, char5)   #显示汉字 5   row=0,col=64
oled.show_hanzi(2, startpos + 80, char6)   #显示汉字 6   row=0,col=80
oled.show()                                #显示数据
time.sleep(3)
#显示图片
import framebuf
import mypic01                             #导入 BMP 图片字节数组
mydata=bytearray(mypic01.data)             #转换字节数组格式
oled.fill(0)                               #清屏
fb = framebuf.FrameBuffer(mydata, 128, 64, framebuf.MONO_HMSB) #生成显示帧数据
oled.show_image(fb,64,128)                 #导入显示帧
oled.show()                                #显示数据
```

上述程序仿真运行后，如图 7.20 所示。要注意，在 Wokwi 仿真平台中，此案例由于上传了 ssd1306.py 和 BMP 图片的取模数据文件，程序仿真需要更多的时间处理这些数据，因此仿真结果显示会有所延迟。

7.4.3　DIY 开发板 OLED 显示汉字与 BMP 图片

上述程序仿真通过后，可以把此代码下载到 DIY 开发板中运行，但是要注意，此程序要放在 main.py 中作为主程序运行，同时要下载 ssd1306.py 和 mypic01.py 文件到 DIY 开发板中。程序运行结果如图 7.22 所示，与 Wokwi 仿真显示一致。

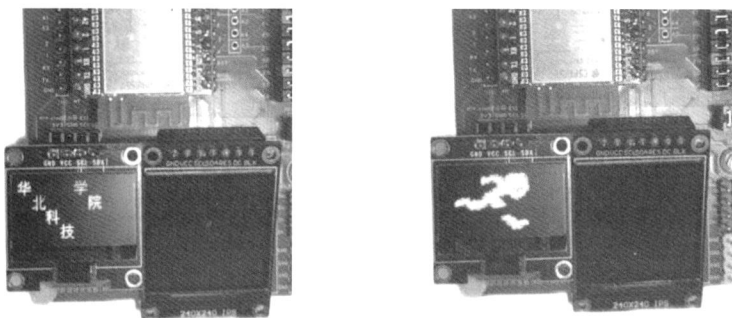

图 7.22　DIY 开发板 OLED 显示汉字与 BMP 图片

汉字显示方法 oled.show_hanzi(row,col,char1) 只能使用 16×16 像素的汉字，如果想显示其他像素的汉字，可以查看 ssd1306.py 中此方法的编写源码，然后根据此方法编写不同的像素显示汉字，其主要原理就是需要在代码中限制显示的单元与对应的汉字像素一致即可，读者可以自行修改试试。

实验七　基于 I2C 接口的 OLED 显示实验

一、实验目的

（1）掌握 ESP32 中 I2C 接口的初始化、数据的发送和接收方法。
（2）掌握 SSD1306 驱动库常用方法的使用。
（3）掌握 OLED 上动态显示汉字的方法。
（4）掌握 OLED 上显示图片的方法。

二、实验内容

（1）基于案例 7.2 代码进行修改，利用 OLED 显示 LED 呼吸灯频率和占空比数值。利用串口或五向按键控制呼吸灯的频率变化。
（2）OLED 显示文字内容采用汉字方式。
（3）在 Wokwi 仿真平台搭建 ESP32-S3＋LED＋KEY＋OLED 仿真案例并实现程序正确运行。
（4）在 DIY 开发板上完成上述功能。

第**8**章

SPI通信

CHAPTER **8**

嵌入式系统总线通信协议中，第 7 章介绍的 I2C 是一种单线的半双工通信方式，通信效率较低，比较适合在低速率需求的应用中采用，如果需要高速率的全双工通信方式，SPI 总线通信是一种很好的解决方案。本章主要讲解 SPI 通信的原理、SPI 接口初始化、SPI 数据输出和输入方法的使用，并以 SPI 接口驱动的 ST7789 TFT-LCD 为对象，讲解如何基于 SPI 在 TFT-LCD 上显示彩色图片和绘制图形、显示英文与汉字，以及 DIY 开发板 TFT-LCD 显示案例的调试与运行。

学习目标：

（1）掌握 ESP32 中 SPI 接口基本特性。

（2）掌握 ESP32 中 SPI 接口初始化、SPI 数据输入和输出方法的使用。

（3）掌握 ST7789 TFT-LCD 显示彩色图片与绘制图形、显示英文与汉字的方法。

8.1　SPI 通信介绍

8.1.1　什么是 SPI 通信

SPI 是串行外设接口(Serial Peripheral Interface)的缩写,是美国摩托罗拉(Motorola)公司最先推出的一种同步串行传输规范,也是一种单片机外设芯片串行扩展接口。它是一种高速、全双工、同步通信总线,所以可以在同一时间发送和接收数据。SPI 没有定义速率限制,通常能达到甚至超过 10Mb/s。SPI 接口主要应用在 EEPROM、Flash、实时时钟、AD转换器,以及数字信号处理器和数字信号解码器之间。SPI 芯片的引脚只占用四根线,节约了芯片的引脚,同时为 PCB 的布局节省了空间,提供了方便,正是由于这种简单易用的特性,现在越来越多的芯片集成了这种通信协议。

SPI 总线通信主要具有如下特点。

(1) 采用主从(Master-Slave)模式的控制方式。

SPI 协议规定了两个 SPI 设备之间通信必须由主设备(Master)来控制从设备(Slave)。一个主设备可以通过提供时钟以及对从设备进行片选来控制多个从设备。SPI 协议还规定从设备的时钟由主设备通过 SCK 引脚提供,从设备本身不能产生或控制时钟,没有时钟,则从设备不能正常工作。SPI 总线连接设备示意图如图 8.1 所示。

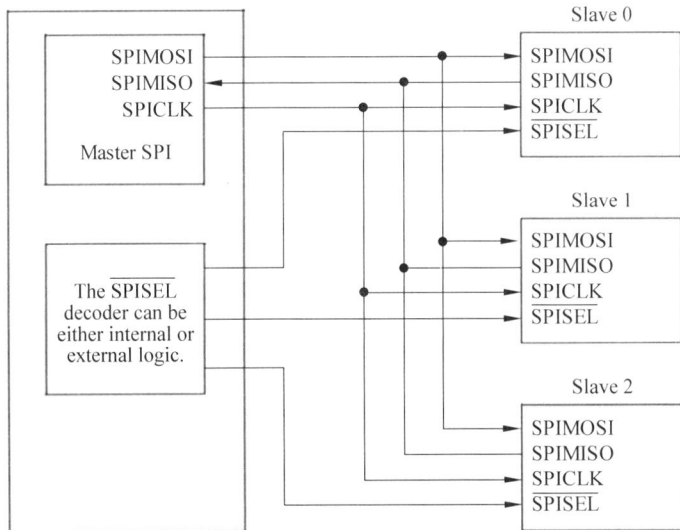

图 8.1　SPI 总线连接设备示意图

(2) 采用同步(Synchronous)方式传输数据。

SPI 的主设备会根据将要交换的数据来产生相应的时钟脉冲。时钟信号通过时钟极性(CPOL)和时钟相位(CPHA)控制着两个 SPI 设备间何时数据交换,以及何时对接收到的数据进行采样来保证数据在两个设备之间是同步传输的。

(3) 数据交换(Data Exchange)模式。

SPI 设备间的数据传输之所以又被称为数据交换,是因为 SPI 协议规定一个 SPI 设备不能在数据通信过程中只充当一个"发送者(Transmitter)"或者"接收者(Receiver)"。在每个时钟周期内,SPI 设备都会发送并接收一位大小的数据,相当于该设备有一位大小的数据被交换了。一个从设备要想接收到主设备发过来的控制信号,必须在此之前能够被主设备进行访问(Access)。所以,主设备必须首先通过 CS(片选信号)对从设备进行片选,把想要访问的从设备选上。在数据传输的过程中,每次接收到的数据必须在下一次数据传输之前被采样。如果之前接收到的数据没有被读取,那么这些已经接收完成的数据将有可能会被丢弃,导致 SPI 物理模块最终失效。因此,在程序中一般都会在 SPI 传输完数据后,去读取 SPI 设备里的数据,即使这些数据在程序里是无用的,以此来清空接收缓存。

(4) SPI 有四种传输模式。

SPI 支持四种传输方式,在工作前要进行工作模式的选择。这些模式根据采集时钟信号的不同,分为上升沿、下降沿、前沿、后沿触发。当然也有 MSB 和 LSB 传输方式。

(5) SPI 只有主模式和从模式之分。

SPI 设备中没有读和写的说法,因为实质上,在每个 SPI 时钟周期内,主从设备都在交换数据。也就是说,发送一个数据必然会收到一个数据;要收到一个数据必须也要先发送一个数据。

8.1.2　ESP32-S3 的 SPI 接口

在 ESP32-S3 中共有 4 个 SPI 接口,其中,SPI0 供 ESP32-S3 和加密 DMA(EDMA)访问封装内或封装外 Flash/PSRAM;SPI1 供 CPU 访问封装内或封装外 flash/PSRAM;SPI2 通用 SPI 控制器具有单独的 DMA 通道;SPI3 通用 SPI 控制器和部分外设共用一个 DMA 通道。

在 ESP32-S3 开发板上,基于 MicroPython 只能使用 SPI2,其他 3 个 SPI 接口在底层进行了封装,不能供用户使用。

SPI 通信除了可以使用硬件 SPI 接口外,也可以利用普通的 GPIO 端口来软件模拟 SPI 接口,这种 SPI 接口称为软件 SPI 接口。软件 SPI 接口控制较硬件接口要复杂,所有的时钟频率和信号检测都需要利用 MCU 的计算周期获得,占用 MCU 的资源。它的好处在于,在硬件 SPI 接口不够用的情况下,可以扩展出多个 SPI 接口。

8.1.3　MicroPython 中 SPI 类

在 MicroPython 中,与硬件 SPI 接口相关的库为 SPI 库,使用此库时通过代码 from machine import SPI 导入该库;与软件 SPI 接口相关的库为 SoftSPI 库,使用此库时通过代码 from machine import SoftSPI 导入该库。硬件 SPI 库与软件 SoftSPI 库的区别主要在于,两者的初始化参数略有区别,通过 SPI 进行通信的方法是一样的。SPI 类构造函数和方法如表 8.1 所示。

表 8.1　SPI 类构造函数和方法

类 方 法	说 明	示 例
machine.SPI(id,baudrate=500000,polarity=0,phase=0,bits=8,firstbit=MSB,sck=None,mosi=None,miso=None)	硬件 SPI 接口初始化。参数 id 为 SPI 接口编号,取值 0～3;baudrate 为波特率,最高为 40MHz;(polarity,phase)为工作方式选择,取值(0,0)/(0,1)/(1,0)/(1,1);firstbit 为传输字符顺序,取值为 SPI.MSB(高位优先)和 SPI.LSB(低位优先);sck 为时钟引脚;mosi 为主出从入引脚;miso 为主入从出引脚	spi=SPI(2,baudrate=40000000,polarity=1,phase=1,sck=Pin(11),mosi=Pin(2),miso=Pin(40))
machine.SoftSPI(baudrate=500000,polarity=0,phase=0,bits=8,firstbit=MSB,sck=None,mosi=None,miso=None)	软件 SPI 接口初始化	spi = SPI (baudrate = 40000000,polarity=1,phase=1,sck=Pin(11),mosi=Pin(2),miso=Pin(40))
SPI.init(baudrate=500000,polarity=0,phase=0,bits=8,firstbit=MSB,sck=None,mosi=None,miso=None)	SPI 接口初始化方法	spi.init(baudrate=40000000,polarity=1,phase=1,sck=Pin(11),mosi=Pin(2),miso=Pin(40))
SPI.deinit()	关闭 SPI 总线	spi.deinit()
SPI.read(nbytes,write=0)	读取指定的字节数 nbytes,同时连续写入指定的单字节 write。返回一个包含读取数据的 bytes 对象	spi.read(10,0x00)
SPI.readinto(buf,write=0)	读入数据到缓冲区 buf 中,数据量由 buf 大小确定,同时连续写入字节 write。返回 None	buf1=bytearray(2) spi.readinto(buf1,0x00)
SPI.write(buf)	将 buf 中的所有数据写入总线,返回 None	buf=bytearray([1,2,3,4,5,6,7,8]) spi.write(buf)
SPI.write_readinto(write_buf,read_buf)	写入 write_buf 并读取到 read_buf,写入并读取的长度为 buf 长度,要求两个缓冲区长度相同。返回 None	write_buf=bytearray([1,2,3,4,5,6,7,8]) read_buf=bytearray(8) spi.write_readinto (write_buf,read_buf)

8.2　ST7789 TFT-LCD 显示屏简介

8.2.1　TFT-LCD 屏幕显示原理

TFT-LCD 即薄膜晶体管液晶显示器(Thin Film Transistor-Liquid Crystal Display),它在液晶显示屏的每一个像素上都设置一个薄膜晶体管(TFT),可有效地克服非选通时的串扰,使显示液晶屏的静态特性与扫描线数无关,因此大幅提高了图像质量。TFT-LCD 也被叫作真彩液晶显示器。TFT-LCD 的特点包括亮度高、对比度高、层次感强、颜色鲜艳,它是目前最主流的 LCD 显示器,广泛应用于电视、手机、计算机、平板电脑等各种电子产品中。

这里开发板使用 240×240 像素 1.3 英寸 TFT-LCD,如图 8.2 所示。其每个像素颜色深度为 16 位,格式为 RGB565,即一个像素占用 2 字节(16 位),其中红色(R)为高 5 位,绿色(G)为中间 6 位,蓝色(B)为低 5 位。一幅 240×240 像素的画面,共需要 240×240×2＝115200 字节。

图 8.2　240×240 像素 1.3 英寸 TFT-LCD

此 1.3 英寸 TFT-LCD 为 65K 全彩,采用 SPI 接口,其驱动器为 ST7789,工作电压为 3.3V,7 个引脚定义如下:

- GND:电源地。
- VCC:电源正(3.3～5.0V)。
- SCL:SPI 时钟线。
- SDA:SPI 数据线(MOSI)。
- RES:重启接口。
- DC:数据/命令选择。
- BLK:背光控制,默认浮动,低电平关闭。

8.2.2　ST7789 驱动芯片的 MicroPython 驱动库

1.3 英寸 TFT-LCD 由 ST7789 芯片驱动,在这个芯片中没有默认的字库,因此所有英文和中文都需要采用取模方式进行处理,然后把显示的字节数组存入显示缓存中再进行显示。芯片官方提供了 MicroPython 环境下的驱动库文件 st7789py.py(可以在 GitHub(https://github.com/devbis/st7789_mpy)上下载)。此驱动库只提供了绘制像素、直线,显示缓存填充等基本方法,没有提供英文、中文、图像等显示方式,因此这里在此基础上进行了驱动库扩展,添加了英文显示、不同大小中文显示和 BMP 图片显示方法。在程序中使用此库前,需要用代码 import st7789py 导入该库。此库文件可以在本书配套资料中获得。ST7789 驱动库 st7789py 的方法如表 8.2 所示。

表 8.2　ST7789 驱动库 st7789py.py

类　方　法	说　明	示　例
st7789py.ST7789(spi,width,height,reset=None,dc=None,cs=None,backlight=None,rotation=0)	TFT-LCD 初始化。参数 spi 为 SPI 接口对象；width、height 为屏幕的宽度和高度，单位为像素；reset 为重启引脚；ds 为命令选择引脚；cs 为片选信号引脚；backlight 为背光控制引脚；rotation 为显示旋转参数，0 为水平，1 为顺时针旋转 90°，2 为旋转 180°，3 为旋转 270°	spi = SPI(2,baudrate = 40000000,polarity = 1,phase = 1,sck = Pin(11),mosi=Pin(2),miso=Pin(40)) mytft = st.ST7789(spi,240,240,reset = Pin(42,Pin.OUT),dc = Pin(41,Pin.OUT),rotation=0)
st7789py.mybmpshow(myfilename=None,start_x=0,start_y=0):	显示 BMP 图片的方法。参数 myfilename 为 BMP 文件名称，start_x 和 start_y 为图片显示的起始坐标。BMP 文件为 24 位位图格式	myfilename='rabbit.bmp' mytft.mybmpshow(myfilename,0,0)
st7789py.color565(red,green=0,blue=0)	RGB 颜色格式转换为 RGB565 格式	myRED=st7789py.color565(255,0,0)
st7789py.fill(color)	屏幕填充 color 颜色	mytft.fill(myRED)
st7789py.pixel(x,y,color)	绘制 color 颜色像素(x,y)	mytft.pixel(100,50,tft_YELLOW)
st7789py.line(x0,y0,x1,y1,color)	绘制 color 颜色线段(从(x0,y0)到(x1,y1))	mytft.line(0,20,50,40,tft_RED)
st7789py.rect(x,y,w,h,color)	绘制 color 颜色的矩形,左上角定点为(x,y),宽度为 w,高度为 h	mytft.rect(50,50,100,60,tft_GREEN)
st7789py.fill_rect(x,y,width,height,color)	绘制填充 color 颜色的矩形,左上角定点为(x,y),宽度为 width,高度为 height	mytft.fill_rect(150,150,50,60,tft_BLUE)
st7789py.text(font,size,text,x0,y0,color = WHITE,background = BLACK)	显示 16×32 的英文 ASCII 码字符。参数 font 为字符模型(包含取模数据)；size 为一个字符的字节大小；text 为显示的字符串；(x0,y0)为显示起始坐标；color 为字符颜色；background 为背景颜色	s1 = "hello world!!!" mytft.text(font,32,s1,0,50,tft_RED,tft_YELLOW)
st7789py._text_gb16(font,size,text,x0,y0,color=WHITE,background=BLACK)	显示 16×16 的中文	s2="当前天气阴" mytft._text_gb16(font_gb2312,32,s2,0,100,tft_RED,tft_BLACK)
st7789py.text_gb32(font,size,text,x0,y0,color = WHITE,background = BLACK)	显示 32×32 的中文	s3="大雨" mytft.text_gb32(font_gb2312,128,s3,0,0,tft_GREEN,tft_BLACK)

续表

类　方　法	说　　明	示　　例
st7789py.text_gb48(font,size,text, x0,y0,color=WHITE,background= BLACK)	显示 24×48 的中文	mytft.text_gb48(font_gb2312,144, '123:456',20,120,tft_BLUE,tft_ BLACK)
st7789py.text_gb24(font,size,text, x0,y0,color=WHITE,background= BLACK)	显示 24×24 的中文	mytft.text_gb24(font_gb2312,72,'暴 雨',30,170,tft_YELLOW,tft_ BLACK)
st7789py.rotation(rotation)	旋转屏幕显示。参数 0 为水平,1 为顺时针旋转 90°,2 为旋转 180°,3 为旋转 270°	mytft.rotation(1)

上述方法中,font 模型是一个具有格式要求的文件模板,具体内容及格式在 8.4.1 节进行说明。

🔑 8.3　TFT-LCD 显示彩色 BMP 图片

8.3.1　彩色 BMP 图片显示原理

在表 8.2 中,mybmpshow()方法支持直接显示 BMP 位图,不需要取模操作。注意,这里的 BMP 位图要求为 24 位位图格式。BMP 位图文件中由于没有采用压缩格式,在文件内部直接标识了图像的基本信息和每个像素的颜色信息,因此可以在程序中直接调用使用,通过读取 BMP 文件,分析对应的文件头部信息(54 字节)和每个像素信息(RGB 数据),从而可以进行图像的显示。

BMP 全称为 bitmap(位图),其文件的数据按照从文件头开始的先后顺序分为四部分。

(1) BMP 文件头(BMP file header,14 字节):提供文件的格式、大小等信息。

(2) 位图信息头(bitmap information header,40 字节):提供图像数据的尺寸、位平面数、压缩方式、颜色索引等信息。

(3) 调色板(color palette):可选,如使用索引来表示图像,调色板就是索引与其对应的颜色的映射表,在 24 位位图中没有这部分。

(4) 位图数据(bitmap data):就是图像数据,在 24 位位图中,每个像素为 3 字节(RGB 值)。

在 ST7789 的驱动库中,通过读取 BMP 文件,然后按 BMP 格式进行解析,获得每个像素的位置和颜色,然后把颜色转换为 RGB565 格式,最后把所有转换后的像素数组放入显示缓存中即可完成显示。

8.3.2　DIY 开发板 TFT-LCD 接口硬件原理图分析

DIY 开发板中预留了 TFT-LCD 显示屏的接口,如图 8.3 所示。这个接口为了适配 1.3 英寸和 1.8 英寸的 TFT-LCD,共有 8 个端口,1 端口为 GND,2 端口为 3.3V,3 端口为 GPIO11 对应 SCL,4 端口为 GPIO2 对应 SDA,5 端口为 GPIO42 对应 RES,6 端口为 GPIO41 对应 DC,7 端口为 GPIO21 对应 BLK,8 端口为 GPIO4(备用)。用户在使用时,按

SPI 通信进行配置即可。

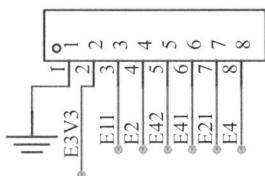

图 8.3　DIY 开发板 TFT-LCD 接口硬件原理图

8.3.3　DIY 开发板 TFT-LCD 显示彩色图片和绘制图形

【案例 8.1】　在 1.3 英寸 TFT-LCD 中显示 BMP 图片和绘制图形。

本案例首先需要生成一个 240×240 像素的 24 位位图 BMP 文件,可以采用 Windows 系统中的"画图"软件进行处理,如图 8.4 所示,修改图片的大小,然后另存为 24 位位图 BMP 文件。

图 8.4　24 位位图 BMP 文件生成

生成位图文件后,把此文件利用 Thonny 工具下载到 ESP32-S3 芯片中,同时把 ST7789 驱动库文件 st7789py.py 也下载到 ESP32-S3 芯片中。然后编写如下程序下载到 ESP32-S3 芯片中。

```python
from machine import Pin, SPI
import st7789py as st
import time
import machine
#TFT_CS ,TFT 片选信号
TFT_CS = Pin(21, Pin.OUT)
TFT_CS.value(1)
#SPI 初始化
spi = SPI(2, baudrate=40000000, polarity=1, phase=1, sck=Pin(11), mosi=Pin
(2), miso=Pin(40))
#TFT 初始化
mytft = st.ST7789(spi, 240, 240, reset=machine.Pin(42, machine.Pin.OUT), dc=
machine.Pin(41, machine.Pin.OUT), rotation=0)
#自定义颜色
tft_WHITE = st.color565(255, 255, 255)   #BRG
tft_BLACK = st.color565(0, 0, 0)
tft_RED = st.color565(255, 0, 0)
tft_GREEN = st.color565(0, 255, 0)
tft_BLUE = st.color565(0, 0, 255)
tft_YELLOW = st.color565(255, 255, 0)
#显示 BMP 图片,不用取模,直接显示
myfilename = '222.bmp'
start_x = 0
start_y = 0
mytft.mybmpshow(myfilename, start_x, start_y)
time.sleep(3)
#填充背景
mytft.fill(tft_BLACK)
#绘制像素
for i in range(10):
    mytft.pixel(100,100+i,tft_YELLOW)
    mytft.pixel(101,100+i,tft_YELLOW)
#绘制直线
for i in range(50):
    mytft.line(0,i,50,i,tft_RED)
#绘制矩形
mytft.rect(50,50,100,60,tft_GREEN)
#绘制填充矩形
mytft.fill_rect(150,150,50,60,tft_BLUE)
#绘制圆形
import math
r=50
for i in range(360):
    x=int(r*math.cos(i))
    y=int(r*math.sin(i))
    mytft.pixel(x+100, y+100, tft_WHITE)
print("程序结束=====")
```

在 DIY 开发板中运行此程序,共产生两幅画面,第一幅是 BMP 图片,延时 3 秒更换绘制图形画面,绘制像素、直线、矩形、填充矩形和圆形,运行结果如图 8.5 所示。

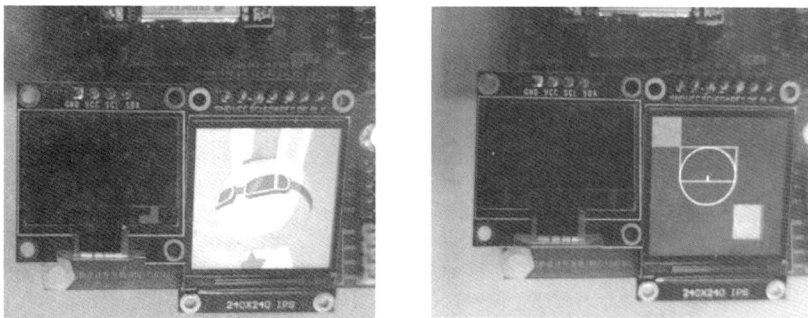

图 8.5　DIY 开发板 TFT-LCD 显示 BMP 图片和绘制图形

此程序为模板框架，读者可以基于此程序实现动画的显示。

8.4　TFT-LCD 显示英文与汉字

8.4.1　英文与汉字的取模

字符的取模原理可以参考 7.4.1 节。在 ST7789 驱动库中，字符显示编码为字节横向、高位在前，按此修改取模参数即可。由于在 ST7789 驱动库中提供了 16×16、32×32、24×24 和 24×48 像素字符，本节提供 PCtoLCD2002 软件进行取模，其取模步骤参考图 8.6。

图 8.6　PCtoLCD2002 软件字符取模

在 ST7789 驱动库中，由于文字需要 font 模型，因此需要把取模后的编码放入模板 PY 文件中。这个模板分为 16×32 像素的 ASCII 编码模板（font_ascii.py）和 16×16、32×32、24×24 和 24×48 像素的汉字模板（font_gb2312.py），如图 8.7 和图 8.8 所示。

上述两个模板可以在本书配套资料中获得，其中 16×32 像素的 ASCII 编码模板可以直接使用，里面包含了英文字符、符号和数码等，通过调用 st7789py.text() 方法即可实现显示。汉字模板里面只包含了少量汉字，读者可以根据自己需求添加汉字取模编码。修改完上述两个文件后，需要通过 Thonny 软件将它们下载到 DIY 开发板中。使用前通过在代码中编写 import font_ascii as font 和 import font_gb2312 as font_gb2312 进行导入，后续就

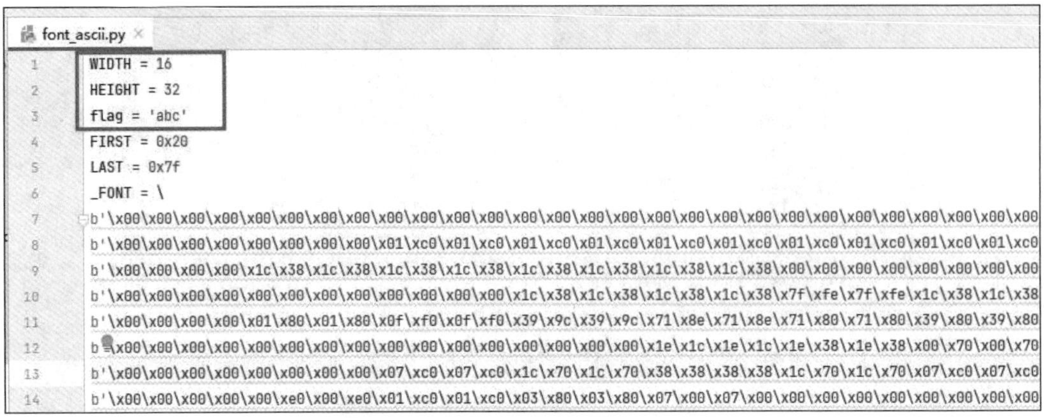

图 8.7　16×32 像素的 ASCII 编码模板

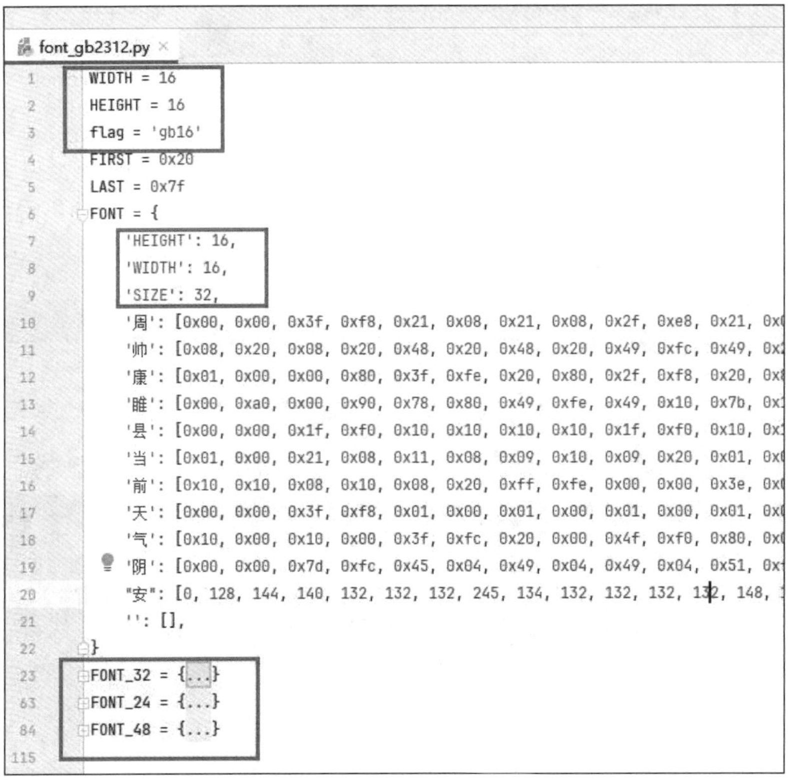

图 8.8　16×16、32×32、24×24 和 24×48 像素的汉字模板

可以使用这个模型了。

8.4.2　GB2312 字符批量取模

上述汉字的取模方式一般只能进行少量字符的取模，如果需要批量取模，例如把 GB2312 中常用的 3755 个汉字和兼容的 ASCII 码（95 个）都导出，可以使用"高通字库"编码软件 FontLab 进行批量导出，其导出基本步骤如图 8.9 所示。

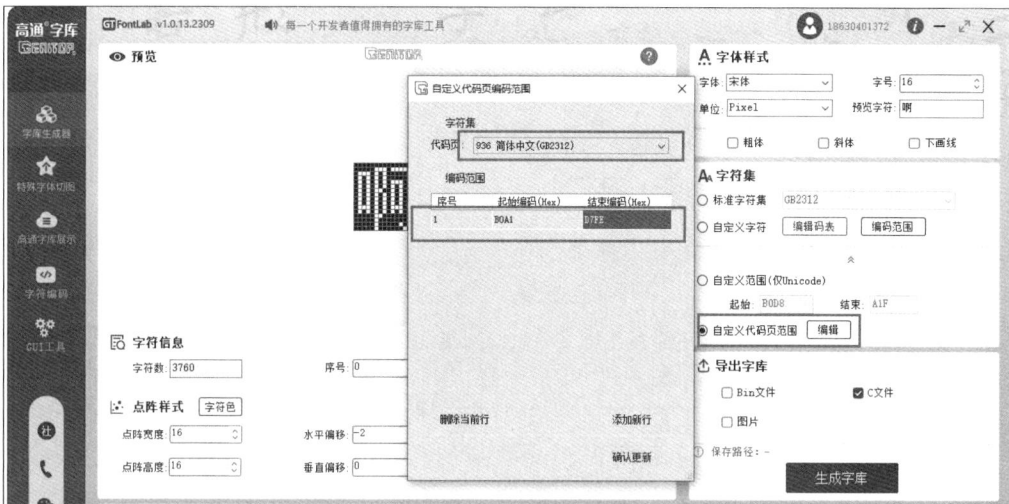

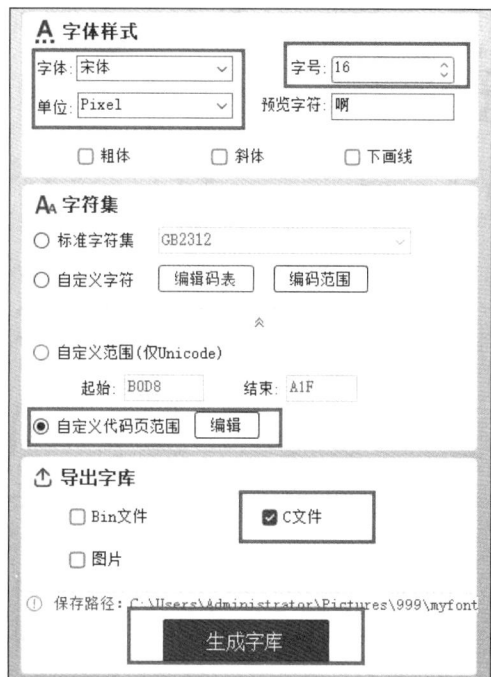

图 8.9　FontLab 批量导出取模编码

　　GB2312 中常用 3755 个汉字和兼容的 ASCII 码(95 个)要分两次导出,其中常用汉字的编码范围为 0XB0A1～0XD7FE,ASCII 编码为 0X20～0X7F。导出文件为 C 格式源文件。上述取模文件导出后,还需要导入到 font 模板文件中,可以采用如下两个程序进行处理。

　　GB2312 编码导出程序如下:

```
#encoding=utf-8
import json            #导入 json 库用于把列表保存成 JSON 格式
characters = []         #创建一个列表用于保存汉字字符
```

```
    for i in range(0XB0, 0XD8):          #常用汉字 0XB0~0XD8
        s = bytes([i])
        for x in range(0XA1, 0XFF):      #常用汉字 0XA1~0XFF
            s += bytes([x])
            try:
                c = s.decode("gb2312")
            except:
                print("err")
                break
            characters.append(c)
            print(c, end="\t")           #打印结果
            s = bytes([i])
    filename = "common_chinese_characters_GB2312.json"
    with open(filename, "w", encoding="utf-8") as f:
        json.dump(characters, f, ensure_ascii=False)
    print(len(characters))               #打印结果数量

    #取英文 ASCII 码
    characters = []                      #创建一个列表用于保存汉字字符
    for i in range(0X20, 0X7F):          #兼容 ASCII 码,0x20~0x7f
        s = i
        c=chr(s)
        characters.append(c)
        print(c, end="\t")               #打印结果
        s = bytes([i])
    filename = "common_chinese_characters_ascii.json"
    with open(filename, "w", encoding="utf-8") as f:
        json.dump(characters, f, ensure_ascii=False)
    print(len(characters))               #打印结果数量
```

生成汉字对应取模字符字典模型文件程序如下：

```
    #encoding=utf-8
    import json
    myfilename2="myfontcode_st7789.py"                   #输出字符对应字典
    filename0 = "common_chinese_characters_ascii.json"   #GB2312 字符集合
    filename1="myfont01_st7789_ASCII.c"                  #取模字符集
    #==读取 GB2312 字符集合
    with open(filename0, "r", encoding="utf-8") as f:
        mydata=eval(f.read())
    print("GB2312 字符: ",mydata)
    #==读取取模字符集
    with open(filename1,"r",encoding="utf-8") as f2:
        mydata2=eval(f2.read())
    print("GB2312 字符取模: ",mydata2)
    #==生成 GB2312 对应取模字符字典==
    mydata3={}
    for i in range(len(mydata)):
        x=mydata[i]
        y=mydata2[i * 32:(i+1) * 32] #16×16 位的字符,占用 32 字节
```

```
        mydata3[x]=y
print("生成的字典: ",mydata3)


#=========================
filename0 = "common_chinese_characters_GB2312.json"  #GB2312 字符集合
filename1="myfont01_st7789_GBK2312.c"                 #取模字符集
#==读取 GB2312 字符集合
with open(filename0, "r", encoding="utf-8") as f:
    mydata=eval(f.read())
print("GB2312 字符: ",mydata)
#==读取取模字符集
with open(filename1,"r",encoding="utf-8") as f2:
    mydata2=eval(f2.read())
print("GB2312 字符取模: ",mydata2)
#==生成 GB2312 对应取模字符字典==
for i in range(len(mydata)):
    x=mydata[i]
    y=mydata2[i * 32:(i+1) * 32] #16×16 位的字符,占用 32 字节
    mydata3[x]=y
print("生成的字典: ",mydata3)
#====输出结果文件
with open(myfilename2,"w",encoding="utf-8") as f3:
    json.dump(mydata3, f3, ensure_ascii=False)
print("GB2312 字符数量:",len(mydata))
print("取模字符数量: ",len(mydata2)/8)
```

　　上述代码执行完后,生成输出文件 myfontcode_st7789.py,此文件为字典格式,但是还不能应用在 ST7789 驱动库中,因此需要修改文件头,添加模型数据,如图 8.10 所示,注意FONT 为字典格式,需要{}进行标识。

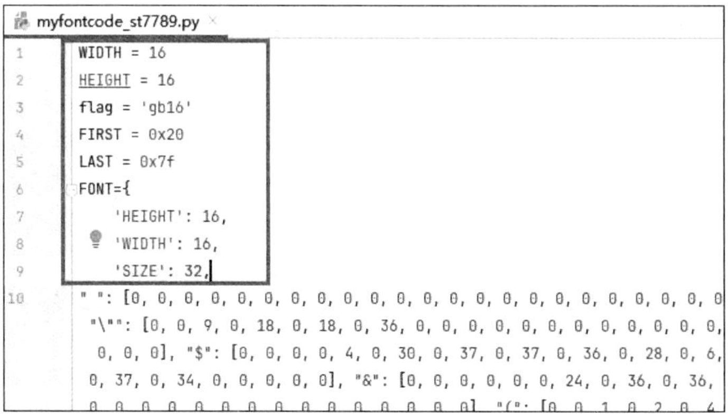

图 8.10　GB2312 字符批量取模文件

　　此文件生成后,需要通过 Thonny 下载到 DIY 开发板中,由于此文件较大,需要较长的下载时间。使用 ST7789 驱动库前需要编写代码 import myfontcode_st7789 进行导入。此库文件在本书配套资料中提供,读者可以直接下载使用。

8.4.3 DIY 开发板 TFT-LCD 显示英文与汉字

【案例 8.2】 在 1.3 英寸 TFT-LCD 中显示不同像素大小的英文与汉字。

在 DIY 开发板下载完各个字符模型文件后，编写如下代码进行英文与汉字的显示。

```python
from machine import Pin, SPI
import st7789py as st
import time
import machine
import font_ascii as font
import font_gb2312 as font_gb2312
#TFT_CS ,TFT 片选信号
TFT_CS = Pin(21, Pin.OUT)
TFT_CS.value(1)
#SPI 初始化
spi = SPI(2, baudrate=40000000, polarity=1, phase=1, sck=Pin(11), mosi=Pin
(2), miso=Pin(40))
#TFT 初始化
mytft = st.ST7789(spi, 240, 240, reset=machine.Pin(42, machine.Pin.OUT), dc=
machine.Pin(41, machine.Pin.OUT), rotation=0)
#自定义颜色
tft_WHITE = st.color565(255, 255, 255)    #RGB
tft_BLACK = st.color565(0, 0, 0)
tft_RED = st.color565(255, 0, 0)
tft_GREEN = st.color565(0, 255, 0)
tft_BLUE = st.color565(0, 0, 255)
tft_YELLOW = st.color565(255, 255, 0)


#显示英文
s1="hello world!!!"
mytft.text(font, 32, s1, 0, 50, tft_RED, tft_YELLOW)
#显示 16×16 位汉字
s2="当前天气阴"
mytft._text_gb16(font_gb2312, 32, s2, 0, 100, tft_RED, tft_BLACK)
time.sleep(3)
mytft.fill(tft_BLACK)#黑色清屏

mytft.rotation(1) #0 为水平,1 为顺时针旋转 90°,2 为顺时针旋转 180°,3 为顺时针旋
转 270°
#显示 32×32 位汉字
s3="大雨"
mytft.text_gb32(font_gb2312, 128, s3, 0, 0, tft_GREEN, tft_BLACK)
#显示 24×48 位汉字
mytft.text_gb48(font_gb2312, 144, '123:456', 20, 120, tft_BLUE, tft_BLACK)
#显示 24×24 位汉字
mytft.text_gb24(font_gb2312, 72, '暴雨', 30, 170, tft_YELLOW, tft_BLACK)
#显示 GB2312 常用汉字,16×16 位
import myfontcode_st7789
s4="华北科技学院"
mytft._text_gb16(myfontcode_st7789, 32, s4, 100, 100, tft_RED, tft_BLACK)
```

　　注意上述代码的最后三行是取批量汉字模型数据,时间相对较长,然后才能显示。如果想提高执行速度,可以考虑删除 myfontcode_st7789.py 文件中的部分汉字编码。

　　上述程序运行后共产生两幅画面(如图 8.11 所示),第一幅画面为 16×32 位的英文和 16×16 位的中文显示,间隔 3 秒后显示第二幅画面,显示第二幅画面前,先填充画面为黑色,然后顺时针旋转画面 90°,在批量显示 32×32 位、24×48 位、24×24 位和 16×16 位汉字。

图 8.11　DIY 开发板 ST7789 TFT-LCD 显示英文与汉字

　　提示:在两幅画面间如果没有利用 mytft.fill(tft_BLACK)进行清屏,会产生画面叠加效果,第二幅画面覆盖在第一幅上,利用此原理可以实现动画的效果。

实验八　基于 SPI 接口的 TFT-LCD 显示实验

一、实验目的

(1) 掌握 ESP32 中 SPI 接口的初始化、数据的发送和接收。

(2) 掌握 ST7789 驱动库常用方法的使用。

(3) 掌握 TFT-LCD 上动态显示汉字的方法。

(4) 掌握 TFT-LCD 显示图片的方法。

二、实验内容

(1) 基于案例 8.2 代码进行修改,利用 TFT-LCD 显示 LED 呼吸灯频率和占空比数值。利用串口或五向按键控制呼吸灯的频率变化。

(2) TFT-LCD 显示多种颜色和像素大小的文字内容,显示内容包括英文、中文等。

(3) 在 DIY 开发板上完成上述功能。

第 9 章

Wi-Fi无线网络通信

嵌入式系统与外部设备进行通信,除了串口、I2C 和 SPI 这些有线方式外,还可以采用无线通信方式,其中 Wi-Fi 无线通信方式是 ESP32 芯片提供的内置功能,性能稳定,使用方便。本章主要讲解 Wi-Fi 通信的原理、Wi-Fi 接口初始化、Wi-Fi 网络参数配置方法、Wi-Fi 网络数据的发送与接收方法的使用,同时讲解基于 Wi-Fi 网络的网络校时和 TCP 数据通信案例,并在 DIY 开发板上实现 Wi-Fi 案例的调试与运行。

学习目标:

(1) 掌握 ESP32 中 Wi-Fi 接口基本特性。

(2) 掌握 ESP32 中 Wi-Fi 模块的初始化和 Wi-Fi 数据发送和接收方法的使用。

(3) 掌握网络校时和 TCP 数据通信的实现方式。

9.1　Wi-Fi 无线通信介绍

9.1.1　Wi-Fi 与 WLAN

Wi-Fi 是一种基于 IEEE 802.11 系列协议标准实现的无线通信技术，该通信协议于 1996 年由澳大利亚的研究机构 CSIRO 提出，Wi-Fi 凭借其独特的技术优势，被公认为是目前最为主流的无线局域网（Wireless Local Area Network，WLAN）技术标准。随着 Wi-Fi 无线通信技术的不断优化和发展，当前主要有 4 种通信协议标准，即 802.11g、802.11b、802.11n 和 802.11a，根据不同的协议标准主要有两个工作频段，分别为 2.4GHz 和 5.0GHz。

WLAN 的定义有广义和狭义两种：广义上讲 WLAN 是以各种无线电波（如激光、红外线等）的无线信道来代替有线局域网中的部分或全部传输介质所构成的网络；WLAN 的狭义定义是基于 IEEE 802.11 系列标准，利用高频无线射频（如 2.4GHz 或 5GHz 频段的无线电磁波）作为传输介质的无线局域网。日常生活中的 WLAN，就是指 WLAN 的狭义定义。在 WLAN 的演进和发展过程中，其实现技术标准有很多，如蓝牙、Wi-Fi、HyperLAN2 等。而 Wi-Fi 技术由于其实现相对简单、通信可靠、灵活性高和实现成本相对较低等特点，成了 WLAN 的主流技术标准，Wi-Fi 技术也逐渐成了 WLAN 技术标准的代名词。

简单来说就是，WLAN 是一个网络系统，而 Wi-Fi 是这个网络系统中的一种技术。所以，WLAN 和 Wi-Fi 之间是包含关系，WLAN 包含了 Wi-Fi。

9.1.2　ESP32 的 Wi-Fi 通信模块

ESP32 最大的特点就是芯片内置 Wi-Fi 模块，其核心模组提供了板载天线和外接天线接口两种方式，适用于各种环境，如图 9.1 所示。

图 9.1　ESP32 核心模组

用户使用时除连接天线（外接天线模式）外，不需要连接其他线路，使用方便。只需要调用驱动程序进行各项 Wi-Fi 功能设置即可。ESP32 支持以下 Wi-Fi 功能：

- 支持 4 个虚拟接口，即 STA、AP、Sniffer 和 reserved。
- 支持仅 station 模式、仅 AP 模式、station/AP 共存模式。
- 支持使用 IEEE 802.11b、IEEE 802.11g、IEEE 802.11n 和 API 配置协议模式。
- 支持 WPA/WPA2/WPA3/WPA2-企业版/WPA3-企业版/WAPI/WPS 和 DPP。
- 支持 AMSDU、AMPDU、HT40、QoS 以及其他主要功能。
- 支持 Modem-sleep。

- 支持乐鑫专属协议,可实现 1km 数据通信量。
- 空中数据传输 TCP 吞吐量最高可达 20Mb/s,UDP 吞吐量可达 30Mb/s。
- 支持 Sniffer。
- 支持快速扫描和全信道扫描。
- 支持多个天线。
- 支持获取信道状态信息。

9.1.3 MicroPython 中的 Wi-Fi 通信相关类

在 MicroPython 中,与网络连接的相关功能都封装在 network 库中,在此库中针对不同的硬件提供了不同网络接口驱动和路由配置,例如针对 ESP32 芯片提供的 Wi-Fi 无线网络,network 提供了 WLAN 子方法构建无线网络;针对 STM32F4 芯片提供的以太网有线网络,network 提供了 LAN 子方法构建有线网络。network 库提供的构造函数和方法如表 9.1 所示。

表 9.1　network 库提供的构造函数和方法

类 方 法	说 明	示 例
network.WLAN(interface_id)	创建 WLAN 网络接口对象。支持的接口是 network.STA_IF(客户端,连接到上游 Wi-Fi 接入点)和 network.AP_IF(接入点,允许其他 Wi-Fi 客户端连接)	wifi=network.WLAN (network.STA_IF)
WLAN.active([is_active])	如果有布尔类型参数,为 True,则激活(up)网络接口;为 False,则停用(down)网络接口。如果没有提供参数,则查询当前状态	wifi.active(True)
WLAN.connect(ssid=None, password=None,bssid=None)	使用指定的密码 password 连接到指定的无线网络 ssid。如果给出了 bssid,则连接将被限制为具有该 MAC 地址的接入点(在这种情况下,还必须指定 ssid)	wifi.connect('wifinetwork', 12345678')
WLAN.disconnect()	断开当前连接的无线网络	wifi.disconnect()
WLAN.scan()	扫描可用的无线网络。扫描只能在 STA 接口上进行。返回包含 Wi-Fi 接入点信息的元组列表:(ssid,bssid,channel,RSSI,authmode,hidden)。bssid 是接入点的硬件地址,以二进制形式,作为字节对象返回。加密方式 authmode 有 5 个值:0 为 open;1 为 WEP;2 为 WPA-PSK;3 为 WPA2-PSK;4 为 WPA/WPA2-PSK。隐藏状态 hidden:0 为可见;1 为隐藏	networklist=wlan.scan()
WLAN.status()	返回连接状态	wifi.status()
WLAN.isconnected()	在 STA 模式下,如果连接到 Wi-Fi 接入点并具有有效的 IP 地址,则返回 True。在 AP 模式下,当客户端连接时,返回 True	wifi.isconnected()

续表

类　方　法	说　　明	示　　例
WLAN.ifconfig([(ip, subnet,gateway,dns)])	获取或设置 IP 网络接口参数：IP 地址、子网掩码、网关和 DNS 服务器。当不带参数调用时，此方法返回一个包含上述信息的 4 元组	wifi.ifconfig()
WLAN.config(param＝value,...)	获取或设置一般网络接口参数。以下是通常支持的参数。<table><tr><td>param 参数</td><td>描述</td></tr><tr><td>mac</td><td>MAC 地址(字节)</td></tr><tr><td>essid</td><td>Wi-Fi 接入点名称(字符串)</td></tr><tr><td>channel</td><td>Wi-Fi 通道(整数)</td></tr><tr><td>hidden</td><td>ESSID 是否隐藏(布尔值)</td></tr><tr><td>authmode</td><td>支持认证模式(枚举)</td></tr><tr><td>password</td><td>访问密码(字符串)</td></tr><tr><td>dhcp_hostname</td><td>要使用的 DHCP 主机名</td></tr><tr><td>reconnects</td><td>尝试重新连接的次数(整数,0＝无,−1＝无限制)</td></tr></table>	wifi.config(essid＝'My AP', channel＝11) print(wifi.config('essid')) print(wifi.config('channel'))

9.2　ESP32 的 Wi-Fi 使用方法

9.2.1　热点模式(AccessPoint—AP 模式)使用方法

在一个无线网络环境中，无线热点(AP)是作为一个主设备，工作于主模式(Master mode)。通过管理控制可控制的 STA(Slave mode)，从而组成无线网络，也有相应的安全控制策略。由 AP 形成的网络，由 AP 的 MAC 地址唯一识别。热点完成创建后，会由热点创建一个被别的设备可识别的名称，称为 SSID。

【案例 9.1】　设置 ESP32 的 Wi-Fi 为 AP 工作模式，建立一个 ESP32 网络。

```
import network
ap = network.WLAN(network.AP_IF)          #创建一个热点
ap.active(True)                            #激活热点
#为热点配置 ESSID(即热点名称)、密码和加密方式
ap.config(essid='ESP32',password="12345678",authmode=network.AUTH_WPA_WPA2_
PSK)
ap.config(max_clients=10)                  #设置热点允许连接数量
print("wifi ap 启动完成")
```

9.2.2 接入模式(Station—STA 模式)使用方法

Wi-Fi 工作在无线终端模式(STA),可通过连接热点(无线路由器)连接到网络,基本上现实中使用的无线设备都可以工作在此模式,例如,计算机、手机。这种模式也称为从模式。

【案例 9.2】 设置 ESP32 的 Wi-Fi 为 STA 工作模式,连接一个无线网络。

```python
import network
import binascii
#Wi-Fi 网络 STA 工作模式函数
def wifi_main_STA():
    global wifi
    wifi = network.WLAN(network.STA_IF)          #Wi-Fi 模式
    wifi.active(True)                            #激活网络
    #扫描所有 Wi-Fi 网络
    networklist = wifi.scan()
    print('扫描周围信号源: ', networklist)
    for s in networklist:
        print("网络名称:{},MAC 地址:{}".format(s[0].decode("utf-8"), binascii.
        hexlify(s[1])))
    #连接 Wi-Fi 网络
    if not wifi.isconnected():
        print('wifi  connecting...')
        #设置路由器 Wi-Fi 账号与密码
        ssid = "mywifi001"                       #要连接的 Wi-Fi 名
        password = "12345678"                    #Wi-Fi 密码
        wifi.connect(ssid, password)             #连接 Wi-Fi 网络
        while not wifi.isconnected():
            pass
    print('wifi connection succeeded')
    print('network config:', wifi.ifconfig())
    #连接成功之后,打印出 IP、子网掩码(netmask)、网关(gw)、DNS 地址
    print("\nWi-Fi 连接成功! 基本信息(IP、子网掩码(netmask)、网关(gw)、DNS 地址): ",
wifi.ifconfig())


wifi_main_STA()                                  #执行 Wi-Fi 网络建立函数
```

上述程序连接到一个名称为"mywifi001",密码为"12345678"的 Wi-Fi 网络,用户在运行上述程序时需要根据自己实际网络情况修改网络名称和密码。以上程序执行结果如图 9.2 所示。提示,执行此程序时,如果长时间没有反馈,建议按 ESP32-S3 开发板的 RST 键重启开发板,然后执行此程序。

```
>>> %Run -c $EDITOR_CONTENT
扫描周围信号源: [(b'pxc003', b'Lwf\xfd\x1c\x8d', 11, -40, 4, False), (b'', b'Nwf\xad\x1c\x8d', 11, -45, 4, False), (b'CU_kueg', b',\xcc\xe6(\xe7 ', 1,
-48, 4, False), (b'DIRECT-5F-Mi All-in-One Inkjet', b'\x84i\x93\xb9\xa2b', 6, -56, 3, False), (b'pxc003', b'Pd+#\x13M', 11, -70, 4, False), (b'CMCC-P
Wxk', b'\x80>H\xde\xac0', 1, -76, 4, False)]
网络名称:pxc003,MAC地址:b'4c7766fd1c8d'
网络名称:,MAC地址:b'4e7766ad1c8d'
网络名称:CU_kueg,MAC地址:b'2ccce628e720'
网络名称:DIRECT-5F-Mi All-in-One Inkjet,MAC地址:b'846993b9a262'
网络名称:pxc003,MAC地址:b'50642b23134d'
网络名称:CMCC-PWxk,MAC地址:b'803e48deac30'
wifi  connecting......
Wifi connection succeeded
network config: ('192.168.31.104', '255.255.255.0', '192.168.31.1', '192.168.31.1')

Wi-Fi连接成功!基本信息(IP、子网掩码(netmask)、网关(gw)、DNS 地址): ('192.168.31.104', '255.255.255.0', '192.168.31.1', '192.168.31.1')
```

图 9.2 设置 ESP32 的 Wi-Fi 为 STA 工作模式

9.2.3　Wokwi 仿真 Wi-Fi 网络通信（STA 模式）

Wokwi 仿真平台提供了虚拟的 Wi-Fi 网络功能，用户可以通过访问网站"ESP32 的 Wi-Fi 使用"指南帮助文件进行详细了解，如图 9.3 所示。Wokwi 仿真平台提供了两种仿真 Wi-Fi 网络，分别为公共网关和私有网关。公共网关为免费使用，用户只要设置 ESP32 的 Wi-Fi 功能为 STA 模式，连接一个仿真网络名称为 Wokwi-GUEST 且没有密码的 Wi-Fi 网络即可使用。此公共网关提供互联网的访问功能。私有网关需要下载一个客户端，只有注册的收费用户可以使用，私有网关相对公共网关更稳定，速度更快，支持一些特殊功能。Wi-Fi 网络仿真只需要使用公共网关，就可以完成 9.3 节的 Wi-Fi 网络校时案例、11.6 节的 MQTT 数据发布与订部案例，但是无法实现 9.4 节的 Wi-Fi 网络 TCP 数据通信案例。

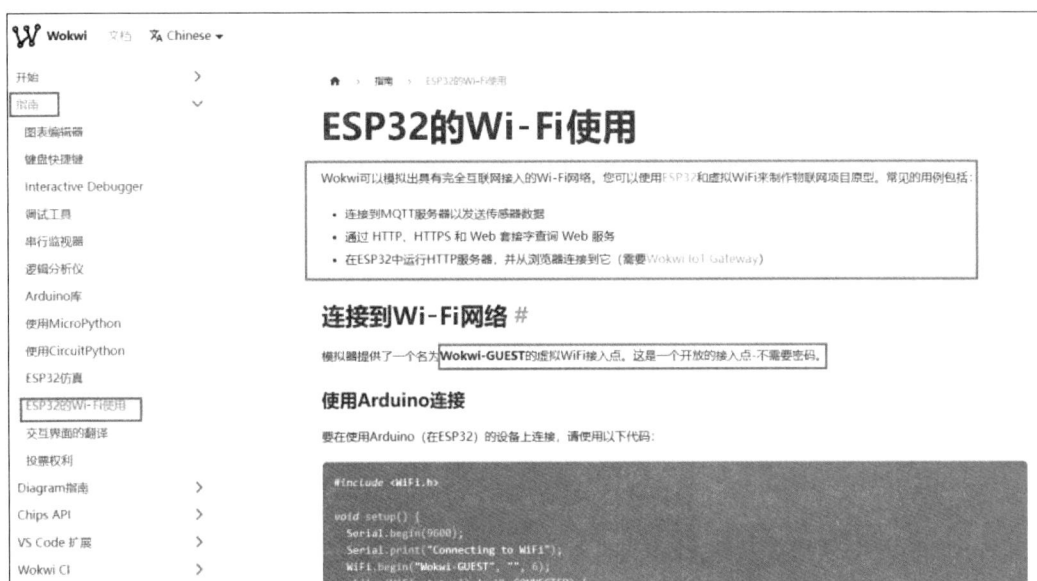

图 9.3　"ESP32 的 Wi-Fi 使用"指南

用户在使用 Wokwi 仿真平台连接仿真 Wi-Fi 网络时，只需要利用案例 9.2 的代码，修改其中的 Wi-Fi 网络名称和密码即可，如以下代码所示。网络名称修改为 Wokwi-GUEST，不需要密码，清空密码即可。

```
#设置路由器 Wi-Fi 账号与密码
ssid = "Wokwi-GUEST"       #要连接的 Wi-Fi 名
password = ""              #Wi-Fi 密码
```

上述代码在 Wokwi 仿真平台运行，在 REPL 窗口中的反馈结果如图 9.4 所示。从结果中可以看到，公共网关建立了一个虚拟 Wi-Fi 网络，ESP32 的 IP 地址为"10.0.0.2"，ESP32 通过访问公共网关（"10.0.0.1"）从而实现访问互联网的功能。

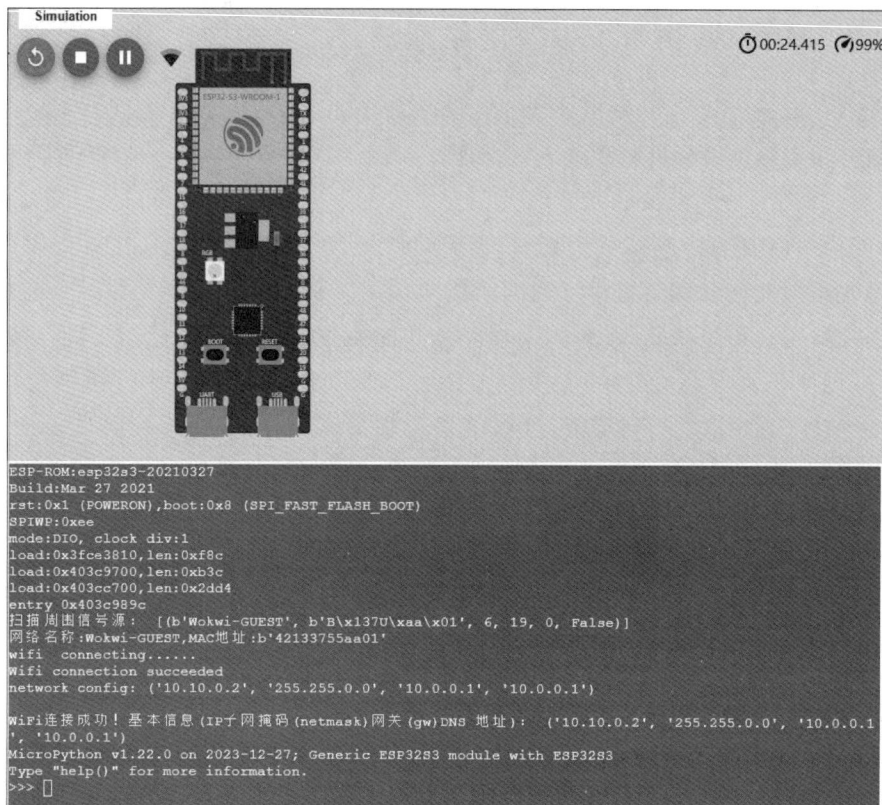

图 9.4 Wokwi 仿真 Wi-Fi 网络通信(STA 模式)

9.3 Wi-Fi 网络校时案例

9.3.1 网络校时协议介绍

网络时间协议(Network Time Protocol,NTP)是用来使计算机时间同步化的一种协议,它可以使计算机对其服务器或时钟源(如石英钟、GPS 等)做同步化。它可以提供高精准度的时间校正服务。NTP 是由美国 Delaware 大学 David L .Mills 教授设计的,是最早用于网络中时钟同步的标准之一。NTP 把主机的时钟同步到协调世界时(UTC),其精度在 LAN 内可达 1 毫秒,在 WAN 内可达几十毫秒。

MicroPython 提供了 ntptime 库,其提供了 NTP 服务的方法,能够通过简单的指令完成 NTP 校时服务。ntptime 类方法如表 9.2 所示。

表 9.2 ntptime 类方法

类 方 法	说 明	示 例
ntptime.settime()	进行 NTP 校时的方法,修改 RTC 时间,默认时间为 UTC0 时区时间	ntptime.settime()

类 方 法	说　明	示　例
ntptime.host	NTP 服务器网站变量,数据类型为字符串,默认为 pool.ntp.org	ntptime..host＝"pool.ntp.org"
ntptime.NTP_DELTA	时区偏移变量,单位为秒,默认为 UTC0 时区偏移量。UTC8 为 3155644800	ntptime.NTP_DELTA＝3155644800

9.3.2 DIY 开发板通过 Wi-Fi 进行网络校时案例

【案例 9.3】　利用 ntptime 库进行 DIY 开发板的网络校时,并显示校时后的时间。

```
import time, ntptime, network
from machine import RTC
#Wi-Fi 连接函数
def wifi_main():
    global wifi
    wifi = network.WLAN(network.STA_IF)          #Wi-Fi 模式
    if not wifi.isconnected():
        print('wifi connecting...')
        wifi.active(True)
        wifi.connect('mywifi001', '12345678')    #连接 Wi-Fi 网络
        while not wifi.isconnected():
            pass
    print('wifi connection succeeded')
    print('network config:', wifi.ifconfig())


wifi_main()                                      #连接 Wi-Fi 网络
while True:                                      #时间校准
    try:
        print('ntptime start')

        ntptime.settime()   #设置 RTC 日期时间,从远程服务器获得时间(UTC0 时间)
        print('ntptime ok')
        break;
    except:
        print('time no')
        time.sleep(1)
rtc = RTC()
print('RTC time=', rtc.datetime())  #rtc.datetime()  #获得 UTC0 当前日期时间
mytime = time.localtime()   #获得本地 UTC8 时间
print('time.localtime=% d-% d-% d% d:% d:% d' % (mytime[0], mytime[1], mytime
[2], mytime[3] + 8, mytime[4], mytime[5]))
```

上述程序的运行结果如图 9.5 所示,从输出结果可以看出,利用 RTC 输出的时间为 UTC8 时间,利用 time 库的 time.localtime()也为 UTC8 时间。

```
>>> %Run -c $EDITOR_CONTENT
 wifi  connecting......
 Wifi connection succeeded
 network config: ('192.168.31.104', '255.255.255.0', '192.168.31.1', '192.168.31.1')
 ntptime start
 ntptime ok
 RTC time= (2024, 3, 2, 5, 0, 22, 17, 457)
 time.localtime=2024-3-2 8:22:17
```

图 9.5   利用 ntptime 库进行开发板的网络校时

9.3.3   Wokwi 仿真 Wi-Fi 网络校时案例

案例 9.3 的代码可以直接在 Wokwi 仿真平台运行,只需要根据 9.2.3 节的介绍,修改 Wi-Fi 网络名称为"Wokwi-GUEST",并清空密码即可。读者可以自行修改并在 Wokwi 仿真平台运行代码。

9.4   Wi-Fi 网络 TCP 数据通信案例

9.4.1   TCP 通信介绍

1. 什么是 TCP 通信

传输控制协议(Transmission Control Protocol,TCP)是一种面向连接的、可靠的、基于字节流的传输层通信协议。TCP 一般采用客户端/服务器(C/S)模式,其中服务器端通过"IP 地址+port 端口号"建立一个服务器,等待客户端发起连接;由客户端主动发起 TCP 连接(连接服务器的"IP 地址+port 端口号");建立连接后,客户端和服务器端就可以进行双向数据通信了。

2. MicroPython 中 TCP 通信使用 socket 类

在 MicroPython 中主要通过 socket 类(套接字类)进行 TCP 通信,此类的使用比较复杂,除支持 TCP 外,还支持 UDP 等通信协议,是 MicroPython 网络通信中最基础的通信类。其具体的说明可以参考官方帮助文件(https://docs.micropython.org/),表 9.3 展示了 socket 类构造函数和方法,使用前需要执行 import socket 导入库文件。

表 9.3   socket 类构造函数和方法

类 方 法	说 明	示 例
socket.socket(af=AF_INET,type=SOCK_STREAM,proto=IPPROTO_TCP)	socket 对象构造函数。参数含义如下。 af:地址。 socket.AF_INET:=2:IPv4。 socket.AF_INET6:=10:IPv6。 type:socket 类型。 socket.SOCK_STREAM:=1:TCP 流。 socket.SOCK_DGRAM:=2:UDP 数据报。 socket.SOCK_RAW:=3:原始套接字。 socket.SO_REUSEADDR:=4:socket 可重用	mysock=socket.socket(socket.AF_INET, socket.SOCK_STREAM)

续表

类　方　法	说　　明	示　　例
socket.getaddrinfo(host, port)	将主机域名(host)和端口(port)转换为用于创建套接字的 5 元组序列：(family,type,proto,canonname,sockaddr)	mysock. getaddrinfo (' www. micropython.org',80)
socket.bind(address)	以列表或元组的方式绑定 IP 地址和 port 端口号。套接字必须尚未绑定。参数 address 为一个包含地址和端口号的列表或元组	addr=("127.0.0.1",10000) mysock.bind(addr)
socket.listen([backlog])	监听 socket，使服务器能够接收连接。参数 backlog 为接收套接字的最大个数，至少为 0，如果没有指定，则默认一个合理值	mysock.listen(1)
socket.accept()	接收连接请求。socket 需要指定地址并监听连接。返回值是 (conn,address)，其中 conn 是用来接收和发送数据的套接字，address 是绑定到另一端的套接字	client _ sock, client _ addr = mysock.accept()
socket.recv(bufsize)	从套接字接收数据。返回值是表示接收数据的字节对象。一次接收的最大数据量由 bufsize 指定	data=client_sock.recv(1024)
socket.write(buf)	将字节缓冲区 buf 写入套接字，并且返回值将小于 buf 的长度。返回值为写入的字节数	client _ sock. write (b" Hello, client!")

表 9.3 只提供了常用于 TCP 通信中的方法，如果需要其他方法，可以查阅官方参考文件进行使用。

3. TCP 通信调试使用的 PC 软件和手机 App 软件

在进行 TCP 通信程序调试时，需要使用一定的调试工具来构建 TCP 服务器或者 TCP 客户端。利用调试工具与 ESP32 设备进行通信，从而完成 TCP 程序的调试工作。

在 PC 端常使用的调试工具为"网络调试助手"，在手机端使用"网络调试精灵"，如图 9.6 所示，可以将其设置为 TCP 服务器或者 TCP 客户端进行数据的接收和发送。

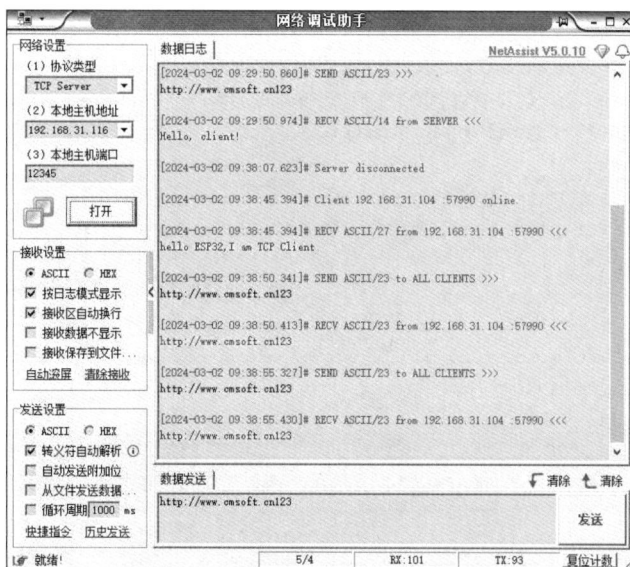

图 9.6　PC 端和手机端 TCP 调试工具

图 9.6 　（续）

9.4.2　DIY 开发板通过 Wi-Fi 进行 TCP 数据通信（TCP 客户端模式）案例

【案例 9.4】　利用 DIY 开发板 ESP32，采用 STA 方式连接 Wi-Fi 网络，建立 TCP 客户端与 PC 端或手机端 TCP 服务器进行连接，然后进行数据通信。

根据表 9.3 可以编写如下代码：

```python
import network,socket
#Wi-Fi 网络连接函数
def wifi_main():
    global wifi
    wifi = network.WLAN(network.STA_IF)         #Wi-Fi 模式
    if not wifi.isconnected():
        print('wifi connecting...')
        wifi.active(True)
        wifi.connect('mywifi001','12345678')     #连接 Wi-Fi 网络
        while not wifi.isconnected():
            pass
    print('wifi connection succeeded')
    print('network config:', wifi.ifconfig())

wifi_main()                                      #连接 Wi-Fi 网络
ip = wifi.ifconfig()[0]                           #获取本地 IP
s = socket.socket(socket.AF_INET, socket.SOCK_STREAM)     #创建 TCP
print('network config:', ip)

s.connect(('192.168.31.116', 12345))             #连接指定 TCP 服务器
s.write("hello ESP32,I am TCP Client")           #连接成功,向服务器发送消息
while True:
    data = s.recv(1024)                          #每次接收 1024 字节
    if len(data) == 4 and data==b'exit':         #如果收到 exit 消息,关闭连接
```

```
        print("close socket")
        s.close()
        break
    print(data)                    #输出接收到的数据
    ret = s.write(data)            #发送接收到的数据
```

上述代码在 ESP32 中执行,需要连接到 Wi-Fi 网络中,如果读者身边没有 Wi-Fi 网络,可以利用手机中 Wi-Fi 网络开启"个人热点"功能建立一个网络,此时手机就是一个 AP,ESP32 就是一个 STA,ESP32 加入手机的"个人热点"网络中,然后进行通信调试。

本程序的调试还需要一个 TCP 服务器,可以采用 9.4.1 节中介绍的 PC 端"网络调试助手"或手机端"网络调试精灵"软件,在其上建立 TCP 服务器等待 ESP32 进行 TCP 连接建立。注意启动顺序,要先建立 TCP 服务器,然后启用 ESP32 中的 TCP 客户端程序。同时要注意,ESP32 和网络调试工具端要在同一个 Wi-Fi 网络中,此时才能进行通信。

运行结果如图 9.7 所示。TCP 服务器端发送的数据,在 TCP 客户端显示,并返回给服务器端。当服务器端发送 exit 字符串时,客户端断开 TCP 连接,结束程序。

```
>>> %Run -c $EDITOR_CONTENT
 wifi connection succeeded
 network config: ('192.168.31.104', '255.255.255.0', '192.168.31.1', '192.168.31.1')
 network config: 192.168.31.104
 b'123'
 close socket
```

图 9.7　TCP 客户端运行结果

9.4.3　DIY 开发板通过 Wi-Fi 进行 TCP 数据通信(TCP 服务器模式)案例

【案例 9.5】　利用 DIY 开发板 ESP32,采用 STA 方式连接 Wi-Fi 网络,建立 TCP 服务器与 PC 端或手机端 TCP 客户端进行连接,然后进行数据通信。

根据表 9.3 可以编写如下代码:

```
import network,socket
#Wi-Fi 网络连接函数
def wifi_main_STA():
    global wifi
    wifi = network.WLAN(network.STA_IF)          #Wi-Fi 模式
    s1=wifi.scan()
    print("网络扫描:{}".format(s1))
    if not wifi.isconnected():
        print('wifi connecting...')
        wifi.active(True)
        wifi.connect('wifitest', '12345678')     #连接 Wi-Fi 网络
        while not wifi.isconnected():
            pass
    print('wifi connection succeeded')
    print('network config:', wifi.ifconfig())
```

```
wifi_main_STA()                                    #连接 Wi-Fi 网络
server_ip = wifi.ifconfig()[0]                     #获取本地 IP
sock = socket.socket(socket.AF_INET, socket.SOCK_STREAM)        #创建 TCP
print('network config:', server_ip)
server_port=54321
sock.bind((server_ip, server_port))                #绑定 IP 地址和端口号
sock.listen(1)                                     #监听连接
print("等待客户端连接…")
#接受客户端连接
client_sock, client_addr = sock.accept()
print("客户端已连接:", client_addr)
#接收客户端发送的数据
while True:
    data = client_sock.recv(1024)
    print("客户端发送的数据:", data.decode())
    #发送响应给客户端
    client_sock.write(b"Hello, client!")
    if len(data) == 4 and data == b'exit':  #如果收到空消息,关闭连接
        print("close socket")
        client_sock.write(b"close socket!")
        break
client_sock.close()#关闭客户端连接
sock.close()#关闭套接字连接
```

上述代码运行结果如图 9.8 所示。TCP 客户端发送的数据,在 ESP32 上显示,当客户端输入 exit 后,服务器端关闭连接,结束程序。

```
>>> %Run -c $EDITOR_CONTENT
网络扫描:[(b'pxc003', b'Lwf\xfd\x1c\x8d', 11, -39, 4, False), (b'', b'Nwf\xad\x1c\x8d'
CT-5F-Mi All-in-One Inkjet', b'\x84i\x93\xb9\xa2b', 6, -53, 3, False), (b'pxc003', b
lse)]
wifi connection succeeded
network config: ('192.168.31.104', '255.255.255.0', '192.168.31.1', '192.168.31.1')
network config: 192.168.31.104
等待客户端连接...
客户端已连接: ('192.168.31.116', 45385)
客户端发送的数据: abc123
客户端发送的数据: exit
close socket
```

图 9.8 TCP 服务器运行结果

案例 9.4 和案例 9.5 都是 ESP32 采用 STA 模式,连接到已有的 Wi-Fi 网络,然后进行通信。如果没有 Wi-Fi 网络可以连接,也可以让 ESP32 工作在 AP 模式,建立一个 Wi-Fi 网络,TCP 调试工具端加入 ESP32 的 Wi-Fi 网络中,然后就可以进行通信。ESP32 工作在 AP 的函数 wifi_main_AP()如下所示,替换案例中的 wifi_main_STA()函数即可。

```
def wifi_main_AP():
    global wifi
    wifi = network.WLAN(network.AP_IF)        #创建一个热点
    wifi.active(True)                         #激活热点
```

```
    wifi.config(essid='ESP32', password="12345678", authmode=network.AUTH_
WPA_WPA2_PSK)                              #为热点配置 ESSID(即热点名称)
    wifi.config(max_clients=10)            #设置热点允许连接数量
    print("wifi ap 启动完成")
    print('wifi AP Start')
    print('network config:', wifi.ifconfig())
```

实验九　Wi-Fi 通信实验

一、实验目的

（1）掌握 ESP32 中 Wi-Fi 网络的初始化、数据的发送和接收。
（2）掌握 network 库常用方法的使用。
（3）掌握 TCP 数据通信的实现方法。
（4）掌握 TCP 通信数据解析方法。

二、实验内容

（1）基于案例 9.4 代码进行修改，在 ESP32 上利用 Wi-Fi 网络 TCP 客户端模式与 PC 端 TCP 服务器通信，TCP 服务器通过发送数据，控制开发板 LED 的点亮和熄灭。同时在 REPL 窗口输出接收的数据。
（2）在 PC 端利用"网络调试助手"模拟 TCP 服务器。
（3）在 DIY 开发板上完成上述功能。

三、实验提示

在网络数据传输中，需要传输命令或数据时，一般有两种方式。
（1）命令明文方式：就是利用传输的字符串代表不同命令，例如 LED ON、LED OFF、EXIT 等，这种方式简单，易于理解，但是需要编写大量命令，同时传输大量数据值比较困难，解析有一定难度。
（2）字节传输协议：由于在网络通信中，所有信息都是以字节方式进行传输的，因此为提高效率，可以直接以字节组（一帧数据）的形式代表不同的命令含义和数据，同时需要帧头、帧尾等标识。例如：
固定长度帧：10H-XX-YY-CRC-16H
10H 为帧头；XX 为 1 字节数据；YY 为 1 字节数据；CRC 为校验字节；16H 为帧尾。
不定长度帧：68H-XX-XX-68H-YY1-YY2-…YYn-CRC-16H
68H 为帧头；XX 为数据部分长度字节数据；两个 XX 是为了校验使用；YY1-…YYn 为数据部分；CRC 为校验字节；16H 为帧尾。

第 10 章

蓝牙通信

嵌入式系统与外部设备无线通信时,除了使用 Wi-Fi 通信方式外,还可以采用蓝牙通信方式,其也是 ESP32 芯片提供的内置功能,性能稳定,使用方便。本章主要讲解蓝牙通信的基本原理、蓝牙接口初始化、蓝牙网络参数配置方法、蓝牙网络数据的发送与接收方法的使用,以及蓝牙助手 App 控制 DIY 开发板 LED 开关案例,并在 DIY 开发板上实现案例的调试与运行。

学习目标:

(1) 掌握 ESP32 中蓝牙接口的基本特性。

(2) 掌握 ESP32 中蓝牙模块的初始化和蓝牙数据发送和接收方法的使用。

(3) 掌握手机端 App 与 DIY 开发板蓝牙通信的实现方式。

10.1　蓝牙通信介绍

10.1.1　什么是蓝牙通信

1. 蓝牙通信介绍

蓝牙(bluetooth)是一种支持设备短距离通信(一般 10m 内)的无线电技术,能在包括移动电话、PDA、无线耳机、笔记本电脑、相关外设等众多设备之间进行无线信息交换。利用蓝牙技术,能够有效地简化移动通信终端设备之间的通信,也能够成功地简化设备与因特网之间的通信,从而使数据传输变得更加迅速高效,为无线通信拓宽道路。

简单说,蓝牙就是一种使用无线电通信的技术去完成设备与设备间的通信与数据交换。生活中使用的那些蓝牙耳机、蓝牙打印机、蓝牙手环、蓝牙鼠标等设备,都是基于蓝牙通信技术对外提供某种(或多种)特定功能的设备。所以,蓝牙本身并不提供服务(应用功能),它只是一种数据(信息)的传输方式(或者说是通道),而设备所提供的功能,则是由设备里的各种不同程序提供的,这种程序功能称为服务。

2. 蓝牙服务的组成

使用蓝牙对外提供服务的设备,需要有对应的服务功能,如蓝牙耳机,它需要提供音频播放的功能,这种具体的功能,就是蓝牙服务。这个服务分为服务、特征、属性三部分。

服务(service) 可以理解为一个房间,当这个房间为空时,它什么也不是,不能提供任何服务功能,所以,房间里面至少需要有一个或多个家具,不同的家具有不同的功能,这就是特征。不同的服务应该有不同的编号(UUID),用以区分不同的服务。

特征(characteristic)是依附于某个服务的,就像卧室里的床,卧室并不能让人睡觉休息,真正让睡觉休息的是床。在卧室里,除了放床,通常还可以放梳妆台、衣柜等相关家具,每样家具可以提供与之相关的不同功能。同样,需要给每样家具分配一个编号,这就是特征的 UUID。我们知道,每种家具会有一个或多个不同的子功能,这个子功能就是特征所包含的属性。例如,床单可以更换,床的高低可以调整。

属性(property)是最基本的功能单元。通常的属性有如下几个:

read:读属性,具有这个属性的特征是可读的,也就是说这个属性允许手机来读取一些信息。手机可以发送指令来读取某个具有读属性 UUID 的信息。

notify:通知属性,具有这个属性的特征是可以发送通知的,也就是说具有这个属性的特征可以主动发送信息给手机。

Write:写属性,具有这个属性的特征是可以接收写入数据的。通常手机发送数据给蓝牙模块就是通过这个属性完成的。这个属性在写入完成后,会发送写入完成结果的反馈给手机,然后手机可以再写入下一包数据或处理后续业务,这个属性在写入一包数据后,需要等待应用层返回写入结果,速度比较慢。

writewithout response:写属性,从字面意思上看,只是写,不需要返回写的结果,这个属性的特点是不需要应用层返回,完全依靠协议层完成,速度快,但是写入速度超过协议处理速度的时候会丢包。

3. 什么是 UUID

前面讲解蓝牙服务的时候，多次提到了 UUID，UUID（Universally Unique Identifier）用于标识蓝牙服务以及通信特征访问属性，不同的蓝牙服务和属性使用不同的访问方法，就像人们语言交流一样，语言相同才能正常交流（找到正确的 UUID，才能使用正确的功能）。

简单理解，UUID 就是编号，对应不同服务的一个唯一的编号，用于区分不同的服务及服务特征的个体。服务和特征都有各自的 UUID。它很像网络应用中的端口号，例如 80 是 HTTP 协议的端口，它提供的是 HTTP 服务。为了明确标准的蓝牙服务，蓝牙技术联盟 SIG 定义 UUID 共用了一个基本的 UUID：0x0000xxxx-0000-1000-8000-00805F9B34FB。总共 128 位，为了进一步简化基本 UUID，每一个蓝牙技术联盟定义的属性有一个唯一的 16 位 UUID，以代替上面的基本 UUID 的"x"部分。使用 16 位的 UUID 便于记忆和操作，如 SIG 定义了 Device Information 的 16 位 UUID 为 0x180A。也就是说，不管是什么样的蓝牙设备，只要你提供设备信息（Device Information）的服务功能，就必须使用"0x180A"的 UUID 号。这样，当应用程序需要读取这个蓝牙设备的设备信息时，只需要找到对应 UUID 号为 0x180A 的服务，就可以获取到。

蓝牙不同服务各自定义了"特征字段"用于实现数据访问，允许定义 read、write、notify 不同的特征属性，实现对应通道的读写操作，而"特征字段"也采用了 UUID 来唯一标识，如 SIG 在 Device Information 服务下定义了 Manufacture Name String 实现 read 属性，其 16 位 UUID 为 0x2A29。

可见，蓝牙服务 UUID 以及服务特征字段，在蓝牙服务交互过程中起着非常重要的作用，而 SIG 标准中允许用户自定义服务，采用 128 位完成蓝牙服务，以及 128 位特征字段定义。

综上，蓝牙设备是使用蓝牙通信技术来实现特定的功能。蓝牙设备里需要有蓝牙服务，其包括服务、特征、属性。服务与特征都有一个唯一对应的 UUID，每个特征有 read、write、notify 等属性。

真正使用蓝牙服务的时候，实际是针对不同属性的特征进行操作。使用过程是：通过蓝牙通信完成与设备的连接，查找到对应的服务，定位到该服务下的某个特征，并根据特征的属性完成具体操作。蓝牙技术联盟已定义了较多的标准服务 UUID，例如串口服务应该使用 00001101-0000-1000-8000-00805F9B34FB 为标准的 UUID。同时，也允许厂商定义自己的 UUID，以满足已定义服务外的功能实现。

10.1.2　ESP32 的蓝牙通信模块

ESP32 采用内置蓝牙模块模式，用户不需要外接硬件连线和天线，只需要直接调用驱动程序编写应用即可使用。ESP32 蓝牙支持经典蓝牙（Classic Bluetooth，Classic BT）和蓝牙低功耗（Bluetooth Low Energy，BLE）模式，支持的蓝牙版本为 4.2。经典蓝牙主要用来进行声音和大量数据的传输，例如蓝牙耳机、蓝牙音箱等传播声音；某些工控场景，使用 Android 或 Linux 主控，外挂蓝牙遥控设备的，可以使用经典蓝牙里的 SPP 协议，当作一个无线串口使用，传输速度比 BLE 快多了。BLE 主要用在耗电低、数据量小的场景中，例如遥控类(鼠标、键盘)、传感设备(心跳带、血压计、温度传感器、共享单车锁、智能锁、防丢器、室内定位)。它是目前手机和智能硬件通信的性价比最高的手段,直线距离约 50 米,一节 5 号电池能用一年,传输模组成本便宜,远比 Wi-Fi、4G 等大数据量的通信协议更实用。虽然蓝牙距离近,但胜在直连手机,价格超便宜。以室内定位为例,商场每家门店挂个蓝牙 beacon,就可以对手机做到精度 10 米级的室内定位,蓝牙 5.1 更可以实现厘米级室内定位。

10.1.3　MicroPython 中的蓝牙通信相关类

MicroPython 内置了蓝牙库 bluetooth,在使用此库时需要编写代码 import bluetooth 导入库文件。bluetooth 类构造函数与方法如表 10.1 所示。

表 10.1　bluetooth 类构造函数与方法

类　方　法	说　　明	示　　例
bluetooth.BLE()	建立 BLE 连接对象。返回单列 BLE 对象	myble=bluetooth.BLE()
BLE.active([para])	更改 BLE 工作状态,参数 para 为 True 或 False	myble.active(True)
BLE.config(param=value)	获取或设置 BLE 接口的配置值。常用参数 gap_name 用于获取或设置服务 0x1800 使用的 GAP 设备名称,对应特征 0x2a00。这个参数可以随时设置并多次更改	myble.config(gap_name="ESP32BLE")
BLE.irq(handler)	为来自 BLE 堆栈的事件注册回调函数。这个回调函数采用两个参数即 event 和 data,event 是事件代码,data 是传输的数据	def ble_irq(event,data): pass myble.irq(ble_irq)
bluetooth.UUID(value)	创建具有指定值的 UUID 实例。UUID 可以是 16 位整数或 128 位的 UUID 字符串	service_uuid='6E400001-B5A3-F393-E0A9-E50E24DCCA9E' bluetooth.UUID(service_uuid)
BLE.gatts_register_services (services_definition)	使用指定的服务配置服务器,替换任何现有服务。参数 services_definition 包含要注册的服务 UUID 和读写属性 UUID	service_uuid='6E400001-B5A3-F393-E0A9-E50E24DCCA9E' reader_uuid='6E400002-B5A3-F393-E0A9-E50E24DCCA9E' sender_uuid='6E400003-B5A3-F393-E0A9-E50E24DCCA9E' services=((bluetooth.UUID(service_uuid),((bluetooth.UUID(sender_uuid),bluetooth.FLAG_NOTIFY),(bluetooth.UUID(reader_uuid),bluetooth.FLAG_WRITE)))) ((tx,rx))=myble.gatts_register_services(services)

类　方　法	说　　明	示　　例
BLE.gap_advertise(interval_us,adv_data = None,resp_data = None,connectable = True)	以指定的时间间隔(以微秒为单位)开始广播。该间隔将四舍五入到最接近的 625 微妙。要停止广播,请将 interval_us 设置为 None。adv_data 和 resp_data 可以是任何 buffer 类型(例如 bytes、bytearray、str)。adv_data 包含在所有广播中,并发送 resp_data 以应答有效的扫描	name＝bytes("ESP32BLE",'UTF-8') adv_data ＝ bytearray('\x02\x01\x02')＋bytearray((len(name)＋1,0x09))＋name myble.gap_advertise(100,adv_data)
BLE.gatts_notify(conn_handle,value_handle[,data])	通知连接的中央设备此值已更改,并且应发出此外围设备的当前值的读取值。此功能对应蓝牙发送数据	myble.gatts_notify(__conn_handle,tx,data) ♯发送蓝牙数据
BLE.gatts_read(value_handle)	读取本地的句柄	buffer＝myble.gatts_read(rx)

表 10.1 提供了常用的蓝牙方法,如果需要了解全部功能,可以参考官方帮助文件。

10.2　蓝牙初始化与数据传输

10.2.1　MicroPython 蓝牙通信初始化

蓝牙设备初始化主要包括以下步骤:

(1) BLE 蓝牙对象的生成。

(2) 蓝牙对象激活。

(3) 蓝牙对象参数配置。

(4) 蓝牙中断服务函数配置。

(5) 蓝牙服务配置。

(6) 蓝牙广播开启。

以上步骤相对复杂,可以采用面向对象的方法,把以上方法封装在一个类中,编写为一个模板,代码如下所示:

```
class ESP32_BLE():
    def __init__(self, name):
        self.name = name                      #蓝牙设备名称
        self.ble = bluetooth.BLE()            #生成蓝牙对象
        self.ble.active(True)                 #激活蓝牙对象
        self.ble.config(gap_name=name)        #配置蓝牙对象名称
        self.ble.irq(self.ble_irq)            #配置蓝牙中断服务函数
        self.register()                       #蓝牙服务注册
        self.advertiser()                     #蓝牙广播
```

```
        self.__conn_handle = None
    #蓝牙中断服务函数
    def ble_irq(self, event, data):
        global BLE_MSG
        if event == 1:                  #_IRQ_CENTRAL_CONNECT,手机连接了此设备
            self.__conn_handle, addr_type, addr, = data
        elif event == 2:                #_IRQ_CENTRAL_DISCONNECT,手机断开此设备
            self.advertiser()
        elif event == 3:                #_IRQ_GATTS_WRITE,手机发送了数据
            buffer = self.ble.gatts_read(self.rx)       #读取接收到的数据
            BLE_MSG = buffer.decode('UTF-8').strip()    #数据解码
    #注册蓝牙通信
    def register(self):
        service_uuid = '6E400001-B5A3-F393-E0A9-E50E24DCCA9E'
        reader_uuid = '6E400002-B5A3-F393-E0A9-E50E24DCCA9E'
        sender_uuid = '6E400003-B5A3-F393-E0A9-E50E24DCCA9E'
        services = (
            ( bluetooth.UUID(service_uuid),
                (   (bluetooth.UUID(sender_uuid), bluetooth.FLAG_NOTIFY),
                    (bluetooth.UUID(reader_uuid), bluetooth.FLAG_WRITE))
            ),)
        ((self.tx, self.rx,),) = self.ble.gatts_register_services(services)
    #发送蓝牙广播数据
    def advertiser(self):
        name = bytes(self.name, 'UTF-8')
        adv_data = bytearray('\x02\x01\x02') + bytearray((len(name) + 1, 0x09))
+ name
        self.ble.gap_advertise(100, adv_data)           #发送广播数据
        print(adv_data,end="\r\n")
    #蓝牙数据发送
    def send(self, data):
        try:
            self.ble.gatts_notify(self.__conn_handle,self.tx, data)  #发送蓝牙数据
            print("conn:",self.__conn_handle)           #蓝牙连接句柄,为 1
        except Exception as e:
            print("ee:",e)
```

10.2.2　MicroPython 蓝牙通信数据传输

蓝牙数据传输主要包括数据的接收和发送。蓝牙数据的接收一般放在蓝牙的中断服务函数中,在上述代码函数中 def ble_irq(self,event,data)中 event 为 3 表示接收到了数据,然后利用 buffer=self.ble.gatts_read(self.rx)读取数据到缓存中。蓝牙数据的发送采用修改通知的方式,调用方法 ble.gatts_notify()实现,在上述代码中 send(self,data)函数调用 ble.gatts_notify()方法发送了 data 数据。

🔑 10.3　手机控制 DIY 开发板 LED 开关案例

10.3.1　手机蓝牙助手 App 介绍

在进行蓝牙通信调试时需要两个设备，ESP32 建立了一个蓝牙设备，还需要一个蓝牙设备与之相连进行通信。在本节案例中，可以使用手机 App"BLE 蓝牙助手"进行通信调试，如图 10.1 所示。

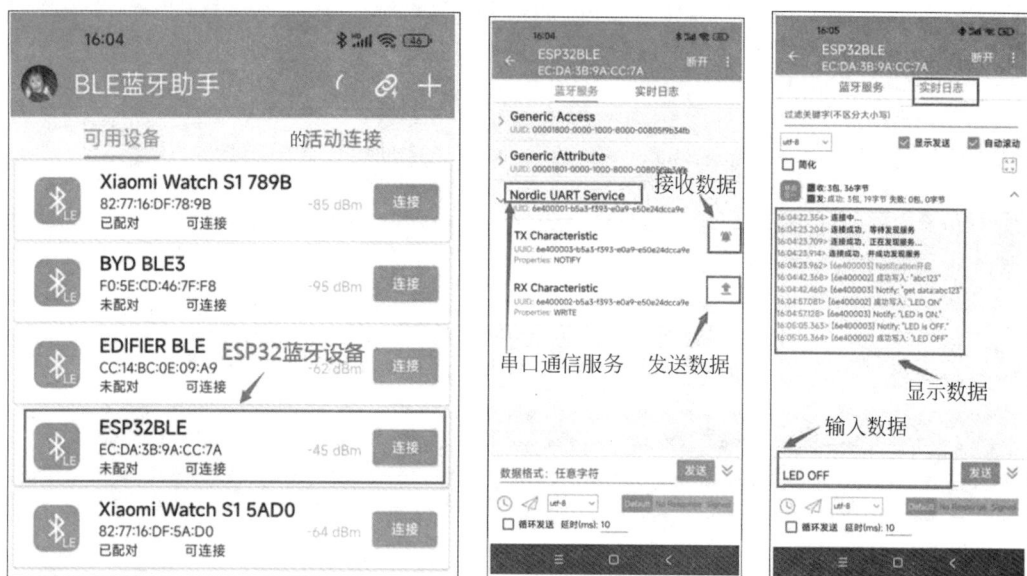

图 10.1　App"BLE 蓝牙助手"

打开"BLE 蓝牙助手"后，在"可用设备"界面中可以显示当前手机扫描的蓝牙设备，此时如果 ESP32 执行了案例 10.1 的程序，则可以发现 ESP32BLE 设备。单击设备对应的"连接"按钮，则可以与蓝牙设备建立连接，进入"蓝牙服务"界面。其中 Nordic UART Service 是 ESP32 提供的蓝牙串口通信服务，可以选择 TX Characteristic 和 RX Characteristic 接收和发送数据。接下来单击"实时日志"进入数据实时显示界面，在此界面下方可以输入数据进行传输，上方可以显示接收和发送的数据，如图 10.1 所示。

10.3.2　蓝牙助手 App 控制 DIY 开发板 LED 开关案例

【案例 10.1】　利用 DIY 开发板 ESP32 生成蓝牙设备 ESP32BLE，在手机端利用"BLE 蓝牙助手"进行通信：手机端发送 LED ON 控制点亮 DIY 开发板的 LED4；发送 LED OFF 控制熄灭 DIY 开发板 LED4；发送其他数据，ESP32 在接收后输出。

根据表 10.1 可以编写如下代码：

```
#使用的 App 为"BLE 蓝牙助手"，要手动打开 App 进行数据的发送和接收
from machine import Pin
```

```
from time import sleep_ms
import bluetooth

BLE_MSG = ""                                    #接收数据变量
class ESP32_BLE():
    def __init__(self, name):
        self.name = name                        #蓝牙设备名称
        self.ble = bluetooth.BLE()              #建立蓝牙对象
        self.ble.active(True)                   #激活蓝牙对象
        self.ble.config(gap_name=name)          #配置蓝牙对象名称
        self.ble.irq(self.ble_irq)              #配置蓝牙中断服务函数
        self.register()                         #蓝牙服务注册
        self.advertiser()                       #蓝牙广播
        self.__conn_handle = None
    #蓝牙中断服务函数
    def ble_irq(self, event, data):
        global BLE_MSG
        if event == 1:                 #_IRQ_CENTRAL_CONNECT,手机连接了此设备
            self.__conn_handle, addr_type, addr, = data
        elif event == 2:               #_IRQ_CENTRAL_DISCONNECT,手机断开此设备
            self.advertiser()
        elif event == 3:               #_IRQ_GATTS_WRITE,手机发送了数据
            buffer = self.ble.gatts_read(self.rx)     #读取接收到的数据
            BLE_MSG = buffer.decode('UTF-8').strip()  #数据解码
    #注册蓝牙通信
    def register(self):
        service_uuid = '6E400001-B5A3-F393-E0A9-E50E24DCCA9E'
        reader_uuid = '6E400002-B5A3-F393-E0A9-E50E24DCCA9E'
        sender_uuid = '6E400003-B5A3-F393-E0A9-E50E24DCCA9E'
        services = (
            ( bluetooth.UUID(service_uuid),
                (   (bluetooth.UUID(sender_uuid), bluetooth.FLAG_NOTIFY),
                    (bluetooth.UUID(reader_uuid), bluetooth.FLAG_WRITE))
            ),)
        ((self.tx, self.rx,),) = self.ble.gatts_register_services(services)
    #蓝牙数据发送
    def send(self, data):
        try:
            self.ble.gatts_notify(self.__conn_handle,self.tx, data)
                                                    #发送蓝牙数据
            print("conn:",self.__conn_handle)       #蓝牙连接句柄,为 1
        except Exception as e:
            print("ee:",e)
    #发送蓝牙广播数据
    def advertiser(self):
        name = bytes(self.name, 'UTF-8')
        adv_data = bytearray('\x02\x01\x02') + bytearray((len(name) + 1, 0x09))
+ name
        self.ble.gap_advertise(100, adv_data)       #发送广播数据
        print(adv_data,end="\r\n")
```

```
if __name__ == "__main__":
    ble = ESP32_BLE("ESP32BLE")
    led4 = Pin(41, Pin.OUT)
    led4.value(0)                                    #LED4 默认熄灭
    while True:
        if BLE_MSG == 'LED ON':
            print(BLE_MSG)
            led4.value(1)                            #点亮 LED4
            BLE_MSG = ""
            print('LED is ON.')
            ble.send('LED is ON.')                   #发送数据
        elif BLE_MSG == 'LED OFF':
            print(BLE_MSG)
            led4.value(0)                            #熄灭 LED4
            BLE_MSG = ""
            print('LED is OFF.')
            ble.send('LED is OFF.')                  #发送数据
        elif BLE_MSG !="":
            print('get data:{}'.format(BLE_MSG))
            ble.send('get data:{}'.format(BLE_MSG))  #发送接收的数据
            BLE_MSG = ""
        sleep_ms(100)
```

上述代码执行后，手机端 App 的使用如图 10.1 所示，通过发送不同的指令，观察 DIY 开发板上 LED4 的变化和手机端 App 接收的数据。

实验十　蓝牙通信实验

一、实验目的

（1）掌握 ESP32 中蓝牙接口的初始化、数据的发送和接收。

（2）掌握 bluetooth 库常用方法的使用。

（3）掌握手机"BLE 蓝牙助手"App 的使用方法。

（4）掌握蓝牙通信数据解析方法。

二、实验内容

（1）基于案例 10.1 代码进行修改，在 ESP32 上利用蓝牙模块与手机端蓝牙调试软件通信，通过手机端蓝牙调试软件控制 LED 的闪烁频率。同时在 REPL 窗口输出蓝牙接收的数据。

（2）在手机端利用"BLE 蓝牙助手"App 连接 ESP32 的蓝牙设计。

（3）在 DIY 开发板上完成上述功能。

三、实验提示

在蓝牙通信中，数据传输可以采用实验九中的通信方式，推荐使用数据帧的形式。

第 11 章

创新项目设计

CHAPTER 11

基于前面章节的学习,读者已经掌握了在 ESP32 芯片上利用 MicroPython 驱动相关硬件工作的方法,本章主要讲解基于 DIY 开发板提供的外部器件(无源蜂鸣器、光敏电阻、红外信号接收器、滚珠开关、温湿度传感器)实现具有一定实际功能的案例。案例中所使用的编程方法还是基于前述章节内容,只是针对特定硬件新增了一些驱动库。读者可以基于本章的案例,开发出更具有综合性功能的项目,并设计出具有创新特色的项目。

学习目标:

(1)掌握无源蜂鸣器、光敏电阻、红外信号接收器、滚珠开关、温湿度传感器的使用方法。

(2)掌握基于 MQTT 通信协议的远程数据传输方式。

(3)掌握利用 DIY 开发板进行综合案例调试的方法。

11.1　基于无源蜂鸣器的音乐播放器

11.1.1　无源蜂鸣器驱动原理

1. 无源蜂鸣器与有源蜂鸣器

蜂鸣器是一种一体化结构的电子讯响器,采用直流电压供电,广泛应用于计算机、打印机、复印机、报警器、电子玩具、汽车电子设备、电话机、定时器等电子产品中作为发声器件。比如台式计算机的主机开机会"滴"一声,洗衣机按下按键及洗衣完成都会有声响,以上这些声音都是通过蜂鸣器来发出的。

蜂鸣器的驱动方式可分为有源蜂鸣器(内有驱动线路)和无源蜂鸣器(使用外部驱动),如图 11.1 所示。

(a) 有源蜂鸣器　　　　(b) 无源蜂鸣器

图 11.1　蜂鸣器

这里的"源"不是指电源。而是指震荡源。也就是说,有源蜂鸣器内部带震荡源,所以只要一通电就会鸣叫。而无源蜂鸣器内部不带震荡源,所以如果用直流信号无法令其鸣叫。必须用 2～5kHz 的方波去驱动它,一般使用 PWM 方式进行输出启动。

2. 无源蜂鸣器发音原理

通过控制无源蜂鸣器输入的 PWM 方波,输入不同频率和占空比的 PWM 脉冲信号,可以使其发出不同的声音。其中,频率对音调有影响,占空比对音量大小有影响。所以只需产生不同频率和占空比的 PWM 脉冲信号去驱动无源蜂鸣器,就能让无源蜂鸣器发出不同的音调了。

11.1.2　PWM 驱动无源蜂鸣器工作案例

1. DIY 开发板无源蜂鸣器硬件

如图 11.2 所示,DIY 开发板中通过三极管驱动一个无源蜂鸣器工作,DI_SPEAKER 为 ESP32 的 GPIO18 引脚。只需要在 GPIO18 引脚输出 PWM 信号即可驱动无源蜂鸣器发声。

2. PWM 驱动无源蜂鸣器代码

【案例 11.1】　利用 GPIO18 引脚输出 PWM 不同频率的方波信号,驱动无源蜂鸣器发声,让声音由低音到高音,再由高音到低音,循环变化。

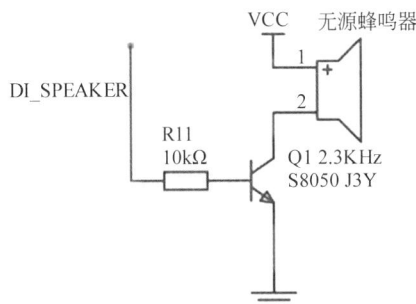

图 11.2　DIY 开发板无源蜂鸣器原理图

根据表 4.2 可以编写如下代码：

```
import machine
import time
#创建 PWM 对象,频率 freq 为 1000Hz
beep = machine.PWM(machine.Pin(18), freq=1000)
#beep.duty(int(0.5 * 1023))            #设置占空比为 0~1023
beep.duty_u16(int(0.5 * 65535))        #设置占空比为 0~65535
#主循环,通过修改频率 freq 实现不同音调
while True:
    print("1 声音低到高")
    for i in range(131, 1500):         #频率由 131Hz 到 1500Hz
        beep.freq(i)
        time.sleep(0.004)
    time.sleep(2)
    print("2 声音高到低")              #频率由 1500Hz 到 131Hz
    for i in range(1500, 131,-1):
        beep.freq(i)
        time.sleep(0.004)
    time.sleep(2)
```

上述代码可以在 DIY 开发板中运行,也可以在 Wokwi 仿真平台运行,仿真硬件连接如图 11.3 所示。在 Wokwi 仿真中,无源蜂鸣器名称为 buzzer,其可以直接连接到 ESP32 引脚(GPIO18)进行驱动,而不需要经过三极管驱动,使用较为简单。

图 11.3　无源蜂鸣器在 Wokwi 中的仿真

　　上述代码仿真通过后，可以直接下载到 DIY 开发板中。程序运行后，无源蜂鸣器进行高低音的循环变化。

11.1.3　无源蜂鸣器演奏"小星星"

　　在案例 11.1 代码运行时，发现高低音的变化比较明显，可以基于此特性，利用不同的 PWM 频率信号产生不同的音调，具体 PWM 频率（Hz）与音调的对应关系如图 11.4 所示。在程序中选择不同的 PWM 频率，就可以驱动 PWM 输出对应的音调。

音符	A调	B调	C调	D调	E调	F调	G调
1	221	248	131	147	165	175	196
2	248	278	147	165	175	196	221
3	278	294	165	175	196	221	234
4	294	330	175	196	221	234	262
5	330	371	196	221	248	262	294
6	371	416	221	248	278	294	330
7	416	467	248	278	312	330	371
1	441	495	262	294	330	350	393
2	495	556	294	330	350	393	441
3	556	624	330	350	393	441	495
4	589	661	350	393	441	465	556
5	661	742	393	441	495	556	624
6	742	833	441	495	556	624	661
7	833	935	495	556	624	661	742
1	882	990	525	589	661	700	786
2	990	1112	589	661	700	786	882
3	1112	1178	661	700	786	882	990
4	1178	1322	700	786	882	935	1049
5	1322	1484	786	882	990	1049	1178
6	1484	1665	882	990	1112	1178	1322
7	1665	1869	990	1112	1248	1322	1484

图 11.4　PWM 频率（Hz）与音调的对应关系

　　【案例 11.2】　利用 GPIO18 引脚输出 PWM 驱动无源蜂鸣器播放"小星星"乐谱（如图 11.5 所示）。

小星星

图 11.5　"小星星"乐谱

　　分析上述乐谱,确定乐曲为 C 调,从图 11.4 确定各个音符的频率后,下一步就是控制音符的演奏时间。每个音符都会播放一定的时间,这样才能构成一首优美的曲子,而不是生硬地把所有音符一股脑地都播放出来。音符节奏分为一拍、半拍、1/4 拍、1/8 拍等,可以规定一拍音符的时间为 1;半拍为 0.5;1/4 拍为 0.25;1/8 拍为 0.125;……。乐谱可以采用 1 分钟 100 拍或 200 拍,例如使用 1 分钟 200 拍,每拍的时间就是 60s/200=300ms。在乐谱中还有小节,每小节中要停顿一拍(300ms),这样乐曲才有停顿感。上述乐谱中,每小节为 4/4 拍,就是 4 分音符为一拍,每小节 4 拍,可以有 4 个 4 分音符。

　　根据上面的分析,编写代码如下:

```
import machine
import time
#PWM 初始化
pwm = machine.PWM(machine.Pin(18), freq=50)     #PWM 引脚
pwm.freq(50)                                     #设置 PWM 频率
pwm.duty(int(0.5 * 1023))                        #PWM 占空比
#音调对应的频率
mytone=[262,294,330,350,393,441,495,525]         #C 调
#通过修改 PWM 的频率变化音符
def myf1(x1):
    if 1<=x1<=8:
        pwm.freq(mytone[x1-1])                   #频率修改,音符变化
    else:
        pwm.duty(0)
#默认一分钟 200 拍,因此一拍的时间为 60s/200=300ms
def myf2(x,y):                                    #x 表示音符,y 表示拍数
    #发音
    myf1(x)
    time.sleep_ms(300 * y)                        #300ms 一拍
    #停顿
    pwm.duty(int(0 * 1023))                       #清零 PWM 占空比
    myf1(0)
    time.sleep_ms(300)                            #停顿一拍
    pwm.duty(int(0.5 * 1023))                     #恢复 PWM 占空比
#"小星星"乐谱,(音调,拍数)
mymusic=[(1,1),(1,1),(5,1),(5,1),(6,1),(6,1),(5,2),(4,1),(4,1),
        (3,1),(3,1),(2,1),(2,1),(1,2),(5,1),(5,1),(4,1),(4,1),
        (3,1),(3,1),(2,2),(5,1),(5,1),(4,1),(4,1),(3,1),
        (3,1),(2,2),(1,1),(1,1),(5,1),(5,1),(6,1),(6,1),
        (5,2),(4,1),(4,1),(3,1),(3,1),(2,1),(2,1),(1,2)]
#播放乐谱
for data in mymusic:
    myf2(data[0],data[1])
#停止播放
pwm.duty(int(0 * 1023))                          #清零 PWM 占空比
myf1(0)
```

上述代码中,PWM 为占空比为 50% 的方波,频率信号变量 mytone 中存储了 C 调对应的频率,在 myf2(x,y)函数中,利用参数 x 选取频率,利用参数 y 来确定拍数,拍的时间为 300ms。为了实现乐曲的停顿,即不发音,需要把 PWM 占空比清零,在结束停顿后,还要恢复占空比为 50%。

上述代码在 Wokwi 和 DIY 开发板中都可以运行,实现播放"小星星"乐谱。读者可以通过修改音调、拍数实现乐谱播放效果的变化。

11.2   基于光敏电阻的自动亮度调节 LED

11.2.1   光敏电阻工作原理

光敏电阻是用硫化镉或硒化镉等半导体材料制成的特殊电阻器,其工作原理是基于内光电效应的。光照愈强,阻值就愈低,随着光照强度的升高,电阻值迅速降低,亮电阻值可小至 1KΩ 以下。光敏电阻对光线十分敏感,其在无光照时,呈高阻状态,暗电阻一般可达 1.5MΩ。如图 11.6 所示,可以把光敏电阻看作一个可变电阻接入电路中。

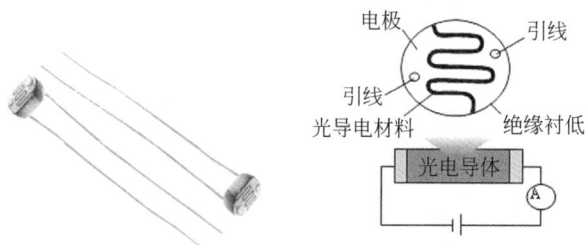

图 11.6   光敏电阻

11.2.2   光敏电阻电压数据采集案例

DIY 开发板中选取型号为 GL5549 的光敏电阻,其最大阻值为 10KΩ(最暗状态下),10Lux 亮度状态下阻值为 45～200kΩ。如图 11.7 所示,在 DIY 开发板中与光敏电阻串联一个 10KΩ 的电阻,然后进行两者之间的电压采集(通过 DI_GL5549 对应的 GPIO10)。随着光照强度的变化,两个电阻的分压产生变化,从而采集到不同的电压值。

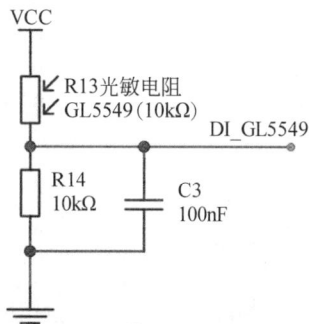

图 11.7   DIY 开发板中光敏电阻原理图

根据上述原理,可以利用 ESP32 的 GPIO10 进行 ADC 数据采集。利用 6.2.2 节案例进行 ADC 数据采集,只需要把引脚号修改为 GPIO10 即可,代码如下:

```
from machine import Pin, ADC          #引入 ADC 模块
import time
pot = ADC(Pin(10),atten=ADC.ATTN_11DB)  #定义 10 脚为 ADC 脚,衰减设置范围:输入
                                         #电压为 0~3.3V
pot.width(ADC.WIDTH_12BIT)             #配置采样精度为 12 位
#pot.atten(ADC.ATTN_11DB)              #衰减设置范围:输入电压为 0~3.3V
while True:
  pot_value1 = pot.read()              #读取 ADC 采样值,取值范围为[0,4095]
  pot_value2 = pot.read_u16()          #读取 ADC 采样值,取值范围为[0,65535]
  pot_value3 = pot.read_uv()           #读取 ADC 采样转换后的电压值,单位为微伏
  print(pot_value1,pot_value2,pot_value3/1000000)
  time.sleep(1)
```

11.2.3 基于光敏电阻的自动亮度调节 LED

【案例 11.3】 利用 DIY 开发板的光敏电阻和 LED1,实现根据光照强度控制 LED1 亮度。

根据 11.2.2 节介绍,对于光敏电阻阻值的变化可以通过 DIY 开发板中 GPIO10 采集光敏电阻分压电压值来实现。对于 LED 的亮度,可以根据 4.3 节中 PWM 驱动呼吸灯原理,通过脉冲宽度调整亮度,占空比越大,LED1 越亮。根据上述原理,编写代码如下:

```
from machine import Pin, PWM, ADC
import time
#定义 LED1 控制对象
led1 = PWM(Pin(11), freq=1000, duty=0)
#程序入口
pot = ADC(Pin(10))                        #1 引脚为变阻器,10 引脚为光敏电阻
pot.width(ADC.WIDTH_12BIT)                #读取的电压转换为 0~4095
pot.atten(ADC.ATTN_11DB)                  #衰减设置范围:输入电压为 0~3.3V
#循环检测光敏电阻并修改 PWM 占空比驱动 LED1
while True:
    pot_value = pot.read()                #读取 ADC 采样值
    duty_value = int(pot_value / 4095 * 65535)  #亮度转换为占空比
    led1.duty_u16(duty_value)             #修改 PWM 占空比
    print("光敏电阻采样值:{},占空比值:{}".format(pot_value,duty_value))
                                          #打印出读取到的电压以便调试
    time.sleep(1)
```

上述代码在 DIY 开发板上运行,对光敏电阻进行不同光强照射。可看到 LED1 亮度有变化,REPL 窗口中的输出结果如图 11.8 所示。要注意,ADC 采集数据范围为 0~4095,而 PWM 占空比设置函数 duty_u16(duty_value)的参数范围为 0~65535,因此要进行数值放大转换。

```
Shell ×
 光敏电阻采样值:430,占空比值:6881
 光敏电阻采样值:634,占空比值:10146
 光敏电阻采样值:1453,占空比值:23253
 光敏电阻采样值:1612,占空比值:25797
 光敏电阻采样值:2087,占空比值:33399
 光敏电阻采样值:2698,占空比值:43177
 光敏电阻采样值:2765,占空比值:44250
 光敏电阻采样值:2672,占空比值:42761
 光敏电阻采样值:2588,占空比值:41417
 光敏电阻采样值:419,占空比值:6705
 光敏电阻采样值:2157,占空比值:34519
 光敏电阻采样值:447,占空比值:7153
 光敏电阻采样值:447,占空比值:7153
 光敏电阻采样值:447,占空比值:7153
 光敏电阻采样值:453,占空比值:7249
 光敏电阻采样值:453,占空比值:7249
 光敏电阻采样值:447,占空比值:7153
```

图 11.8　光敏电阻控制 LED1 亮度输出结果

11.3　基于红外遥控器控制的 LED

11.3.1　红外数据传输原理

红外遥控是一种无线、非接触控制技术,具有抗干扰能力强、信息传输可靠、功耗低等特点。红外遥控不具有穿过障碍物去控制对象的能力。红外遥控由发送和接收两部分组成。发送端采用单片机将待发送的二进制信号编码调制为一系列的脉冲串信号,通过红外发射管发射红外信号。接收端完成对红外信号的接收、放大、检波、整形,并解调出遥控编码脉冲。红外接收模块 VS1838B 如图 11.9 所示。

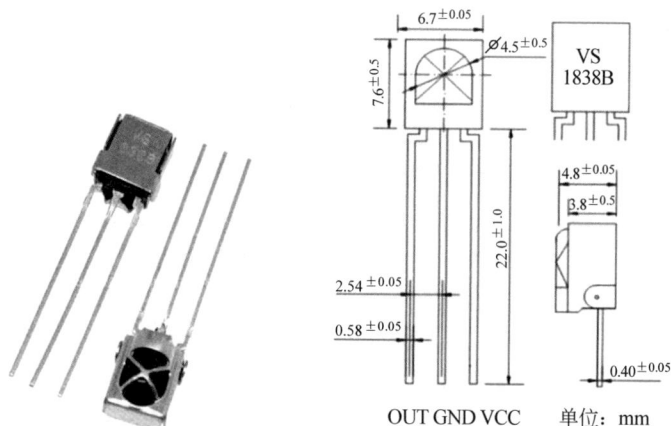

图 11.9　红外接收模块 VS1838B

红外数据传输的原理:红外原始信号就是要发送的一个数据"0"位或者一个数据"1"位,而所谓红外 38k 载波就是频率为 38kHz 的方波信号,调制后信号就是最终发射出去的波形。使用原始信号来控制 38k 载波,当信号是数据"0"的时候,38k 载波毫无保留地全部发送出去,当信号是数据"1"的时候,不发送任何载波信号,如图 11.10 所示。

红外信号接收就是对对应信号的解调,即对接收到的 38kHz 信号进行分析,将其转换

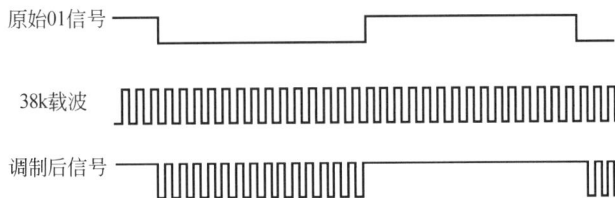

图 11.10　红外信号调制

为原始的 0 和 1 数字信号。具体的数字信号的编码含义,不同的红外接收设备不一样,常用的就是 NEC 遥控指令,也可以查阅资料获得不同设备的编码规则。

11.3.2　红外遥控器数据采集案例

在 DIY 开发板中,如图 11.11 所示,采用 VS1838B 模块进行红外接收,其数字引脚 OUT 接到 ESP32 的 GPIO10(对应 DI_IR1838B)。对于发送的遥控器,可以使用通用的遥控器,或者在具有红外功能的手机中安装万能遥控器 App 与 DIY 开发板通信。

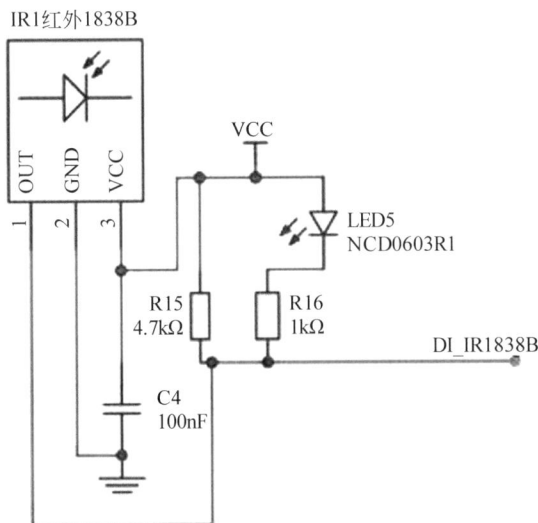

图 11.11　DIY 开发板红外接收模块原理图

在 Wokwi 仿真平台,有红外接收模块 IR Receiver 和红外遥控器模块 IR Remote,其仿真器件连接如图 11.12 所示,DAT 为数据输出引脚,连接 ESP32 的 GPIO10 引脚即可。

在本节中,对红外接收数据解调处理进行库封装,对应的库文件为"IR.py",使用此库时需要先把此库下载到 DIY 开发板中,然后编写代码 import IR 导入该库进行使用。IR 库的构造函数和方法如表 11.1 所示。

表 11.1　IR 库的构造函数和方法

类方法	说　　明	示　　例
IR.IR(pin)	红外接收对象构造函数。参数 pin 表示接收数据的芯片引脚号	t＝IR.IR(12)

续表

类方法	说　　明	示　　例
IR.scan()	红外接收信号处理方法,不需要参数,返回值为元组 (changed,cmd,s,repeat,t_ok):changed 为信号是否改变 (True 或 False);cmd 为接收的命令数值;s 为命令的含义;repeat 为是否为重复命令(1 或 0);t_ok 为接收到数据的时间	changed,cmd,s,repeat,t_ok=t. scan()
IR.CODE	为红外编码字典。可以利用 IR.CODE[para] 或 IR. CODE.get(par) 获得数据,也可以修改或添加数据	t.CODE[22]="led1_off"

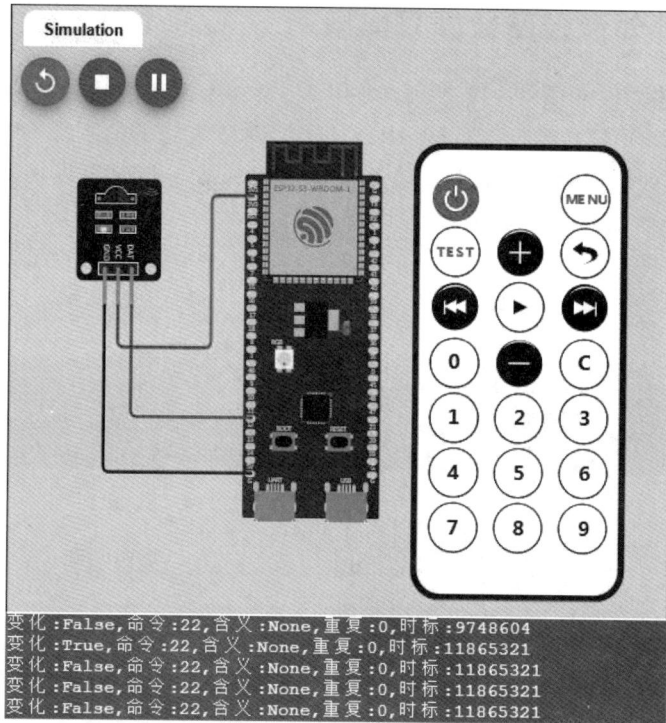

图 11.12　红外遥控器发送与接收 Wokwi 仿真

根据表 11.1 可以编写如下代码,接收红外数据,并进行显示。

【案例 11.4】　接收并显示红外数据。

```
import IR
import utime
if __name__ == "__main__":
t=IR.IR(12)                                              #红外接收对象
print(t.CODE)                                            #显示命令编码表
    while (True):
        changed, cmd, s, repeat, t_ok = t.scan()         #红外接收数据解析
        print("值变化:{},命令:{},含义:{},重复:{},时标:{}".format(changed, cmd,
        s, repeat, t_ok))
        utime.sleep(0.5)
```

上述代码可以在 Wokwi 和 DIY 开发板中运行,运行后通过遥控器发送命令,在 REPL 窗口中显示接收的数据,结果如图 11.13 所示。

```
Shell
值变化:True,命令:176,含义:200+,重复:0,时标:969277886
值变化:True,命令:122,含义:3,重复:0,时标:969776631
值变化:False,命令:122,含义:3,重复:0,时标:969776631
值变化:True,命令:24,含义:2,重复:0,时标:970650673
值变化:True,命令:48,含义:1,重复:0,时标:971228383
值变化:True,命令:48,含义:1,重复:0,时标:971809139
值变化:False,命令:48,含义:1,重复:0,时标:971809139
值变化:True,命令:104,含义:0,重复:2,时标:972468686
值变化:False,命令:104,含义:0,重复:2,时标:972468686
值变化:True,命令:56,含义:5,重复:0,时标:973626568
值变化:False,命令:56,含义:5,重复:0,时标:973626568
值变化:True,命令:104,含义:0,重复:2,时标:974444707
```

图 11.13　红外遥控数据接收解析结果

11.3.3　基于红外遥控器控制的 LED

【案例 11.5】　利用 GPIO12 连接红外接收模块,通过红外遥控器控制 DIY 开发板 LED1(GPIO11) 点亮和熄灭。

此案例可以在 DIY 开发板和 Wokwi 仿真平台运行(如图 11.14 所示),但是由于遥控器不同,因此控制 LED1 开关的红外编码不一样,因此需要先利用案例 11.4 选取准备控制的红外按钮编码,然后利用表 11.1 中的 IR.CODE 修改编码字典。编写代码如下。

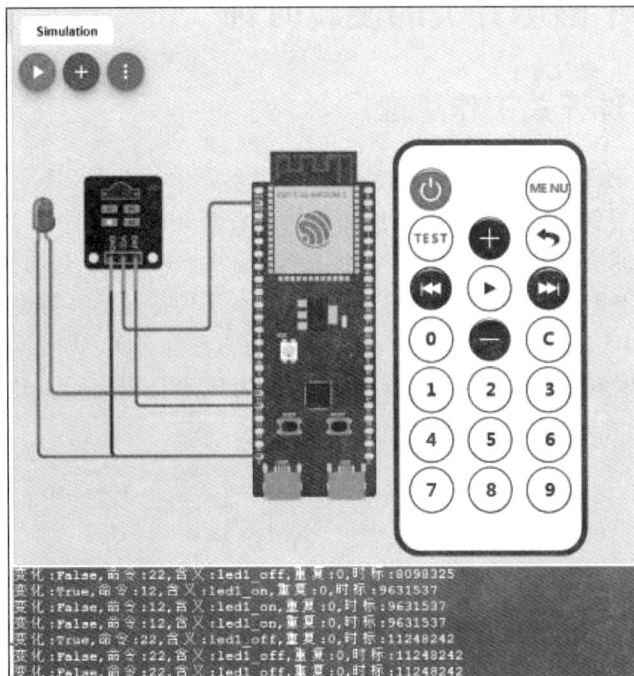

图 11.14　红外遥控器控制 LED 亮灭仿真

```
import IR                          #导入 IR库
import utime
from machine import Pin
if __name__ == "__main__":
    t=IR.IR(12)                    #红外接收对象
    t.CODE[12]="led1_on"           #添加命令 led1_on 的含义
    t.CODE[22] = "led1_off"        #添加命令 led1_off 的含义
    print(t.CODE)                  #显示命令编码表
    led1 = Pin(11, Pin.OUT)
    while (True):
        changed, cmd,s, repeat, t_ok = t.scan()
        print("值变化:{},命令:{},含义:{},重复:{},时标:{}".format(changed, cmd,
        s, repeat, t_ok))
        if s=="led1_on":
            led1.value(1)
        elif s=="led1_off":
            led1.value(0)
        utime.sleep(0.5)
```

上述代码中,使用不同遥控器时,需要修改 t.CODE[12]＝"led1_on"和 t.CODE[22]＝"led1_off"中字典的 key 值,其 key 值利用案例 11.4 获得。

11.4　基于滚珠开关的旋转时钟

11.4.1　滚珠开关工作原理

滚珠开关也叫钢珠开关、珠子开关,其实都是震动开关的一种,只是叫法不一样。它是通过珠子滚动接触导针的原理来控制电路的接通或者断开的。如图 11.15 和图 11.16 所示,滚珠开关有水平和垂直等多种型号。其中水平滚珠开关 SW-200D 当向导电端(镀银引脚端A)倾斜、倾斜角大于 10°时,为开路 OFF 状态;当其水平状态发生倾斜改变,触发端(镀金引脚 C)低于水平倾角大于 10°时,为闭合 ON 状态。垂直滚珠开关 SW-520D 是倾斜感应单方向性触发开关,垂直悬挂的倾斜开关探头在受到外力作用且偏离垂直位置 90°以内为常闭ON 状态;当倾斜角在水平线下时为常开 OFF 状态。

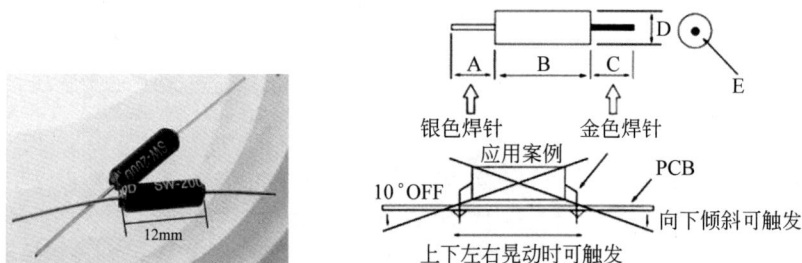

图 11.15　水平滚珠开关 SW-200D

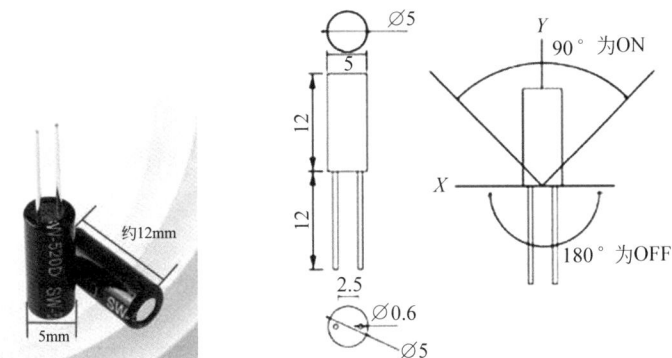

图 11.16　垂直滚珠开关 SW-520D

　　打开或关掉电灯时,开关触碰里面的金属板电灯就亮,离开就关。滚珠开关也是利用类似的原理,通过开关中的小珠的滚动,制造与金属端子的触碰或改变光线行进的路线,就能产生导通或不导通的效果。目前滚珠开关已有许多不同类型的产品,包括角度感应开关、震动感应开关、离心力感应开关、光电式滚珠开关。以往此类型开关以水银开关为主,把水银(汞)当作触击的元件,但自从各国政府陆续禁用水银后,触击元件就为滚珠所取代。

　　滚珠开关运用层面极广,如胎压监控系统(TPMS)、脚踏车灯、数位相框旋转、荧幕旋转、视讯镜头翻转、防盗系统等,凡是想检测物体角度变化、倾倒、移动、震动、旋转的场合,滚珠开关皆适用。但是,需要注意的是滚珠开关一般只能用在小电流电路中,它只有几毫安的负载能力。

11.4.2　DIY 开发板滚珠开关状态采集案例

　　在 DIY 开发板上共有 4 个水平滚珠开关 SW-200D 和 1 个垂直滚珠开关 SW-520D,如图 11.17 所示。4 个水平滚珠开关编号为 SW1-SW4,它们以 90°夹角方式连接,其中 SW1、SW3 的 2 引脚(银色端)与 SW2、SW4 的 1 引脚(金色端)共地连接在一起,其他端连接上拉电阻接入 ESP32 的 GPIO17、GPIO9、GPIO16 和 GPIO5 引脚,作为输入信号使用,当开关闭合时输入 0,开关断开时输入 1;1 个水平开关为 SW5,它以 30°左右夹角垂直于 DIY 开发板平面,其也通过上拉电阻连接到 ESP32 的 GPIO6 引脚,如图 11.18 所示。

图 11.17　DIY 开发板上的滚珠开关

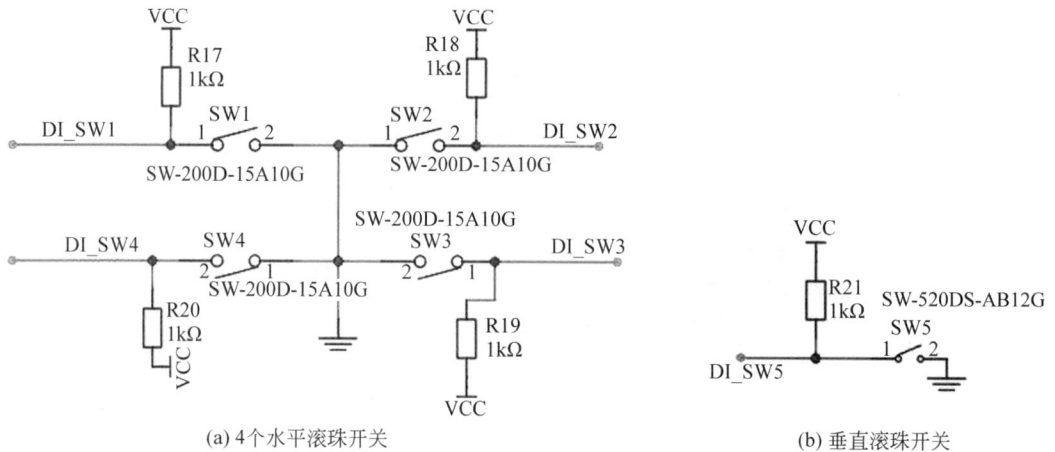

(a) 4个水平滚珠开关   (b) 垂直滚珠开关

图 11.18   DIY 开发板滚珠开关原理图

根据实物连接图和原理图,可以分析出,4 个水平滚珠开关主要用来检测 DIY 开发板在垂直放置时的旋转状态,1 个水平滚珠开关主要用来检测开发板是水平放置还是垂直放置。通过案例 11.6 的程序可以动态实时获得 DIY 开发板在不同状态时各个滚珠开关的输入数据。

【案例 11.6】   利用 DIY 开发板的滚珠开关实时检测 DIY 开发板状态,输出开关的输入数据。

```
import time
from machine import Pin
#====滚珠开关输入初始化===
SW1=Pin(17, Pin.IN,Pin.PULL_UP)
SW2=Pin(9, Pin.IN,Pin.PULL_UP)
SW3=Pin(16, Pin.IN,Pin.PULL_UP)
SW4=Pin(5, Pin.IN,Pin.PULL_UP)
SW5=Pin(6, Pin.IN,Pin.PULL_UP)
#采集滚珠开关数据函数
def mygetdata():
    mydata=[SW1.value(),SW2.value(),SW3.value(),SW4.value(),SW5.value()]
    return mydata
#循环采集数据
i=0
mydatatemp=[]
while True:
    i=i+1
    mydata01=mygetdata()          #获得滚珠开关状态
    if mydatatemp!=mydata01:
        print("水平 4 个开关 SW1~SW4:{}-{}-{}-{},垂直开关 SW5:{}".format
        (mydata01[0],mydata01[1],mydata01[2],mydata01[3],mydata01[4]))
        mydatatemp=mydata01
    time.sleep(0.5)
```

在 ESP32 中运行程序,通过垂直状态下旋转 DIY 开发板和进行 DIY 开发板的水平与垂直放置，观察在 REPL 窗口中输出结果的变化，部分结果如图 11.19 所示。

```
>>> %Run -c $EDITOR_CONTENT

  水平4个开关sw1~sw4: 0-0-0-1,垂直开关sw5: 0
  水平4个开关sw1~sw4: 1-0-0-1,垂直开关sw5: 0
  水平4个开关sw1~sw4: 1-0-0-1,垂直开关sw5: 1
  水平4个开关sw1~sw4: 0-0-1-1,垂直开关sw5: 1
  水平4个开关sw1~sw4: 1-0-1-1,垂直开关sw5: 1
```

图 11.19　滚珠开关数据采集结果

通过不断变化 DIY 开发板状态，观察输出结果，可以总结出如下结果，在后续案例中就可以利用这个结果进行旋转时钟的设计。

- 水平 4 个开关 SW1～SW4：1-0-0-1，水平 0。
- 水平 4 个开关 SW1～SW4：1-1-0-0，顺时针旋转 90。
- 水平 4 个开关 SW1～SW4：0-1-1-0，顺时针旋转 180。
- 水平 4 个开关 SW1～SW4：0-0-1-1，顺时针旋转 270。
- 垂直开关 SW5：0，水平。
- 垂直开关 SW5：1，垂直。

11.4.3　基于滚珠开关的 TFT-LCD 旋转时钟

【案例 11.7】　在 DIY 开发板上利用滚珠开关和 TFT-LCD 设计一个旋转时钟。

旋转时钟就是在显示器上显示动态的时间变化，而且随着开发板的旋转，利用水平滚珠开关控制显示画面也进行旋转，使画面始终处于正常的位置。同时，利用垂直开关检测开发板垂直状态，如果是水平放置就关闭显示，如果是垂直放置就进行显示。

在时间获得方面，可以参考 4.1.5 节中的 rtc.datetime()方法获得时间，也可以利用 4.1.4 节中 time 类的 time.localtime()方法获得时间。在 TFT-LCD 的旋转方面，可以利用 8.2.2 节中 ST7789 驱动库 st7789py 的 st7789py.rotation(rotation)方法进行画面旋转的控制，此方法是硬件底层支持的方法，因此反应速度较快，只要在输出显示数据前设置好画面的旋转参数 rotation 即可。在 DIY 开发板的旋转状态方面，利用 11.4.2 节中的结果即可。根据以上分析，编写程序如下：

```
from machine import Pin, SPI
import st7789py as st
import time,machineimport
import font_ascii as font
import font_gb2312 as font_gb2312
#===========TFT-LCD 初始化=====
#TFT_CS ,TFT 片选信号
TFT_CS = Pin(21, Pin.OUT)
TFT_CS.value(1)
#SPI 初始化
spi = SPI(2, baudrate=40000000, polarity=1, phase=1, sck=Pin(11), mosi=Pin
(2), miso=Pin(40))
#TFT 初始化
```

```python
mytft = st.ST7789(spi, 240, 240, reset=machine.Pin(42, machine.Pin.OUT),
dc=machine.Pin(41, machine.Pin.OUT), rotation=0)
#自定义颜色
tft_WHITE = st.color565(255, 255, 255)   #RGB
tft_BLACK = st.color565(0, 0, 0)
tft_RED = st.color565(255, 0, 0)
tft_GREEN = st.color565(0, 255, 0)
tft_BLUE = st.color565(0, 0, 255)
tft_YELLOW = st.color565(255, 255, 0)
#====滚珠开关输入初始化===
SW1 = Pin(17, Pin.IN, Pin.PULL_UP)
SW2 = Pin(9, Pin.IN, Pin.PULL_UP)
SW3 = Pin(16, Pin.IN, Pin.PULL_UP)
SW4 = Pin(5, Pin.IN, Pin.PULL_UP)
SW5 = Pin(6, Pin.IN, Pin.PULL_UP)
#采集滚珠开关数据函数
def mygetdata():
    mydata = [SW1.value(), SW2.value(), SW3.value(), SW4.value(), SW5.value()]
    return mydata
#TFT-LCD旋转显示数据
rotatetemp=-1                               #显示旋转历史状态保存
def mydatadisplay(mycolumn, myrow, rotate):
    global rotatetemp
    if rotate!=rotatetemp:                  #屏幕发生反转
        mytft.fill(tft_BLACK)               #黑色清屏
        mytft.rotation(rotate)              #旋转屏幕
        rotatetemp=rotate
    if rotate==-1:
        mytft.fill(tft_BLACK)               #黑色清屏
    else:
        #显示时间
        mydata = time.localtime()
        mydate = "{}-{:02d}-{:02d}".format(mydata[0],mydata[1],mydata[2])
        mytime = "{:02d}:{:02d}:{:02d}".format(mydata[3],mydata[4],mydata[5])
        mytft.text(font, 32, mydate, mycolumn, myrow, tft_RED, tft_YELLOW)
        mytft.text(font, 32, mytime, mycolumn, myrow+32, tft_RED, tft_YELLOW)
        print(mycolumn, myrow, rotate, len(mydata), mydata)
#======实时采集滚珠开关状态并显示时钟
mydatatemp = []                             #滚珠开关历史状态保存
myrotate = 0
while True:
    mydata01 = mygetdata()                  #获得滚珠开关状态
    if mydatatemp != mydata01:
        print("水平4个开关SW1~SW1:{}-{}-{}-{},垂直开关SW5:{}".format
        (mydata01[0], mydata01[1], mydata01[2], mydata01[3], mydata01[4]))
        mydatatemp = mydata01
        print(mydata01[0:4], mydata01[4])
        #mytft.fill(tft_BLACK)               #黑色清屏
        if mydata01[0:4] == [1, 0, 0, 1]:   #水平0°显示
```

```
        myrotate = 0
    elif mydata01[0:4] == [1, 1, 0, 0]:  #顺时针旋转 90°显示
        myrotate = 3
    elif mydata01[0:4] == [0, 1, 1, 0]:  #顺时针旋转 180°显示
        myrotate = 2
    elif mydata01[0:4] == [0, 0, 1, 1]:  #顺时针旋转 270°显示
        myrotate = 1
    elif mydata01[4] == 0:
        myrotate=-1
    mydatadisplay(0, 50, myrotate)
    time.sleep(1)
```

在上述代码的 while 循环中,循环采集滚珠开关状态,然后与旧的滚珠开关状态进行比较,如果发生了改变,判断目前 DIY 开发板的位置,然后设置画面旋转状态,其中 myrotate＝－1 表示关闭显示。最后利用显示函数 mydatadisplay()进行数据显示,运行结果如图 11.20 所示(水平 0°和顺时针旋转 90°)。

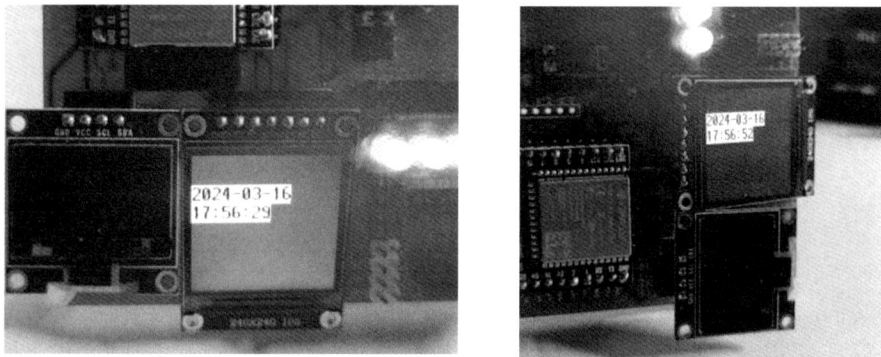

图 11.20　TFT-LCD 旋转时钟

11.4.4　基于滚珠开关的 OLED 旋转时钟

【案例 11.8】　利用 DIY 开发板的 OLED 设计一个与案例 11.7 类似的旋转时钟

程序的框架结构可以采用案例 11.7 的代码,但是在 SSD1306 OLED 显示方法中没有控制画面旋转的方法,而且由于 OLED 是一个 128×64 像素的显示器,宽高并不是一样的,因此在画面旋转时,有些显示在宽度 128 为像素时可以显示,但在宽度为 64 像素时,大于 64 位置的数据就无法显示了。本节修改了 SSD1306 的驱动库,添加了软件旋转控制功能,通过矩阵旋转算法,控制画面旋转显示,读者在使用时只要下载本节修改后的 SSD1306 驱动库,然后利用如下方法初始化一个带有旋转参数 rotate(取值为 0～3) 的 OLED 对象即可。

```
oled = ssd1306.SSD1306_I2C(128, 64, i2c, rotate=0)
```

每次在实现新的旋转画面时,都需要重新生成带有旋转参数的 OLED 对象,具体程序如下:

```
import time,ssd1306
from machine import Pin, I2C
#==========OLED 初始化=====
#硬件 I2C 对象定义
i2c = I2C(0, scl=Pin(13), sda=Pin(14))
myaddress = i2c.scan()                      #获得 I2C 地址
print("I2C 地址:{},{:02X}".format(type(myaddress), myaddress[0]))
#初始化 OLED 对象
oled = ssd1306.SSD1306_I2C(128, 64, i2c)
#====滚珠开关输入初始化===
SW1 = Pin(17, Pin.IN, Pin.PULL_UP)
SW2 = Pin(9, Pin.IN, Pin.PULL_UP)
SW3 = Pin(16, Pin.IN, Pin.PULL_UP)
SW4 = Pin(5, Pin.IN, Pin.PULL_UP)
SW5 = Pin(6, Pin.IN, Pin.PULL_UP)
#采集滚珠开关数据函数
def mygetdata():
    mydata = [SW1.value(), SW2.value(), SW3.value(), SW4.value(), SW5.value()]
    return mydata
#DLED 旋转显示数据
rotatetemp=-1
def mydatadisplay(mycolumn, myrow, rotate):
    global rotatetemp
    global oled
    if rotate!=rotatetemp:                  #屏幕发生反转
        oled.fill(0)                        #清屏
        oled.show()
        oled = ssd1306.SSD1306_I2C(128, 64, i2c, rotate=rotate)
        rotatetemp=rotate
    if rotate==-1:
        oled.fill(0)                        #清屏
        oled.show()
    else:
        #显示时间
        mydata = time.localtime()
        myyear = "{}".format(mydata[0])
        mymonthdate = "{:02d}-{:02d}".format(mydata[1], mydata[2])
        mytime = "{:02d}:{:02d}:{:02d}".format(mydata[3],mydata[4],mydata[5])
        oled.fill(0)
        oled.text(myyear, mycolumn, myrow)
        oled.text(mymonthdate, mycolumn, myrow+16)
        oled.text( mytime, mycolumn, myrow+32)
        oled.show()
        print(mycolumn, myrow, rotate, len(mydata), mydata)
#======实时采集滚珠开关状态并显示时钟
mydatatemp = []
myrotate = 0
while True:
    mydata01 = mygetdata()                  #获得滚珠开关状态
```

```
if mydatatemp != mydata01:
    print("水平 4 个开关 SW1~SW4:{}-{}-{}-{},垂直开关 SW5:{}".format
    (mydata01[0], mydata01[1], mydata01[2], mydata01[3], mydata01[4]))
    mydatatemp = mydata01
    print(mydata01[0:4], mydata01[4])
    #mytft.fill(tft_BLACK)                  #黑色清屏
    if mydata01[0:4] == [1, 0, 0, 1]:       #水平 0°显示
        myrotate = 0
    elif mydata01[0:4] == [1, 1, 0, 0]:     #顺时针旋转 90°显示
        myrotate = 3
    elif mydata01[0:4] == [0, 1, 1, 0]:     #顺时针旋转 180°显示
        myrotate = 2
    elif mydata01[0:4] == [0, 0, 1, 1]:     #顺时针旋转 270°显示
        myrotate = 1
    elif mydata01[4] == 0:
        myrotate=-1
mydatadisplay(0, 0, myrotate)
time.sleep(1)
```

上述代码与案例 11.7 中代码的主要区别就是 mydatadisplay()函数的实现,其内部就是 OLED 画面旋转的实现。运行结果如图 11.21 所示(水平 0°和顺时针旋转 90°)。注意,由于 OLED 旋转通过软件算法实现,这就导致每次在进行旋转画面显示时,有一定时间的滞后,大概在 6 秒。

图 11.21   OLED 旋转时钟

🔑 11.5   基于 DHT11 的温湿度采集与显示

11.5.1   DHT11 温湿度传感器工作原理

DHT11 温湿度传感器(如图 11.22 所示)是一种输出数字信号的温湿度传感器。它利用特殊的模拟信号采集、转换技术和温度、湿度传感技术,确保传感器拥有良好的长时间稳定性和较高的可靠性。DHT11 包括一个电阻式湿度传感元件和一个 NTC 测温元件,并与一个性能高的 8 位单片机相连。DHT11 为 3 针单排引脚封装,其中 DATA 引脚与 MCU 的 GPIO 引脚相连。

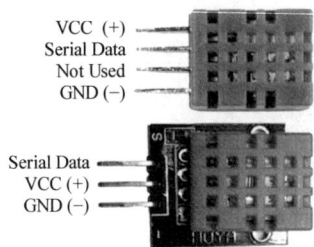

图 11.22 DHT11 温湿度传感器

由于 DHT11 只有 1 个数据引脚,因此它使用的是单线串行通信,通过 1 个引脚上的高低电平的切换实现数据通信。此通信方式需要不断修改 GPIO 的输入和输出状态来实现与 DHT11 的读写控制,具有一定的难度。具体的控制指令和控制逻辑时序可以参考厂商提供的参考手册。在 MicroPython 中,已经对 DHT 系列温湿度传感器的驱动进行了封装,为 dht 库。用户在使用时,只需要编写代码 import dht 就可以导入该库进行使用。dht 库的构造函数和方法如表 11.2 所示。

表 11.2 dht 库的构造函数和方法

类 方 法	说 明	示 例
dht.DHT11(Pin)	构建 DHT11 对象,参数 Pin 为数据引脚	d=dht.DHT11(machine.Pin(8))
dht.DHT22(Pin)	构建 DHT22 对象,参数 Pin 为数据引脚	d=dht.DHT22(machine.Pin(8))
dht.measure()	进行温湿度测试	d.measure()
dht.temperature()	读取温度值	x=d.temperature()
dht.humidity()	读取湿度值	y=d.humidity()

提示:DHT11 和 DHT22 都是数字式温湿度传感器,常用于测量环境中的温度和相对湿度。它们的最大区别在于精确度和传输速率。DHT11 可以在较广泛的温度和湿度范围内测量,但是由于其较低的精度($\pm2℃$ 和 $\pm5\%RH$),在需要更精确测量的应用中可能会出现误差。而 DHT22 可以提供更高的精度($\pm0.5℃$ 和 $\pm2\%RH$),但是价格一般比 DHT11 高一些。此外,DHT22 的数据传输速率也更快。两者的硬件引脚是兼容的,只是驱动控制指令和通信速率有区别。

11.5.2 DHT11 的温湿度数据采集案例

在 DIY 开发板上,已经连接有 DHT11 温湿度模块,其原理图如图 11.23 所示。DHT11 的信号引脚 DATA 连接 DI_DHT11 引脚,对应 ESP32 的 GPIO8 引脚。

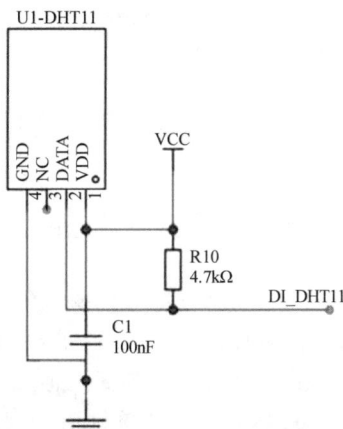

图 11.23 DIY 开发板的 DHT11 温湿度模块原理图

【案例 11.9】 循环采集 DHT11 的温湿度值并在 REPL 窗口中进行输出显示。

根据表 11.2,利用 MicroPython 内置的 dht 库,编写如下程序:

```
import dht
import machine
import time
#DHT11 初始化
d = dht.DHT11(machine.Pin(8))      #DIY 开发板使用
#d = dht.DHT22(machine.Pin(8))     #Wokwi 平台使用
time.sleep(1)
#循环采集温湿度数据
while True:
    d.measure()                    #采集数据
    x = d.temperature()            #读取数据,例如 23℃
    y = d.humidity()               #读取数据,例如 41 %
    print("温度={}℃,湿度={}% ".format(x, y))
    time.sleep(1)
```

上述代码生成了一个 DHT11 对象,并利用 measure()方法进行数据的采集,在采集后,可以利用 temperature()和 humidity()方法进行温度和湿度数据的读取。上述代码在 DIY 开发板中运行的结果如图 11.24 所示。注意输出的温湿度结果为整数值。

上述代码可以在 Wokwi 平台中进行仿真测试,但是要注意在 Wokwi 平台中,没有提供 DHT11 模块,而是提供的 DHT22 模块,因此需要修改为生成 DHT22 对象(d = dht.DHT22),替换 DHT11 对象。如图 11-25 所示,构建仿真硬件连接图,其中 DHT22 的 DATA 引脚直接连接到 GPIO8 引脚。在运行仿真程序时,需要模拟 DHT22 温湿度采集数据的变化,可以单击 DHT22 模块,会出现 DHT22 的参数调整窗口,通过拖动滑块修改温度和湿度值。需要注意的是,DHT22 采集的数据是保留了 1 位小数的浮点型数据。

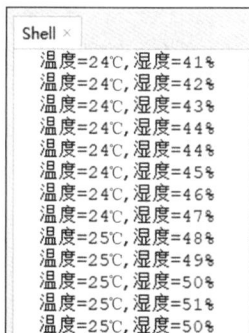

图 11.24 DHT11 温湿度数据采集显示

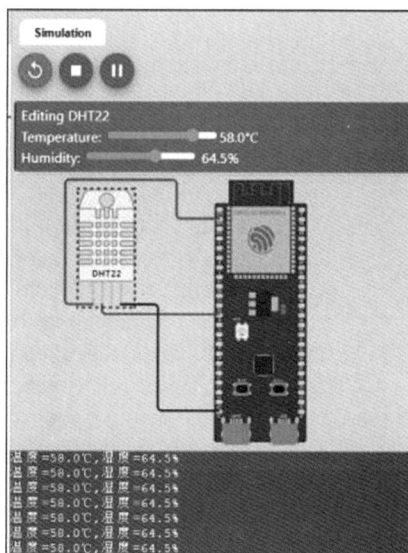

图 11.25 DHT22 在 Wokwi 平台仿真

11.5.3　基于 DHT11 的温湿度采集与 OLED 显示

【案例 11.10】　利用 OLED 中英文显示 DHT11 采集的温湿度值。

根据 7.3 节和 7.4 节中介绍的 OLED 英文显示和中文显示的编程方法,英文使用 OLED 内置 ASCII 字库,每个英文字符为 8×8 像素,一行可以显示 128/8＝16 个字符,共 64/8＝8 行。而中文需要采用图像方式,进行汉字的取模然后进行汉字的显示。本案例中文为 16×16 像素,一行可以显示 128/16＝8 个汉字,共 64/16＝4 行。根据上述描述,编写程序如下:

```python
import dht
import machine
import time
from machine import Pin, I2C
import ssd1306
#==========OLED 初始化=====
i2c = I2C(0, scl=Pin(13), sda=Pin(14))   #
myaddress = i2c.scan() #获得 I2C 地址
oled = ssd1306.SSD1306_I2C(128, 64, i2c)
#DHT11 初始化
d = dht.DHT11(machine.Pin(8))
time.sleep(1)
#汉字字库
myfont={
    "0":[0X00,0X00,0X00,0X00,0X00,0XE0,0X10,0X08,0X08,0X10,0XE0,0X00,
          0X00,0X00,0X00,0X00,0X00,0X00,0X00,0X00,0X00,0X0F,0X10,0X20,
          0X20,0X10,0X0F,0X00,0X00,0X00,0X00,0X00],
    "1":[0X00,0X00,0X00,0X00,0X00,0X00,0X10,0X10,0XF8,0X00,0X00,0X00,
          0X00,0X00,0X00,0X00,0X00,0X00,0X00,0X00,0X00,0X20,0X20,
          0X3F,0X20,0X20,0X00,0X00,0X00,0X00,0X00,0X00],
    "2":[0X00,0X00,0X00,0X00,0X70,0X08,0X08,0X08,0X08,0XF0,0X00,
          0X00,0X00,0X00,0X00,0X00,0X00,0X00,0X00,0X30,0X28,0X24,
          0X22,0X21,0X30,0X00,0X00,0X00,0X00,0X00],
    "3":[0X00,0X00,0X00,0X00,0X00,0X30,0X08,0X08,0X08,0X88,0X70,0X00,
          0X00,0X00,0X00,0X00,0X00,0X00,0X00,0X00,0X00,0X18,0X20,0X21,
          0X21,0X22,0X1C,0X00,0X00,0X00,0X00,0X00],
    "4":[0X00,0X00,0X00,0X00,0X00,0X00,0X80,0X40,0X30,0XF8,0X00,0X00,
          0X00,0X00,0X00,0X00,0X00,0X00,0X00,0X00,0X00,0X06,0X05,0X24,
          0X24,0X3F,0X24,0X24,0X00,0X00,0X00,0X00],
    "5":[0X00,0X00,0X00,0X00,0X00,0XF8,0X88,0X88,0X88,0X08,0X08,0X00,
          0X00,0X00,0X00,0X00,0X00,0X00,0X00,0X00,0X00,0X19,0X20,0X20,
          0X20,0X11,0X0E,0X00,0X00,0X00,0X00,0X00],
    "6":[0X00,0X00,0X00,0X00,0X00,0XE0,0X10,0X88,0X88,0X90,0X00,0X00,
          0X00,0X00,0X00,0X00,0X00,0X00,0X00,0X00,0X00,0X0F,0X11,0X20,
          0X20,0X20,0X1F,0X00,0X00,0X00,0X00,0X00],
    "7":[0X00,0X00,0X00,0X00,0X00,0X18,0X08,0X08,0X88,0X68,0X18,0X00,
          0X00,0X00,0X00,0X00,0X00,0X00,0X00,0X00,0X00,0X00,0X00,0X3E,
          0X01,0X00,0X00,0X00,0X00,0X00,0X00,0X00],
```

```
    "8":[0X00,0X00,0X00,0X00,0X00,0X70,0X88,0X08,0X08,0X88,0X70,0X00,
         0X00,0X00,0X00,0X00,0X00,0X00,0X00,0X00,0X00,0X1C,0X22,0X21,
         0X21,0X22,0X1C,0X00,0X00,0X00,0X00,0X00],
    "9":[0X00,0X00,0X00,0X00,0X00,0XF0,0X08,0X08,0X08,0X10,0XE0,0X00,
         0X00,0X00,0X00,0X00,0X00,0X00,0X00,0X00,0X00,0X01,0X12,0X22,
         0X22,0X11,0X0F,0X00,0X00,0X00,0X00,0X00],
    ".":[0X00,0X00,0X00,0X00,0X00,0X00,0X00,0X00,0X00,0X00,0X00,0X00,
         0X00,0X00,0X00,0X00,0X00,0X00,0X00,0X00,0X00,0X30,0X30,0X00,
         0X00,0X00,0X00,0X00,0X00,0X00,0X00,0X00],
    "温":[0x10,0x60,0x02,0x8C,0x00,0x00,0xFE,0x92,0x92,0x92,0x92,0x92,
         0xFE,0x00,0x00,0x00,0x04,0x04,0x7E,0x01,0x40,0x7E,0x42,0x42,
         0x7E,0x42,0x7E,0x42,0x42,0x7E,0x40,0x00,],
    "湿":[0x10,0x60,0x02,0x8C,0x00,0xFE,0x92,0x92,0x92,0x92,0x92,0x92,
         0xFE,0x00,0x00,0x00,0x04,0x04,0x7E,0x01,0x44,0x48,0x50,0x7F,
         0x40,0x40,0x7F,0x50,0x48,0x44,0x40,0x00],
    "度":[0x00,0x00,0xFC,0x24,0x24,0x24,0xFC,0x25,0x26,0x24,0xFC,0x24,
         0x24,0x24,0x04,0x00,0x40,0x30,0x8F,0x80,0x84,0x4C,0x55,0x25,
         0x25,0x25,0x55,0x4C,0x80,0x80,0x80,0x00],
    "=":[0X00,0X00,0X00,0X00,0X80,0X80,0X80,0X80,0X80,0X80,0X80,0X00,
         0X00,0X00,0X00,0X00,0X00,0X00,0X00,0X00,0X02,0X02,0X02,0X02,
         0X02,0X02,0X02,0X00,0X00,0X00,0X00,0X00],
    "℃":[0x06,0x09,0x09,0xE6,0xF8,0x0C,0x04,0x02,0x02,0x02,0x02,0x02,
         0x04,0x1E,0x00,0x00,0x00,0x00,0x07,0x1F,0x30,0x20,0x40,
         0x40,0x40,0x40,0x40,0x20,0x10,0x00,0x00,],
    "%":[0X00,0X60,0X90,0X90,0X90,0X60,0X00,0X80,0X40,0X30,0X10,0X00,
         0X00,0X00,0X00,0X00,0X00,0X00,0X00,0X08,0X0C,0X02,0X01,0X00,
         0X06,0X09,0X09,0X09,0X06,0X00,0X00,0X00],
}
#循环采集温湿度数据
while True:
    d.measure()                    #采集数据
    x = d.temperature()            #读取数据,例如 23℃
    y = d.humidity()               #读取数据,例如 41 %
    mydata = "tem={}℃,hum={}% ".format(x, y)
    print(mydata)
    #英文显示
    oled.fill(0)
    oled.text(mydata, 0, 0)
    #中文显示,温度
    oled.show_hanzi(2, 0, myfont["温"])
    oled.show_hanzi(2, 16 * 1, myfont["度"])
    oled.show_hanzi(2, 16 * 2, myfont["="])
    oled.show_hanzi(2, 16 * 3, myfont[str(int(x//10))])
    oled.show_hanzi(2, 16 * 4, myfont[str(int(x% 10))])
    oled.show_hanzi(2, 16 * 5, myfont["℃"])
    #中文显示,湿度
    oled.show_hanzi(3, 0, myfont["湿"])
    oled.show_hanzi(3, 16 * 1, myfont["度"])
    oled.show_hanzi(3, 16 * 2, myfont["="])
```

```
oled.show_hanzi(3, 16 * 3, myfont[str(y//10)])    #y 在 Wokwi 中为浮点数,需要取
                                                   #整数 str(int(y//10))
oled.show_hanzi(3, 16 * 4, myfont[str(y%10)])     #y 在 Wokwi 中为浮点数,需要取
                                                   #整数 str(int(y%10))
oled.show_hanzi(3, 16 * 5, myfont["% "])
oled.show()
time.sleep(1)
```

上述代码中,英文显示使用 oled.text(mydata,0,0)方法,中文显示使用 oled.show_hanzi(2,0,myfont["温"])方法等。在代码中,需要编写数字 0~9、符号"℃、%、=、"和汉字"温湿度"的汉字取模值。程序在 DIY 开发板和 Wokwi 仿真平台的运行结果如图 11.26 所示。

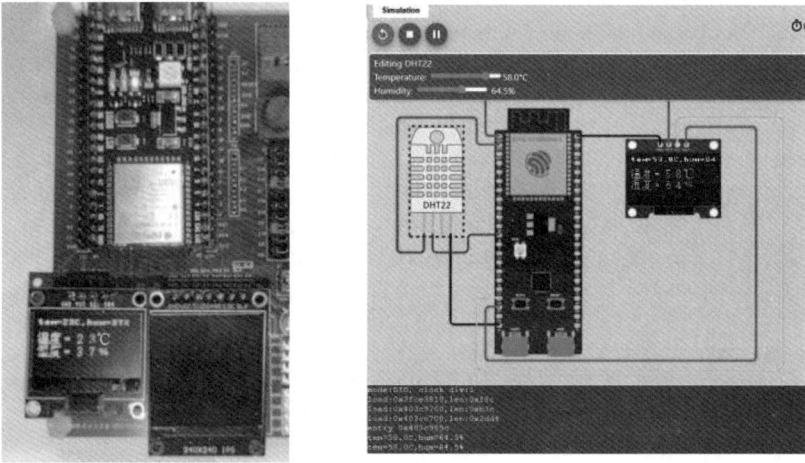

图 11.26　DHT11 温湿度采集和 OLED 显示

11.5.4　基于 DHT11 的温湿度采集与 TFT-LCD 显示

【案例 11.11】　利用 TFT-LCD 中英文显示 DHT11 采集的温湿度值。

根据 8.4 节中介绍的 TFT-LCD 英文显示和中文显示的编程方法,英文使用的是 font_ascii.py 字库中的 ASCII 字库,每个英文字符为 16×32 像素,一行可以显示 240/16＝15 个字符,共 240/332＝7 行。中文使用 font_gb2312.py 字库的 32×32 像素字符,需要进行数字 0~9、符号"℃、%、=、"和汉字"温湿度"的取模,并添加到 FONT_32 字典变量中。本案例中文为 32×32 像素,一行可以显示 240/32＝7 个汉字,共 240/32＝7 行。根据上述描述,编写程序如下:

```
import dht
import machine
import time
from machine import Pin, SPI
import st7789py as st
import font_ascii as font
import font_gb2312 as font_gb2312
```

```
#==========TFT-LCD 初始化=====
TFT_CS = Pin(21, Pin.OUT) #TFT_CS ,TFT 片选信号
TFT_CS.value(1)
spi = SPI(2, baudrate=40000000, polarity=1, phase=1, sck=Pin(11), mosi=Pin
(2), miso=Pin(40))
mytft = st.ST7789(spi, 240, 240, reset=machine.Pin(42, machine.Pin.OUT), dc=
machine.Pin(41, machine.Pin.OUT), rotation=0)
#自定义 tft 颜色
tft_WHITE = st.color565(255, 255, 255)   #RGB
tft_BLACK = st.color565(0, 0, 0)
tft_RED = st.color565(255, 0, 0)
tft_GREEN = st.color565(0, 255, 0)
tft_BLUE = st.color565(0, 0, 255)
tft_YELLOW = st.color565(255, 255, 0)
#DHT11 初始化
d = dht.DHT11(machine.Pin(8))
time.sleep(1)
#循环采集温湿度数据
while True:
    d.measure()               #采集数据
    x = d.temperature()       #读取数据,例如 23℃
    y = d.humidity()          #读取数据,例如 41 %
    mydata = "tem={}℃,hum={}% ".format(x, y)
    print(mydata)
    #英文显示
    mytft.text(font, 32, mydata, 0, 0, tft_RED, tft_BLACK)
    #中文显示,温度
    s1="温度={}℃".format(x)
    mytft.text_gb32(font_gb2312, 128, s1, 0, 32*1, tft_GREEN, tft_BLACK)
    s2="湿度={}% ".format(y)
    mytft.text_gb32(font_gb2312, 128, s2, 0, 32*2, tft_YELLOW, tft_BLACK)
    time.sleep(1)
```

上述代码需要使用 import font_ascii as font 和 import font_gb2312 as font_gb2312 导入两个字库,然后利用 mytft.text(font,32,mydata,0,0,tft_RED,tft_BLACK)显示英文,利用 mytft.text_gb32(font_gb2312,128,s1,0,32 * 1,tft_GREEN,tft_BLACK)显示中文。程序在 DIY 开发板的运行结果如图 11.27 所示。

图 11.27　DHT11 温湿度采集和 TFT-LCD 显示

11.6　基于 MQTT 通信协议的远程温湿度检测系统

11.6.1　MQTT 通信协议简介

消息队列遥测传输（Message Queuing Telemetry Transport，MQTT）协议，是一种基于发布/订阅（publish/subscribe）模式的"轻量级"通信协议，该协议构建于 TCP/IP 上，由 IBM 在 1999 年发布。MQTT 的最大优点在于，可以以极少的代码和有限的带宽，为远程连接设备提供实时可靠的消息服务，作为一种低开销、低带宽占用的即时通信协议，其在物联网、小型设备、移动应用等方面有较广泛的应用。

MQTT 是一个基于客户端/服务器的消息发布/订阅传输协议，如图 11.28 所示。实现 MQTT 协议需要客户端和服务器端完成通信，在通信过程中，MQTT 协议中有三种身份：发布者（Publisher）、代理服务器（Broker）、订阅者（Subscriber）。其中，MQTT 消息的发布者和订阅者都是客户端，服务器只是作为一个中转的存在，将发布者发布的消息转发给所有订阅该主题的订阅者；发布者可以发布在其权限之内的所有主题，并且消息发布者可以同时是订阅者，实现了生产者与消费者的解耦，发布的消息可以同时被多个订阅者订阅。MQTT 传输的消息分为：主题（topic）和负载（payload）两部分。主题可以理解为消息的通信信道，订阅者订阅后，就会收到该主题（信道）传输的消息内容数据，即负载。这里的负载都是字符串类型的数据。

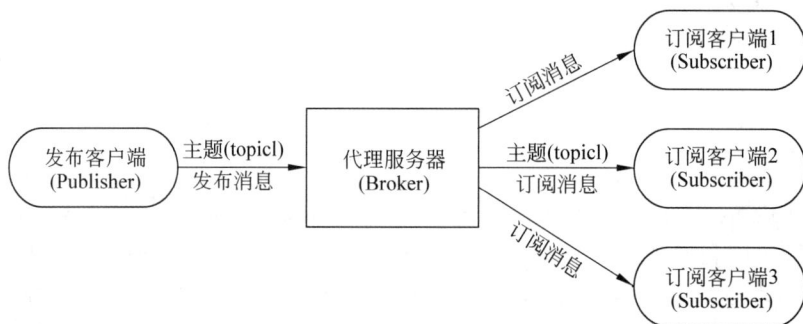

图 11.28　MQTT 通信模型

MQTT 的代理服务器有私有服务器和公共服务器，其中私有服务器一般需要应用在保密性要求高的需求中，具有高可靠性和安全性。而公共服务器一般用在 MQTT 的学习和测试需求中，其稳定性和可靠性弱一些。目前，在互联网中提供有很多 MQTT 公共服务器，其中使用比较多的有 broker.emqx.io、test.jmqtt.io 和 broker.hivemq.com 等服务器，其默认服务器端口号为 1883，不需要用户名、密码和安全认证协议，使用方便。

在 MicroPython 中没有提供内置的 MQTT 库，但是在互联网上有很多程序员开发了开源的 MQTT 库，读者可以在 GitHub 上查询获得。其中 umqtt.simple 库是使用比较多的库，目前这个库已经进行更新，升级为 umqtt.simple2，读者可以在网站"https://pypi.org/"或者 GitHub 上获得。用户下载并解压库后是一个文件夹 umqtt，其中包含这个库的源文件。读者在使用这个库时，需要把 umqtt 文件夹及其内部文件都下载到 ESP32 中，然后通过代码"from umqtt.simple2 import MQTTClient"导入该库。umqtt.simple2 库方法如表 11.3 所示。

表 11.3　umqtt.simple2 库方法

类　方　法	说　　明	示　　例
MQTTClient(client_id, server, port＝0, user＝None, password ＝None)	构建 MQTT 客户端对象,参数 client_id 为用户 ID,server 为服务器地址,port 为服务器端口号, user 为用户名,password 为用户密码	SERVER＝'broker.emqx.io' # EMQX Cloud 服务器地址 PORT＝1883 # 端口号 USER＝'emqx' # 用户名 PASSWORD＝'public' # 密码 CLIENT_ID＝'client_id' # 客户端 ID client＝MQTTClient(CLIENT_ID, SERVER,PORT,USER,PASSWORD)
MQTTClient.connect()	与 MQTT 服务器建立连接	client.connect()
MQTTClient.disconnect()	与 MQTT 服务器断开连接	client.disconnect()

MQTTClient.publish(topic, msg,qos＝0)	发布消息的方法,参数 topic 为主题,msg 为消息内容,qos 为信道质量	TOPIC＝b'mytopic001test' # 主题
		client.publish(TOPIC, b'start mqtt programe!! ')

MQTTClient.subscribe(topic, qos＝0)	订阅主题,参数 topic 为主题,qos 为传输质量	TOPIC2 ＝b'mytopic002test'# 主题 client.subscribe(TOPIC2)
MQTTClient.set_callback(f)	设置订阅消息回调函数,参数 f 为回调函数名称,此函数需要有 4 个参数（topic, msg, retained, dup）,其中 topic 为消息的主题, msg 为消息的内容	def sub_cb(topic,msg,x1,x2): global mygetdata print("接收订阅消息:",topic,msg, x1,x2) mygetdata＝msg.decode("utf-8") client.set_callback(sub_cb)
MQTTClient.wait_msg()	以阻塞方式等待订阅消息,直到接收到数据	client.wait_msg()
MQTTClient.check_msg()	以非阻塞方式等待订阅消息,直到接收到数据	client.check_msg()

　　umqtt.simple2 是用来实现 MQTT 客户端的库,能够进行消息的发布和订阅,其中订阅消息的接收检查可以采用阻塞方式或非阻塞方式进行数据的接收。参数中,qos 为传输质量参数:为 0 表示发送最多一次,不论是否接收到;为 1 表示可以多次重复发送一条消息,确保接收端至少接收到 1 次;为 2 表示可以多次重复发送一条消息,确保接收端能收到而且只收到一次。

11.6.2　MQTT 数据发布与订阅案例

　　在 DIY 开发板上利用 9.2.2 节案例,通过 Wi-Fi 模块连接网络,然后利用 MQTT 协议进行数据的发布和订阅。

　　【案例 11.12】　DIY 开发板通过 MQTT 协议与其他客户端进行通信,循环进行数据发送并把订阅到的消息在 REPL 窗口中进行显示。

为实现案例目标,首先需要连接 Wi-Fi 网络,然后利用表 11.3 中的方法建立与公共服务器 broker.emqx.io 的 MQTT 信道,编写代码如下:

```
import network
import time
from umqtt.simple2 import MQTTClient
#连接 Wi-Fi 函数
def do_connect():
    global wlan
    wlan = network.WLAN(network.STA_IF)
    wlan.active(True)
    if not wlan.isconnected():
        print('connecting to network…')
        wlan.connect('wifitest', '12345678')
        while not wlan.isconnected():
            pass
    print('network config:', wlan.ifconfig())
#====连接 Wi-Fi 网络
do_connect()
#====MQTT 初始化
#定义 MQTT 参数
SERVER = 'broker.emqx.io' #EMQX Cloud 服务器地址
PORT = 1883                      #端口号
USER = 'emqx'                    #用户名
PASSWORD = 'public'              #密码
CLIENT_ID = 'client_id'          #客户端 ID
TOPIC = b'mytopic001test'        #主题
TOPIC2 = b'mytopic002test'       #主题
#定义接收到订阅消息回调函数
mygetdata=None
def sub_cb(topic, msg, x1, x2):
    global mygetdata
    print("接收订阅消息:", topic, msg, x1, x2)
    mygetdata=msg.decode("utf-8")
#创建 MQTT 客户端对象
client = MQTTClient(CLIENT_ID, SERVER, PORT, USER, PASSWORD)
#连接 MQTT 服务器
client.connect()
#向 TOPIC 主题发布消息
client.publish(TOPIC, b'start mqtt programe!!')
#设置消息回调函数
client.set_callback(sub_cb)
#订阅主题 TOPIC
client.subscribe(TOPIC2)
#持续发布和检测订阅接收消息
i=0
while True:
    client.check_msg()              #非阻塞式接收,client.wait_msg()为阻塞式接收
    if mygetdata=="exit":
        print("getdata={}".format(mygetdata))
        break
    elif mygetdata!=None:
        print("getdata={}".format(mygetdata))
```

```
        else:
            pass
    i=i+1
    mydatetime=time.localtime()
    s1="i={ },{ }-{ }-{ } { }:{ }:{ }".format(i,mydatetime[0],mydatetime[1],
    mydatetime[2],mydatetime[3],mydatetime[4],mydatetime[5])
    client.publish(TOPIC, bytearray(s1,"utf-8"))
    print("发布数据:{ }".format(bytearray(s1,"utf-8")))
    time.sleep(1)
#断开连接
client.disconnect()
wlan.disconnect()
print("程序结束!!!")
```

上述代码中，MQTT 服务器端口号为 1883，这是 MQTT 默认端口号。此 MQTT 公共服务器的用户名和密码可以是任意的。订阅主题都是自定义的，可以是任意字符串。此程序运行在 DIY 开发板只是 1 个 MQTT 客户端，还需要其他的客户端进行 MQTT 消息的订阅和发布，与 DIY 开发板进行联合调试。其他的 MQTT 客户端可以采用 11.6.3 节和 11.6.4 节中软件进行。

上述案例代码也可以在 Wokwi 平台进行仿真，用户根据 11.5.2 节介绍的 DHT22 仿真案例，以及 9.2.3 节的介绍，修改案例代码中 Wi-Fi 网络名称为 Wokwi 仿真网络 Wokwi-GUEST，清空密码即可。同时，需要在 Wokwi 平台添加文件 simple2.py 并修改代码第三行为 from simple2 import MQTTClient。读者可以自行修改代码在 Wokwi 平台运行，其结果如图 11.29 所示。

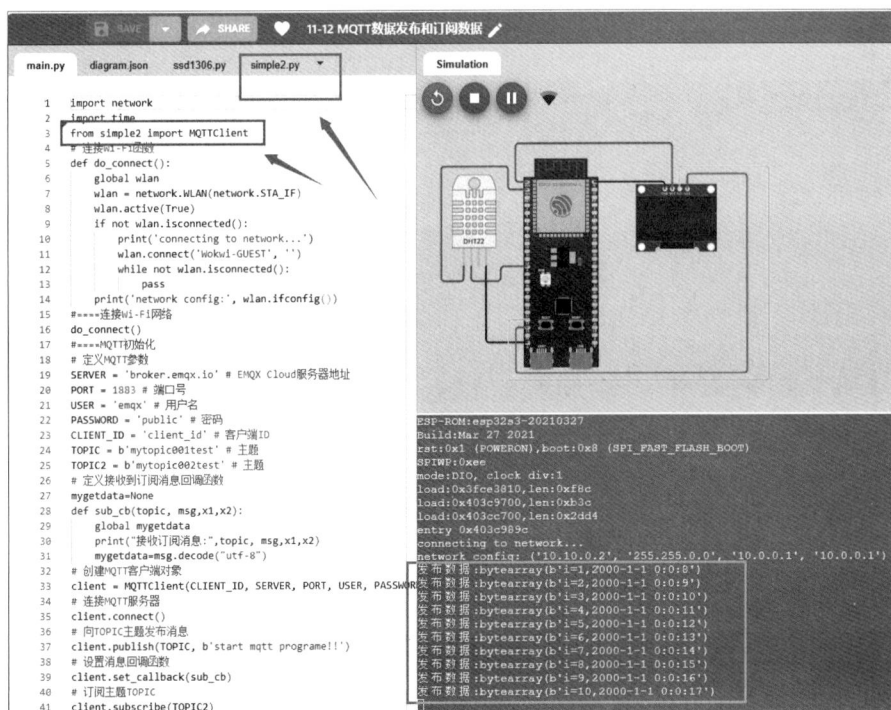

图 11.29　Wokwi 仿真 MQTT 数据通信

11.6.3 PC 端 MQTT 调试软件"MQTT.fx"使用

目前，PC 端有很多免费的 MQTT 调试工具，例如 MQTTX、MQTT Explorer、MQTT Box 等，本节使用"MQTT.fx"软件，推荐使用 1.7 版本，其主要使用方法如下。

1. 与 MQTT 服务器建立连接

在安装完 MQTT.fx 软件后，会在开始菜单或桌面上产生图标，如图 11.30 所示。双击图标运行软件后，首先单击服务器配置按钮，添加 MQTT 基本信息，如图 11.31 所示。

图 11.30　MQTT.fx 软件图标

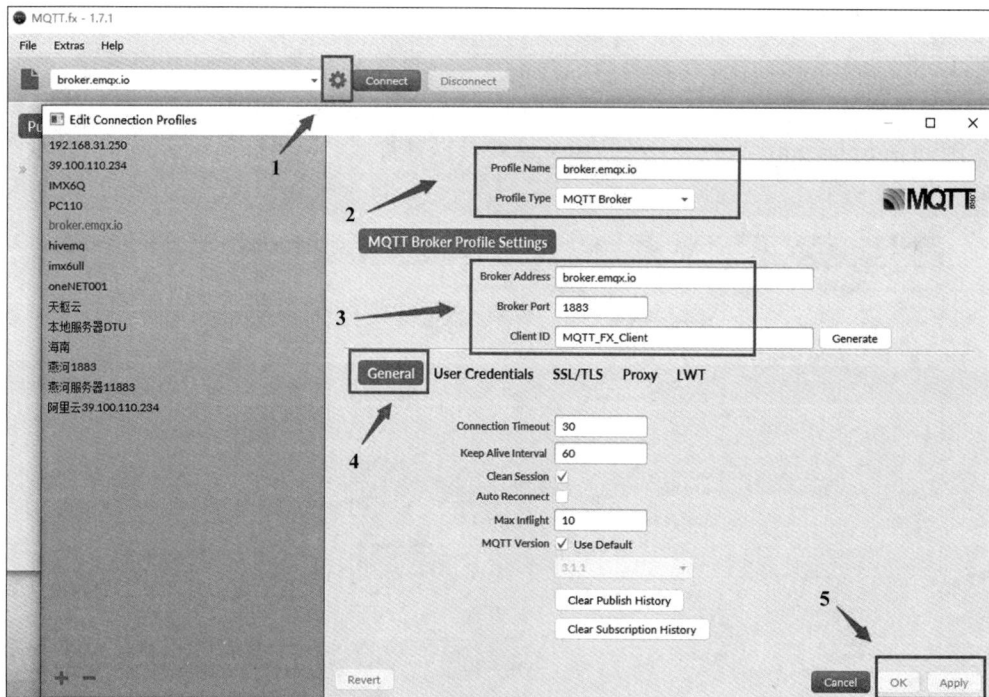

图 11.31　MQTT 服务器参数

2. 订阅消息

在与服务器建立连接后，单击 Subscribe 标签进入订阅消息功能窗口，如图 11.32 所示。首先在主题文本框中输入订阅主题，然后单击 Subscribe 按钮启动订阅，在窗口右侧会显示接收到的实时和历史订阅消息。如果有多个订阅主题，在窗口左侧会逐行显示不同主题，单击对应主题,会在窗口右侧切换输出对应的订阅消息。

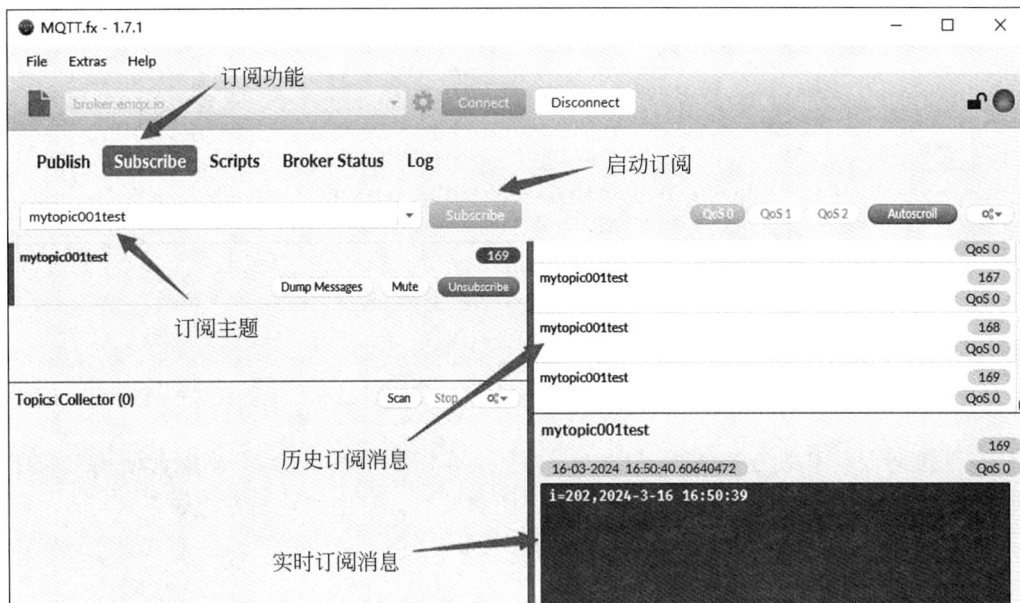

图 11.32 订阅消息功能窗口

3. 发布消息

在与服务器建立连接后,单击 Publish 标签进入发布消息功能窗口,如图 11.33 所示。首先在发布主题文本框中输入主题,选择右侧的 QoS 等级,然后在窗口下方的文本框中输入准备发布的消息,最后单击 Publish 按钮发布消息。

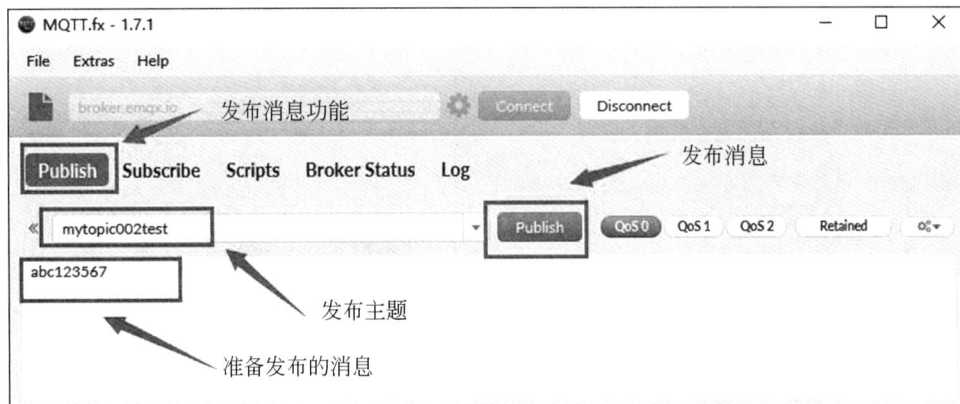

图 11.33 发布消息功能窗口

在了解上述使用方法后,配合 11.6.2 节中的 DIY 开发板程序进行 MQTT 调试,其 REPL 窗口输出如图 11.34 所示。在 MQTT.fx 软件的文本输入框中输入 exit 发送后,DIY 开发板接收数据并进行分析,然后退出程序。

图 11.34　DIY 开发板 MQTT 调试 REPL 窗口输出

11.6.4　手机端 MQTT 调试 App 软件"MQTT 调试器"使用

在手机端也有丰富的 MQTT 调试 App,但是有很多是收费的,本节推荐使用"MQTT 调试器"App,其支持 MQTT 客户端的消息订阅和发布。其主要使用方法如下。

1. 与 MQTT 服务器建立连接

在安装完并运行 App 后,单击主页的"＋"按钮添加 MQTT 服务器信息,如图 11.35 所示,"主机"参数是服务器的地址,需要在地址前面添加"tcp://"前缀。添加完服务器信息后返回主页,单击对应服务器条目,然后单击"连接"按钮,与服务器建立连接。

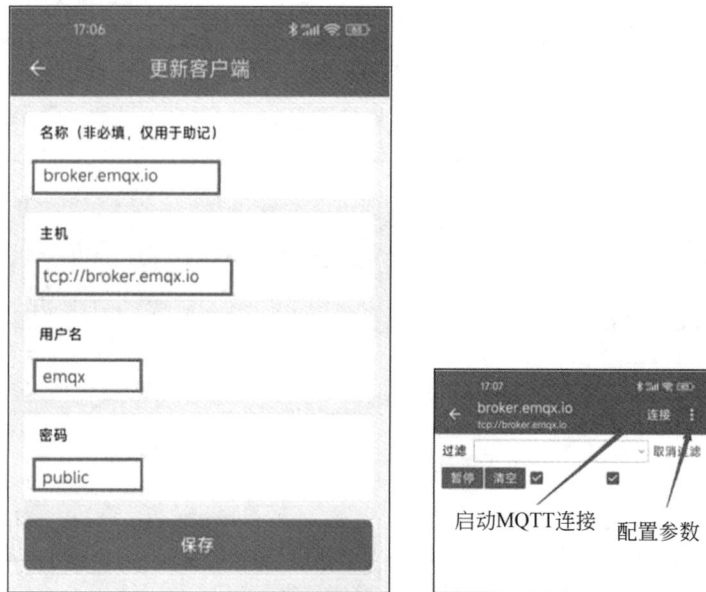

图 11.35　MQTT 服务器信息

2. 订阅消息

在图 11.35 中单击"⁝"按钮进入消息参数配置界面,如图 11.36 所示,选择"订阅"条目,输入订阅主题,然后就会在主界面中自动开启订阅消息接收。

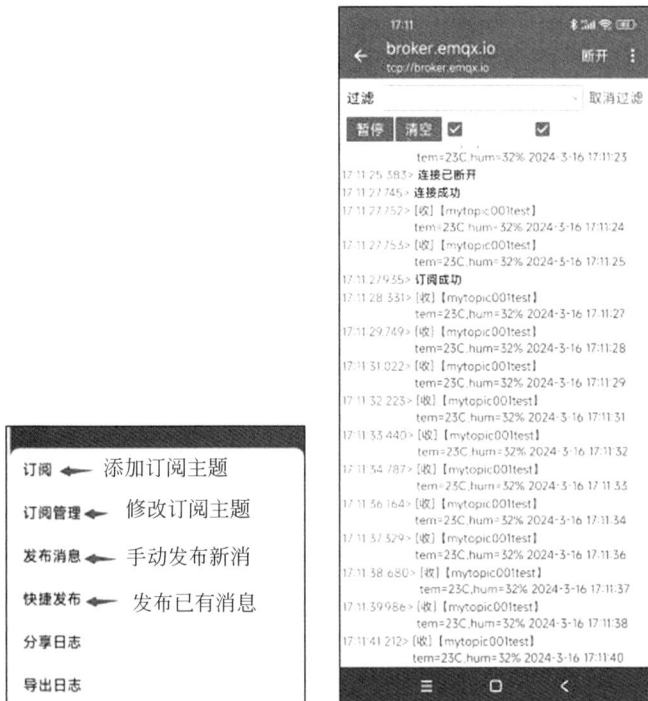

图 11.36　订阅消息界面

3. 发布消息

在与服务器建立连接后,单击主界面"："按钮进入消息参数配置界面,如图 11.36 所示,选择"发布消息"条目,进入发布消息界面,如图 11.37 所示。在此界面中选择 QOS 等级、输入发布主题和发布消息内容,然后单击"发布"按钮进执行发布。如果需要多次切换发布相同的消息,可以选择"快捷发布"条目,输入主题和消息内容,然后单击"发送"按钮实现发布消息。

图 11.37　发布消息界面

11.6.5　基于 MQTT 通信协议的远程温湿度检测系统

【案例 11.13】　DIY 开发板通过 MQTT 协议进行 DHT11 采集的温湿度数据传输,在

PC 端和手机端进行温湿度数据的订阅。

根据案例 11.12 的框架,修改传输数据为 DHT11 采集的数据即可,编写代码如下:

```
import network,machine,time
from umqtt.simple2 import MQTTClient
import dht
#DHT11 初始化
d = dht.DHT11(machine.Pin(8))
time.sleep(1)
#连接 Wi-Fi 函数
def do_connect():
    global wlan
    wlan = network.WLAN(network.STA_IF)
    wlan.active(True)
    if not wlan.isconnected():
        print('connecting to network…')
        wlan.connect('wifitest', '12345678')
        while not wlan.isconnected():
            pass
    print('network config:', wlan.ifconfig())
#====连接 Wi-Fi 网络
do_connect()
#====MQTT 初始化
#定义 MQTT 参数
SERVER = 'broker.emqx.io'              #EMQX Cloud 服务器地址
PORT = 1883                            #端口号
USER = 'emqx'                          #用户名
PASSWORD = 'public'                    #密码
CLIENT_ID = 'client_id'                #客户端 ID
TOPIC = b'mytopic001test'              #主题
TOPIC2 = b'mytopic002test'             #主题
#定义接收到订阅消息回调函数
mygetdata=None
def sub_cb(topic, msg,x1,x2):
    global mygetdata
    print("接收订阅消息:",topic, msg,x1,x2)
    mygetdata=msg.decode("utf-8")
#创建 MQTT 客户端对象
client = MQTTClient(CLIENT_ID, SERVER, PORT, USER, PASSWORD)
#连接 MQTT 服务器
client.connect()
#向 TOPIC 主题发布消息
client.publish(TOPIC, b'start mqtt programe!!')
#设置消息回调函数
client.set_callback(sub_cb)
#订阅主题 TOPIC
client.subscribe(TOPIC2)
```

```
#持续发布和检测订阅接收消息
while True:
    client.check_msg()        #非阻塞式接收,client.wait_msg()为阻塞式接收
    if mygetdata=="exit":
        print("getdata={}".format(mygetdata))
        break
    elif mygetdata!=None:
        print("getdata={}".format(mygetdata))
    else:
        pass
    d.measure()               #采集数据
    x = d.temperature()       #读取数据,例如 23℃
    y = d.humidity()          #读取数据,例如 41 %
    mydatetime=time.localtime()
    s1="tem={}℃,hum={}%  {}-{}-{} {}:{}:{}".format(x, y,mydatetime[0],
    mydatetime[1],mydatetime[2],mydatetime[3],mydatetime[4],mydatetime[5])
    client.publish(TOPIC, bytearray(s1,"utf-8"))
    print("发布数据:{}".format(bytearray(s1,"utf-8")))
    time.sleep(1)
#断开连接
client.disconnect()
wlan.disconnect()
print("程序结束!!!")
```

上述程序在 DIY 开发板中运行后,在 PC 端和手机端运行相关 MQTT 调试软件,然后订阅消息就可以循环接收到温湿度数据,如图 11.38 所示。

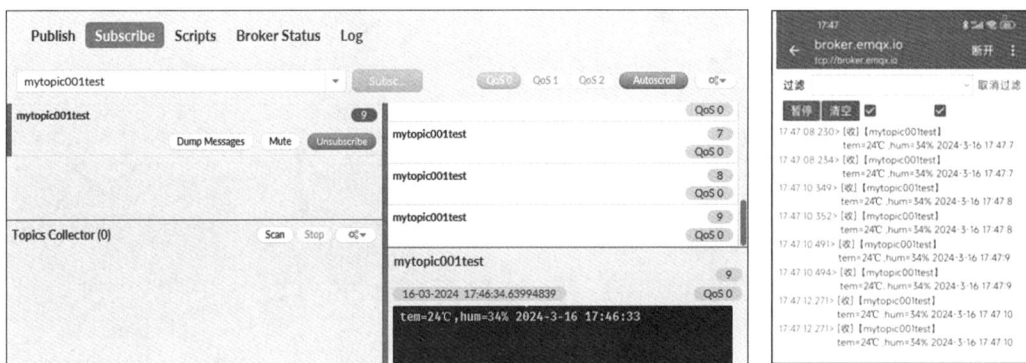

图 11.38　MQTT 客户端调试软件结果

上述案例代码也可以在 Wokwi 平台进行仿真,用户根据 11.5.2 节介绍的 DHT22 仿真案例,以及 9.2.3 节的介绍,修改案例代码中 Wi-Fi 网络名称为 Wokwi 仿真网络 Wokwi-GUEST,清空密码即可。同时,需要在 Wokwi 平台添加文件 simple2.py 并修改代码第三行为 from simple2 import MQTTClient,读者可以自行修改代码在 Wokwi 平台运行,其结果如图 11.29 所示。

🔍 实验十一　温湿度采集系统综合案例实验

一、实验目的

（1）掌握 MQTT 通信协议。
（2）掌握 MQTT 调试软件的使用。
（3）掌握 MQTT 数据的解析。
（4）掌握综合案例的设计和调试流程。

二、实验内容

（1）基于案例 11.11 和案例 11-13 代码进行修改，利用 DHT11 进行温湿度采集，并在本地通过 OLED 显示，通过 MQTT 进行远程数据传输。

（2）系统具有报警功能，当温度或湿度超过报警范围后，通过无源蜂鸣器和 LED 闪烁进行声光的报警。通过按键或远程 MQTT 发送命令，让设备恢复默认值。

（3）远程 MQTT 数据的接收和控制命令的发送可以通过手机端或 PC 端的 MQTT 调试软件实现。

（4）在 Wokwi 平台搭建硬件电路并完成上述功能。

（5）在 DIY 开发板上完成上述功能。

第 *12* 章

PCB设计与制作

CHAPTER *12*

在前述章节中主要讲解了在 ESP32 芯片上进行嵌入式软硬件功能开发的方法,但是如何把在通用开发板上的案例转换为符合实际需求的硬件设备,还需要进行 PCB 的设计与制作。本章主要讲解利用嘉立创 EDA 软件进行电路原理图、PCB 图设计的方法,并基于嘉立创在线下单平台,完成从设计图到实际 PCB 制作过程的操作说明。此外,本章还介绍了 PCB 3D 外壳的设计方法和在线下单制作方法。

学习目标:

(1) 了解嘉立创 EDA 软件制作 PCB 的基本流程。

(2) 掌握利用 EDA 软件进行原理图设计、PCB 图设计的基本方法。

(3) 掌握 PCB 在线下单制作的方法。

(4) 了解 PCB 板 3D 外壳设计和下单 3D 打印制作的基本方法。

🔑 12.1　嘉立创 EDA 软件介绍

在计算机创新设计中,在进行系统方案验证时,可以使用通用的开发板进行每个独立功能的验证,但是在进行特定作品的开发时,往往需要有特定的硬件开发板配合,这就需要定制开发印制电路板(Printed Circuit Board,PCB)。

目前,通用的 PCB 设计软件有 Altium Designer(简称 AD)、Mentor Pads、Cadence Allegro 等。在国内用得比较多的是 Altium Designer。这些工具软件均为国外的专业工具软件,学习难度相对较大。对于一般用户而言,设计的 PCB 相对较简单,使用基本功能即可。国内很多厂商也提供了 PCB 设计软件,其中嘉立创 EDA 软件是一款免费的 PCB 设计工具,提供 Web 版本和离线版本,同时具有云存储和在线下单等功能,学习难度较低,非常适合初学者进行入门学习。

读者可以从嘉立创 EDA 官网(https://lceda.cn/)下载离线专业版进行本地安装,然后免费注册一个账号即可使用。嘉立创 EDA 官网提供在线使用指南说明和视频,读者可以进行详细学习。本章以本书配套的 DIY 开发板的设计为案例,讲解如何使用嘉立创 EDA 快速进行 PCB 的开发与制作。本书配套的 DIY 开发板的 PCB 工程也进行了开源,用户可以在本书配套资料中获得,并可以在嘉立创平台直接下单制作,然后购买相关器件进行焊接即可。

12.1.1　软件特点

嘉立创 EDA 是一款基于浏览器或客户端的、友好易用的、强大的电子设计自动化(Electronics Design Automation,)工具,始于 2010 年,完全由中国人独立开发,拥有自主知识产权。其致力于中小原理图、电路图绘制,仿真,PCB 设计与提供制造便利性,具有如下功能特点:

(1) 支持大规模的原理图设计,可以生成超过 500 页、10 万引脚的原理图。

(2) 方便的元件库管理模块,可以在线选型和添加自定义元器件。

(3) 支持层次图设计和多层次复用。

(4) 支持多种类型导出,包括 BOM、PDF、STEP 等。

(5) 支持设计规则检测。

(6) 支持自动布线与手动布线。

(7) 支持布线交互和任意角度的弧线布线。

(8) 支持过滤功能、泪滴功能。

(9) 支持 3D 预览功能,实现 3D 翻转、缩放等功能。

(10) 支持在线下单,实现“设计-元件购买-PCB 打样-SMT 贴片”一站式服务。

(11) 提供开源硬件平台,共享丰富的创意设计方案。

12.1.2　PCB 开发板设计的基本流程

以 DIY 开发板设计为例,其基本流程如下。

1. 原理图设计

- 在 EDA 软件中新建工程。
- 设置原理图设计环境参数。
- 在元件库中搜索元件。
- 在原理图中放置元件。
- 元件引脚导线网络名称及元件连接。
- 根据设计规则对原理图进行 DRC(Design Rule Check,设计规则检查)检查。

2. PCB 图设计

- 原理图导入。
- 放置 PCB 边框。
- PCB 设计规则参数设置。
- 绘制定位孔。
- 元件布局。
- 元件自动布线。
- DRC 检查。
- 根据检查错误进行手动布线修改。
- 添加丝印和泪滴。

3. PCB 在线下单制作

- PCB 工程导出。
- 在线下单参数修改。
- 提交订单等待审核。
- 审核通过后缴费并开始制作。

12.1.3　新工程建立与保存

运行嘉立创 EDA 软件后,选择"文件"→"新建"→"工程"命令或者单击主窗口中"快速开始"子窗口中的"新建工程"按钮,如图 12.1 所示。打开工程基本信息填写窗口,填写工程的名称后单击"保存"按钮就完成工程创建了。在主窗口中的"所有工程"子窗口中展示了此用户账号下的工程和官方提供的案例工程,如图 12.2 所示。

图 12.1　"快速开始"子窗口

图 12.2 "所有工程"窗口

双击"所有工程"子窗口中的工程名称,打开对应的工程项目窗口,如图 12.3 所示。在窗口左侧选择"工程设计"选项,窗口右侧出现打开的工程文件,里面包含原理图文件(默认名称为 Schematic1)和 PCB 制版图文件(默认名称为 PCB1)。用户双击相关文件即可打开文件进行编辑工作。如果需要保存工程,则选择"文件"→"保存"命令。也可以选择"另存为"级联菜单中的命令以不同的方式保存工程。

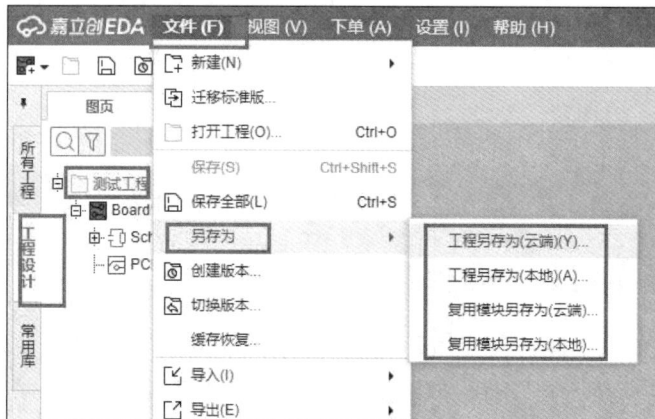

图 12.3 工程项目窗口

12.2 开发板原理图设计

12.2.1 原理图环境参数设置

双击窗口左侧原理图文件名称,打开原理图编辑窗口。右击对应的原理图会弹出快捷菜单选择其中的命令,可以修改原理图名称和添加新的图页;选择"属性"命令,在窗口右侧会出现原理图环境参数设置界面,如图 12.4 所示,通过该界面可以设置图页的大小和基本信息。这里图页的大小默认为 A4,可以修改为 A3 等规格。原理图的大小不影响 PCB 大小,可以根据实际需求进行设置,方便输出打印。

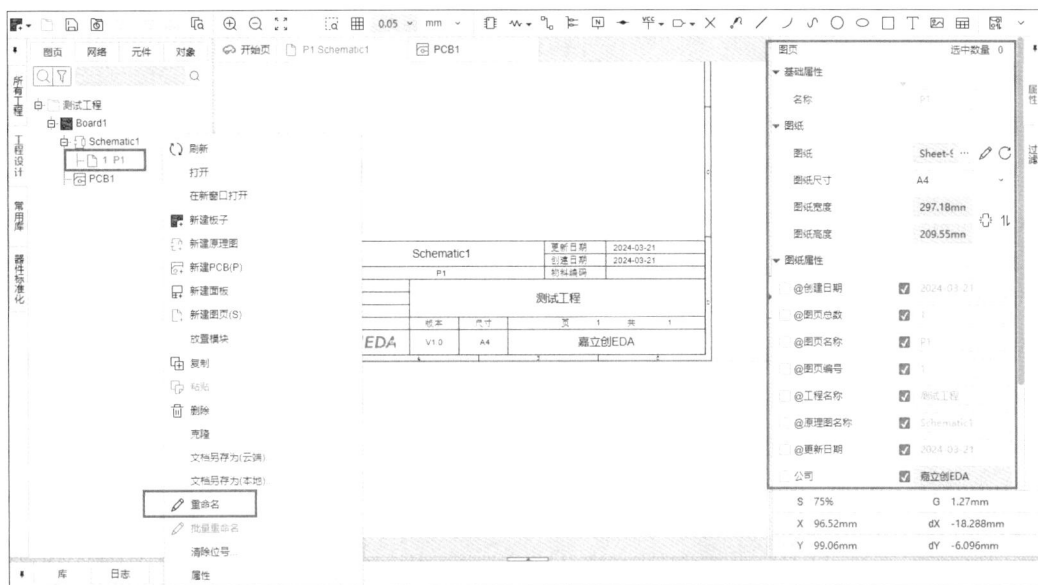

图 12.4　原理图环境参数设置界面

12.2.2　器件的选择

在 EDA 主窗口选择"放置"→"器件"/"快捷器件"命令,打开"器件"对话框,或者单击器件按钮,如图 12.5 所示。

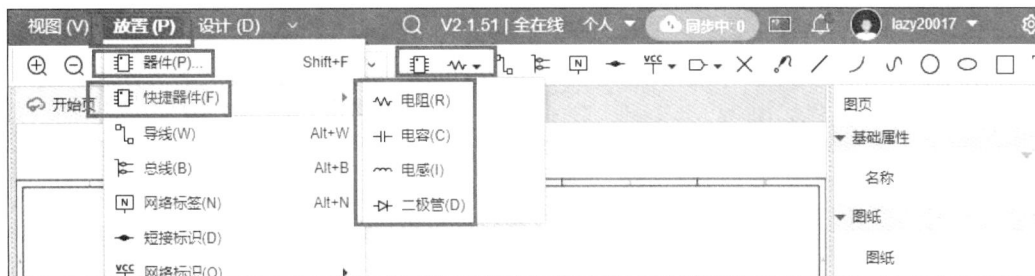

图 12.5　打开"器件"对话框

"器件"对话框如图 12.6 所示。在对话框左上角有"立创商城"和"嘉立创 EDA"选项,建议选择"嘉立创 EDA"选项。"立创商城"是第三方提供的数据,有一些器件缺少封装或部分参数,使用不是很方便。在窗口中"系统"是嘉立创提供的器件,在"个人"选项中可以选择用户自己添加的器件。在对话框中间选择各种过滤参数,然后单击"应用筛选"按钮筛选出对应的可用器件。最后选择器件,查找到合适的器件后单击"放置"按钮,器件就会自动放置在原理图中。

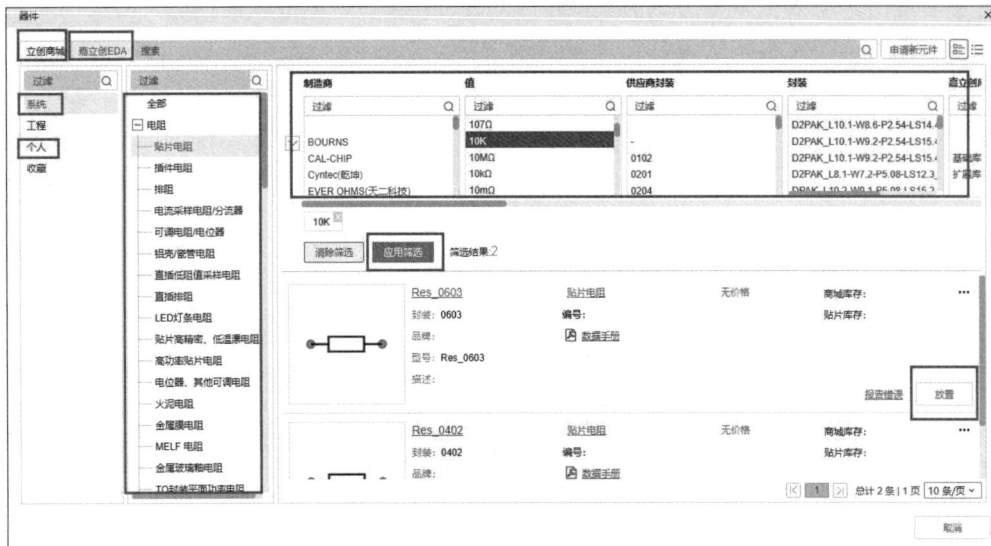

图 12.6 "器件"对话框

12.2.3 器件的连接

在原理图中放置完相关器件后，就进行器件的连接。器件的连接有两种方式。一种是如果器件在原理图中距离较近，可以直接单击对应引脚，两个引脚就会自动连接。连接后的导线为绿色。如果两个引脚距离较远，不适合直接连接，或者是多个引脚要连接在一起（例如连接 VCC 或者 GND），这种情况下需要使用导线网络名称方式，先单击引脚引出一段悬空的导线，然后单击此导线，在窗口右侧出现导线"属性"子窗口，其中"名称"选项就是对应的导线网络名称。在"名称"文本框中输入导线网络名称后，原理图会自动显示名称，如图 12.7 所示。在 PCB 电路自动连线时，相同名称的导线会自动连接在一起。

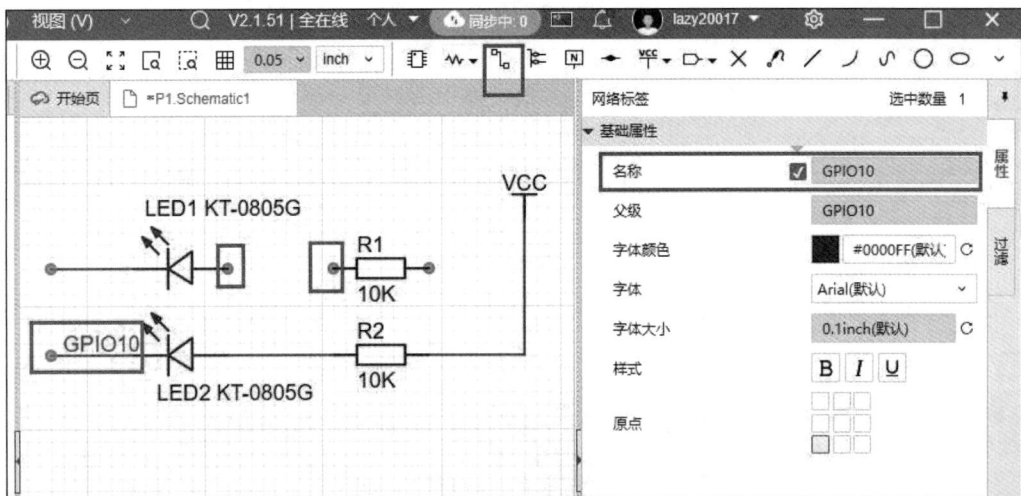

图 12.7 器件的连接

12.2.4　自定义器件的设计

在"器件"窗口中,如果没有找到合适的器件,也可以自定义进行器件的设计,主要包括元件、封装和 3D 模型。其中元件是在原理图中使用,封装是在 PCB 图绘制时中使用,3D 模型是在 PCB 预览中使用,如图 12.8 所示。3D 模型由于较复杂,可以不添加,此时不影响PCB 的制作,只是在 3D 预览时没有此器件。在自定义器件时,可以在器件库中选择相似的器件,然后进行修改和保存,这样会大大降低设计的难度。

图 12.8　自定义器件功能选择

12.2.5　注释文字的添加

原理图中如果需要对器件或者部分模块进行说明,可以单击工具栏上的 T 按钮,然后输入相关文字,最后单击"放置"按钮,如图 12.9 所示。可以通过鼠标将文字拖曳到合适的位置。

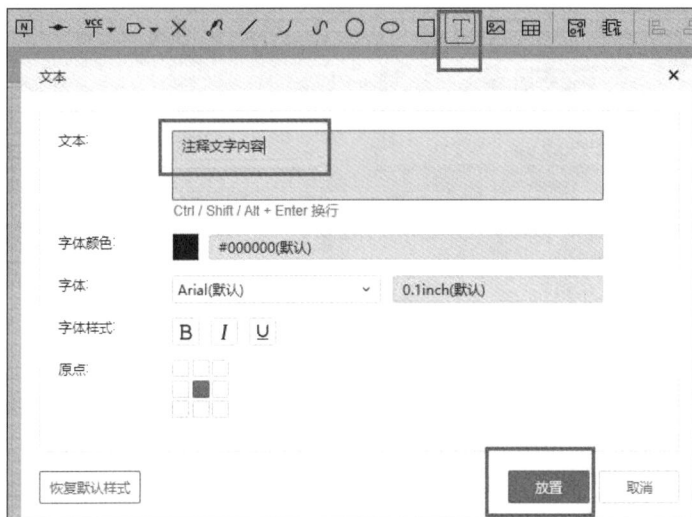

图 12.9　注释文字的添加

12.2.6 原理图 DRC 检查

在完成原理图的基本器件选择和连接后，就可以进行 DRC 检查了。如图 12.10 所示，选择主窗口下方的 DRC 选项，进入 DRC 检查窗口，首先单击"清空"按钮把历史数据清除，然后再单击"检查 DRC"按钮，此时 EDA 软件会自动进行原理图规则检测，检查的结果显示在窗口右侧，其中错误信息是用户必须修改的，警告信息需要用户确认是否修改。

图 12.10 DRC 检查窗口

🔑 12.3 开发板 PCB 图设计

12.3.1 原理图导入

在原理图设计完成且 DRC 检查通过后，选择"设计"→"更新/转换原理图到 PCB"命令，如图 12.11 所示。然后会弹出选择窗口，在该窗口中选择需要从原理图中生成到 PCB 中的选项。此过程可以重复操作，当原理图发生修改后，选择对应的修改项即可，这样只会覆盖修改的内容，原来生成的 PCB 内容保持不变。

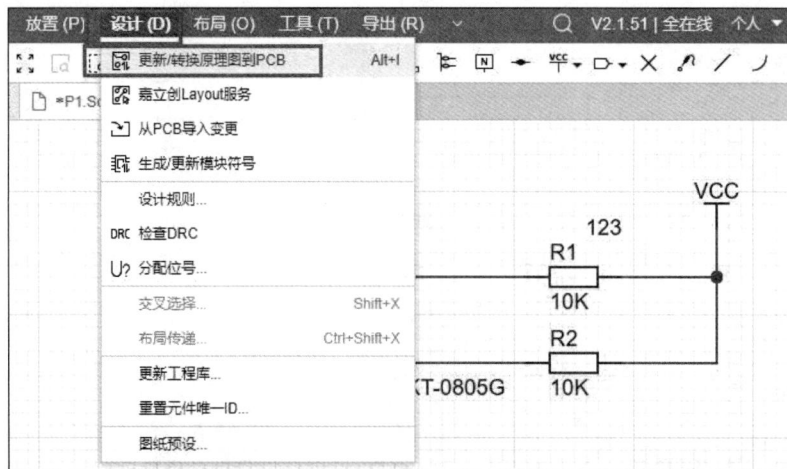

图 12.11 更新/转换原理图到 PCB

生成的 PCB 设计窗口如图 12.12 所示。PCB 采用图层设计方式,不同图层代表不同的颜色,默认红色是顶层,蓝色是底层,黄色是顶层丝印层。选择窗口下方的不同层的选项可以进行图层切换。在窗口右侧有"图层""过滤""属性"选项,选择相关选项进行修改即可。在 PCB 编辑界面中可以单击器件进行移动,也可以通过鼠标滚轮进行缩放。可以根据设计要求,把器件放在合理的位置。

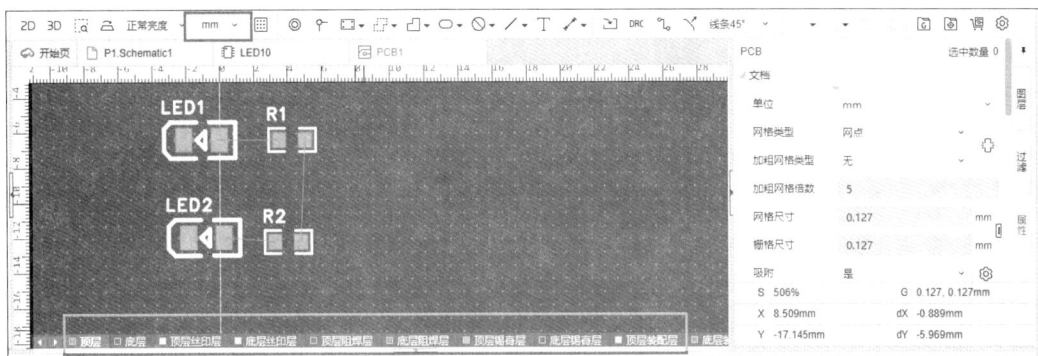

图 12.12　PCB 设计窗口

12.3.2　放置板框

在生成 PCB 图后,此时只有器件,并没有板子的大小规格,是无法制作的,因此需要先添加板子的边框,然后才能进行后续的连线等设计。选择"放置"→"板框"命令,然后选择对应的形状并在 PCB 编辑界面中进行拖曳即可。需要注意的是,PCB 默认单位是 mil(1mil＝0.0254mm),可以改为 mm,如图 12.13 所示。

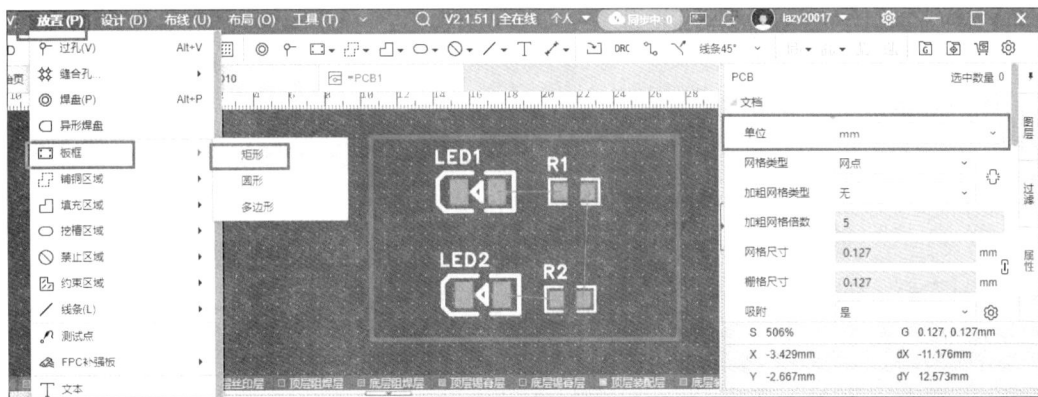

图 12.13　板框设置窗口

12.3.3　规则设置

为了保证 PCB 在后续工作过程中保持良好的性能,在 PCB 设计中常常需要设置规则,如线间距、线宽、不同电气节点的最小间距等。如图 12.14 所示,选择"设计规则"命令后会弹出对应的对话框,里面有相关参数的设置,如果不是很了解规则,可以不用修改,采用

EDA 软件的默认规则即可。

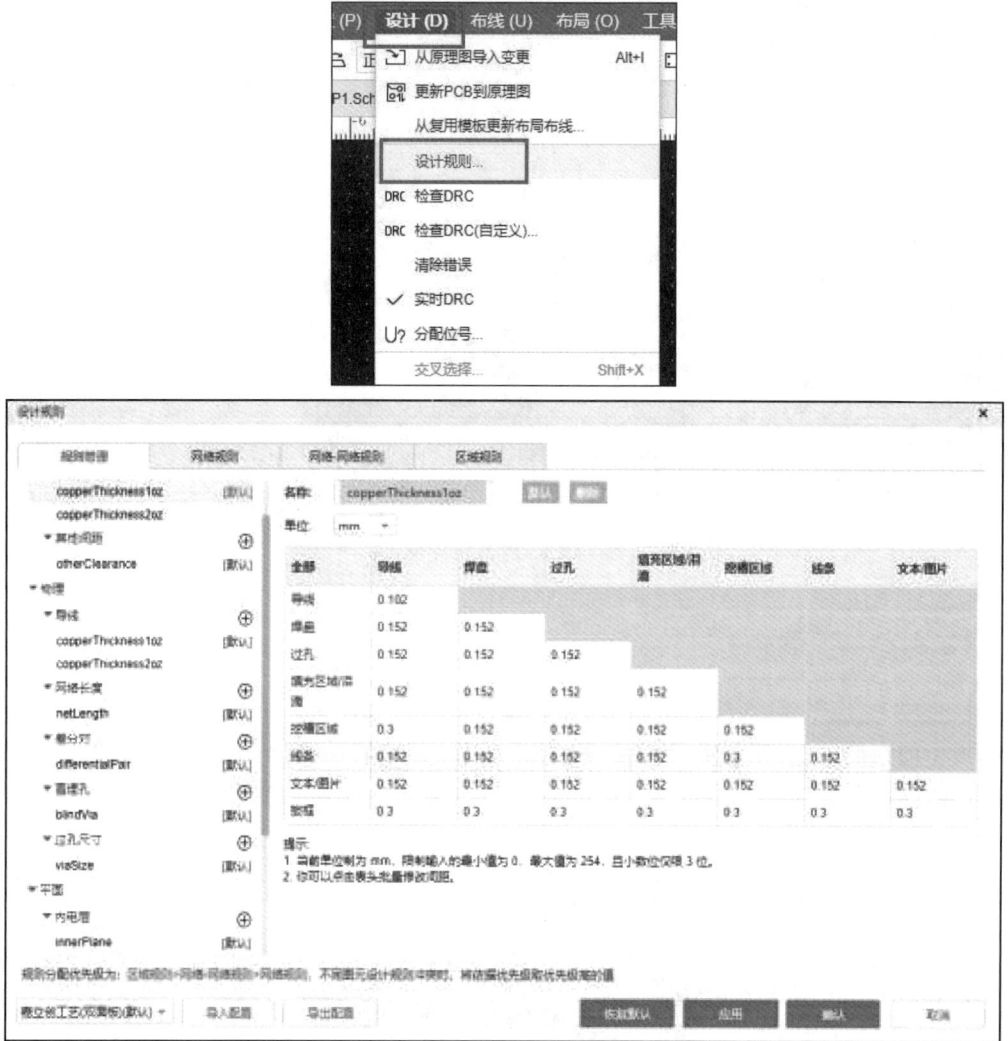

图 12.14　规则设置窗口

12.3.4　图层设置

在 PCB 制作过程中,最重要的就是器件间的导线连接,如果器件很多,引脚很多,很难在一层上连接所有的导线。同时,如果所有各类导线都部署在一层中,也会产生信号的干扰。因此 PCB 设计中要选择信号传输层的数量,就是所谓的几层电路板,如典型的 2 层、4 层和 6 层电路板。本书配套的 DIY 开发板采用的是 4 层电路板。如图 12.15 所示,选择"图层"选项后,会出现"图层"子窗口,单击子窗口右上角的配置按钮,弹出"图层管理器"对话框,在对话框中默认是 2 层信号传输层,可以通过选择"铜箔层"下拉列表框中的信号传输层数量进行修改。其他的层主要用来进行辅助设置,可以修改颜色等属性。

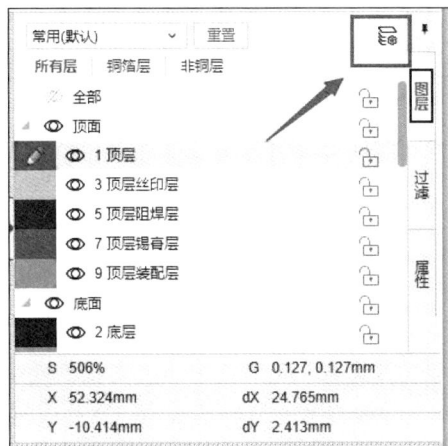

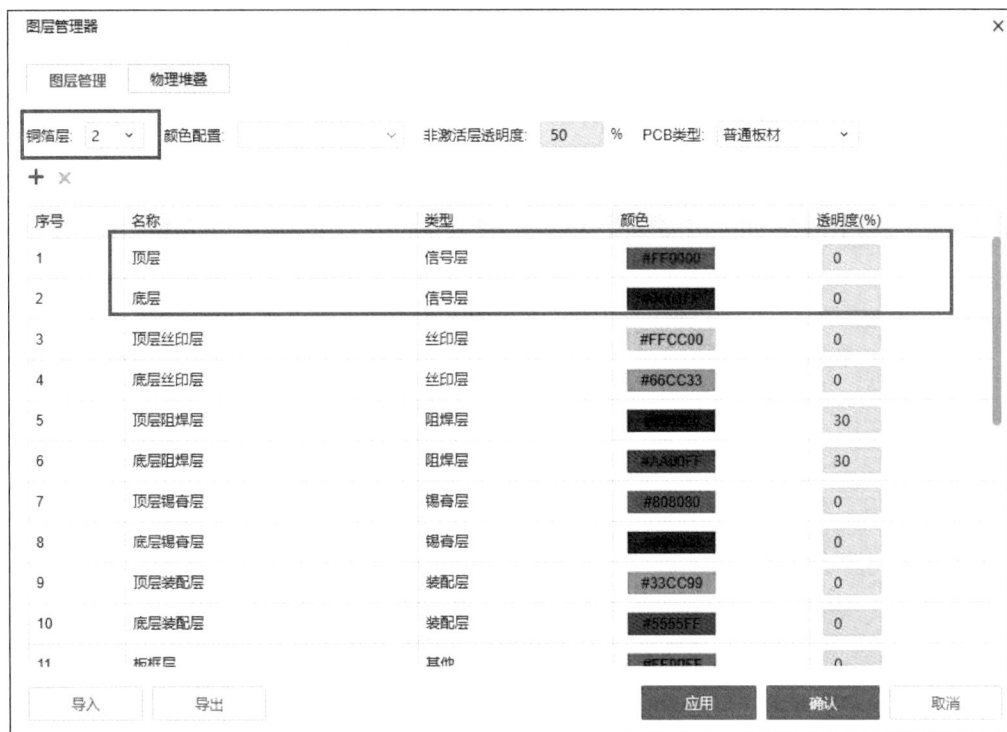

图 12.15　图层设置窗口

12.3.5　自动布线

确定完图层数量后,就可以进行器件之间导线的连接,这就是 PCB 的布线。由于在电路板中一般器件很多,很难手动布置每一条导线,因此可以先采用自动布线的方式,然后进行 DRC 检查,对有错误的地方再进行手动布线修改。重复进行 DRC 检查和手动布线修改,直至所有的错误修改为止。

如图 12.16 所示,选择"布线"→"自动布线"命令,会弹出"自动布线"对话框,根据需求对其中的规则选项进行修改后单击"运行"按钮,开始布线。根据前面设计的规则,软件会进行自动布线,自动布线的时间随原理图的复杂程度而变,原理图越复杂,所用时间越长。

图 12.16　自动布线规则选项

12.3.6　PCB 图 DRC 检查

自动布线在每款 PCB 设计软件中都是必备的功能,也是特色功能之一。但是每款软件所使用的自动布线算法和最终的效果也是不同的。在嘉立创 EDA 软件中,选择 PCB 窗口下方的 DRC 选项,然后单击"清除错误"按钮删除历史错误,最后单击"检查 DRC"按钮,软件会对布线进行检查,并在窗口右侧进行提示。其中错误信息是用户必须修改的,警告信息需要用户确认是否修改,如图 12.17 所示。单击错误提示条目,软件会自动调整 PCB 编辑界面跳转到此错误所在的位置,在 PCB 图中通过 X 进行标识,方便用户进行修改。

图 12.17　PCB 图 DRC 检查

在嘉立创 EDA 软件中,其自动布线算法在不断地更新,而且算法受前期设计的规则影响比较大。在复杂电路中,很难一次性利用自动布线完成所有的导线连接,因此必须进行DRC 检查,解决布线中产生的问题。

12.3.7　手动布线

手动布线就是在 PCB 编辑界面中,手动完成移动/拉伸、删除、重新布线、通过过孔重修布线等操作。

(1) 移动/拉伸:首先选择需要编辑的导线所在的图层,然后选择导线或器件,最后进行拖曳修改。

（2）删除/重新布线：如果在现有图层中通过修改无法解决问题，只能进行现有导线的删除，重新进行手动布线。删除是在图层中选择导线，然后按 Delete 键删除。重新布线是先选择"布线"→"单路布线"命令，如图 12.18 所示，然后选择需要连接的引脚产生导线，最后按 Enter 键完成手动布线。

（3）通过过孔重修布线：如果在现有图层中无法解决问题，只能采用过孔方式，连接不同图层的导线。过孔是用来连接不同图层的桥梁。添加过孔的方式是，先选择图层，然后选择"放置"→"过孔"命令，如图 12.19 所示。接着放置过孔到相关图层中，最后就可以连接不同图层的器件了。

图 12.18　手动布线选项

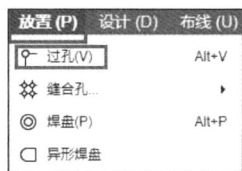

图 12.19　过孔功能选择

12.3.8　添加丝印

丝印是指印刷在电路板表面的图案和文字，丝印字符布置原则是"不出歧义，见缝插针，美观大方"。添加丝印就是在 PCB 的上下表面印刷上所需要的图案和文字等，主要是为了方便电路板的焊接、调试、安装和维修等。

添加丝印一定是在电路板的丝印层，丝印层包括顶层丝印层和底层丝印层。具体操作是，首先选择对应的丝印层，然后单击工具栏上的 T 按钮或者选择"放置"→"文本"命令，弹出"文本"对话框，如图 12.20 所示。输入文字后单击"确认"按钮，最后移动文字到图层中的合适位置即可。单击丝印文字，在弹出的"属性"子窗口中，可以修改文字的颜色、字型和字号等。

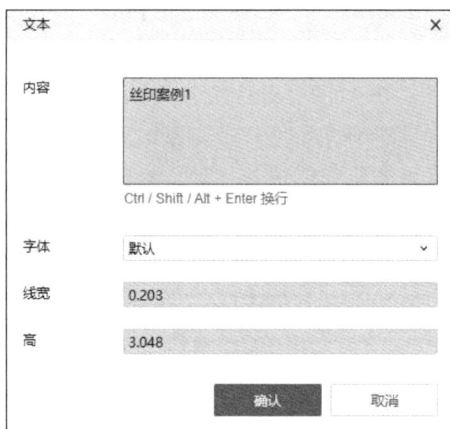

图 12.20　"文本"对话框

12.3.9　添加泪滴

在电路板设计过程中，常常需要在导线和焊盘或过孔的连接处补泪滴。其主要作用是使电路板在冲击或者刻蚀不均匀的情况下保证导线的连接。选择"工具"→"泪滴"命令，弹出"泪滴"对话框，如图 12.21 所示。如果选择"操作"选项区域中的"新增"选项，单击"确认"按钮后就会自动在电路板中添加泪滴。如果选择"操作"选项区域中的"移除"选项，单击"确认"按钮后就会自动删除已经添加的泪滴。

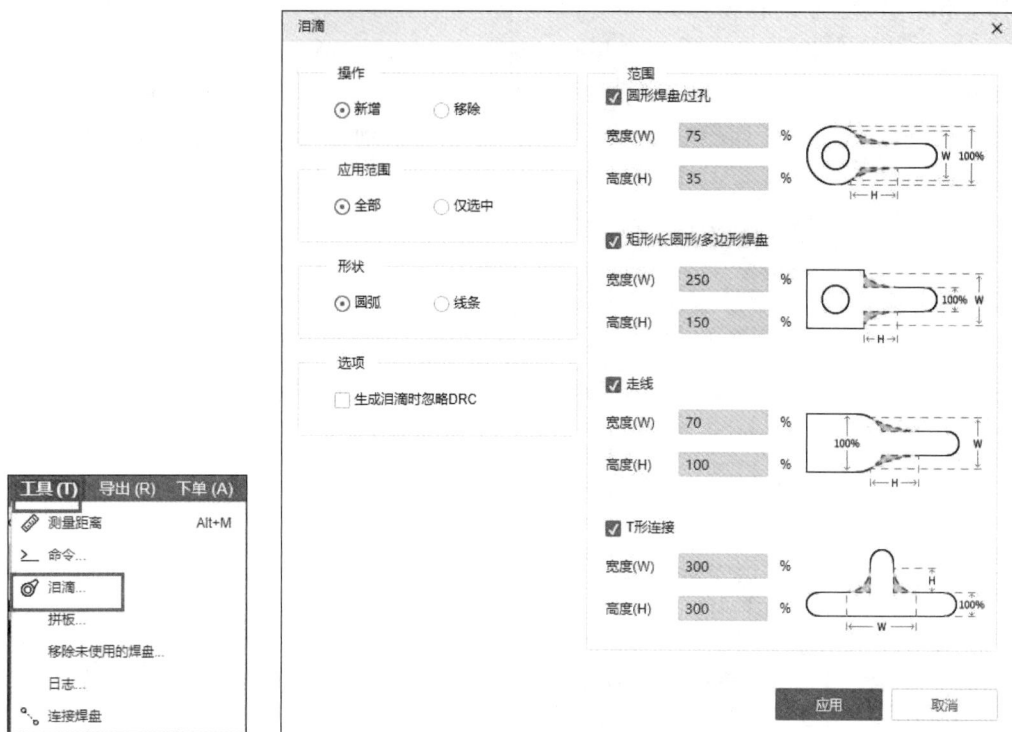

图 12.21　添加泪滴

🔑 12.4　PCB 的制作

在 PCB 图设计完成后，接下来就是进行 PCB 的制作。PCB 的制作主要有两方面内容：一是基础 PCB 的制作，二是电路板上电子器件的焊接。其中基础 PCB 的制作由专门的电路板加工厂商完成，只需要将 PCB 图发给对方并让对方按要求制作即可。同时为了保证 PCB 的技术不泄露，可以不向厂商提供 PCB 设计的源文件，只需要提供厂商要求的格式文件即可，但是由于目前 PCB 设计软件很多，标准格式也存在多个版本，因此这就带来了一定的复杂度。嘉立创 EDA 提供了在线的一键式 PCB 下单方法，可以直接把在该软件中设计的 PCB 图提交给 PCB 制作下单平台，只需要选择 PCB 制作的参数即可，非常方便。

12.4.1　PCB 在线下单流程

在 EDA 软件中，选择"下单"→"PCB 下单"命令，然后软件会弹出"PCB 下单"对话框，默认情况下都单击"确认"按钮，如图 12.22 所示。然后软件会在线打开嘉立创"PCB 在线下单平台"，如图 12.23 所示。在此平台通过选择方式配置 PCB 制作的各种参数、邮寄地址、电路板数据和总体费用等，非常方便。用户提交订单后并不会立刻支付费用，需要等待平台审核。当平台审核通过后,用户需要确认并支付费用,之后才会开始制作 PCB。嘉立创平台每月都提供免费打样优惠券,一次最多可以制作 10cm×10cm 以内的 2/4 层电路板 5 片,非常适合学习和实验打样制作。

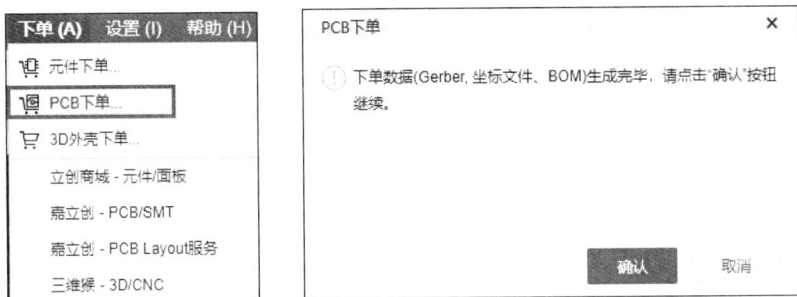

图 12.22　选择"PCB 下单"命令

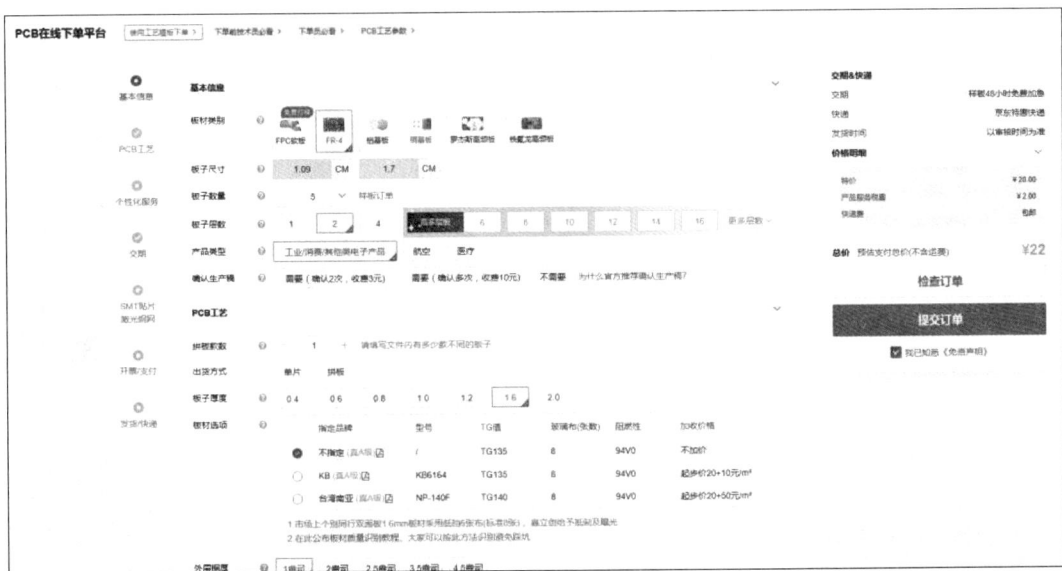

图 12.23　PCB 在线下单平台

12.4.2　SMT(贴片器件焊接)在线下单流程

在 PCB 的制作中,还有一个重要部分是 SMT 贴片,此部分内容为可选项。SMT 贴片选择如图 12.24 所示。嘉立创平台只提供贴片器件的自动焊接,不支持直插件等需要人工焊接的工序,用户可根据自己的需求进行选择。用户还可选择是否开钢网。如果需要此 PCB 在其他工厂进行器件焊接工作,则选择开钢网;如果在嘉立创平台贴片,则不需要开钢网。

12.4.3　元件在线购买流程

嘉立创平台元件下单与 PCB 制作是无关的,用户可以选择"下单"→"元件下单"命令启

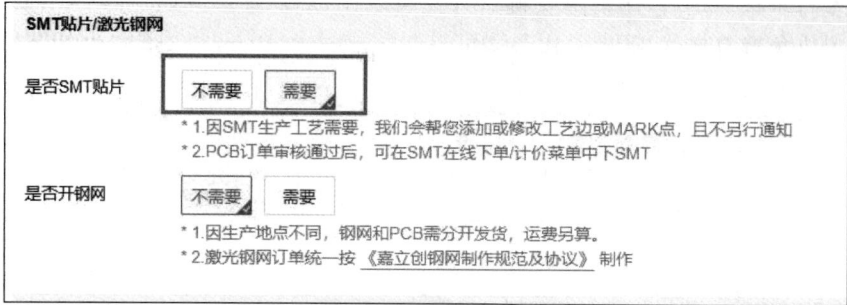

图 12.24　SMT 贴片选择

动在线元件购买平台，如图 12.25 所示。嘉立创平台会根据 PCB 图自动进行需要购买的物料清单（Bill Of Materials，BOM）表生成，用户只需要选择数量和确认参数、厂商等信息，即可一次性购买所有的元件，如图 12.26 所示。

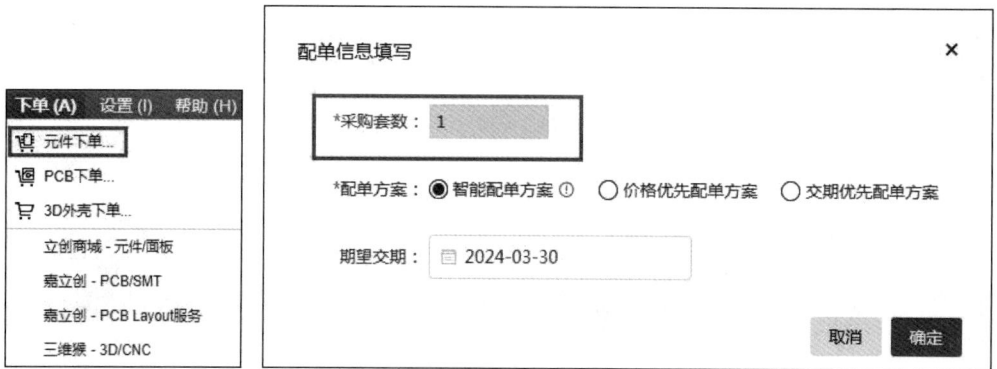

图 12.25　选择"元件下单"命令

图 12.26　元件购买列表

🔑 12.5　开发板 3D 外壳设计与制作

12.5.1　2D 和 3D 预览

嘉立创 EDA 软件提供 PCB 的 2D 和 3D 效果预览功能,同时提供非常方便的 PCB 外壳的 3D 制作工具。用户可在该软件中选择"视图"→"2D 预览"/"3D 预览"/"3D 外壳预览"命令,如图 12.27 所示。启动预览后,用户可以实时查看设计的效果,图 12.28 所示为本书配套的 DIY 开发板 3D 效果预览。

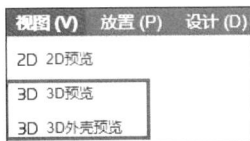

图 12.27　2D 和 3D 预览

图 12.28　DIY 开发板 3D 效果预览

12.5.2　3D 外壳设计基本流程

在 EDA 软件中,选择"放置"命令展开下拉列表,可以看到 3D 外壳相关命令,如图 12.29 所示。用户可以通过这些命令快速制作 PCB 外壳,并通过 3D 外壳预览功能实时查看设计的效果,如图 12.30 所示。

3D 外壳的制作相对于通用 3D 模型的制作要方便很多。用户可以单击 EDA 软件主窗口的"更多"子窗口中的"外壳教程"进行学习,以快速地设计出符合自己 PCB 的 3D 外壳。

图 12.29　3D 外壳相关命令

图 12.30　3D 外壳预览效果

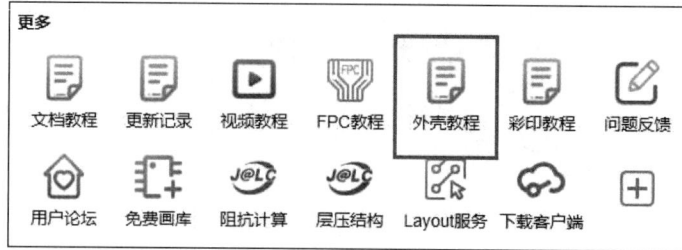

图 12.31　"外壳教程"按钮

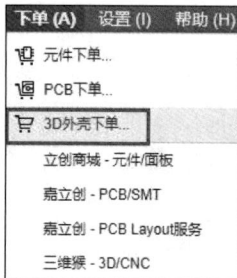

图 12.32　"3D 外壳下单"命令

12.5.3　3D 外壳下单流程

用户在 EDA 软件上设计完 3D 外壳之后,可以利用嘉立创在线平台直接下单进行制作。如图 12.32 所示,选择"下单"→"3D 外壳下单"命令。软件会打开在线 3D 打印下单平台,如图 12.33 所示。用户可以选择 3D 打印材料、数量等,然后通过 EDA 软件上传设计的 3D 图纸给平台。在平台审核通过且用户支付费用后,即可开始制作,非常方便进行样本的打样。

图 12.33　在线 3D 打印下单平台

🔑实验十二　温湿度采集系统 PCB 制作实验

一、实验目的

（1）掌握嘉立创平台原理图的设计方法。

（2）掌握嘉立创平台 PCB 设计方法。

（3）掌握嘉立创平台 PCB 在线下单和制作方法。

二、实验内容

（1）基于 DIY 开发板开源嘉立创工程进行裁剪，设计适合实验十一的温湿度采集系统 PCB。

（2）完成嘉立创平台的下单和制作流程。

（3）完成相关 PCB 上器件的购买和焊接。

（4）完成最终软硬件的调试工作。

附　　录

附录 A　ESP32-S3 的 MicroPython 固件烧录方法

1. 下载最新固件

从 YD 网站（http://vcc-gnd.cn/vcc_gnd/YD-ESP32-S3/src/branch/main/1-MPY-firmware）下载最新的适合 ESP32-S3 开发板的固件，如图 A.1 所示。同时从此网站下载 Flash 固件刷新工具 FLASH DOWNLOAD TOOL V3.9.3。

图 A.1　bin 固件下载

2. 硬件连接

利用 Type-C 接口数据线连接 ESP32-S3 开发板的 USB 端口，而不是 COM 端口。

3. 启动 ESP32-S3 进入固件刷新模式

先按下 ESP32-S3 开发板上的 BOOT 键，并按住此键不放，然后按下 RST 键，停留 1 秒，再松开 RST 键，最后松开 BOOT 键，ESP32-S3 进入烧录固件模式，此时的 USB 串口号也改变了。

4. 运行固件刷新工具软件

双击运行固件刷新工具软件 FLASH DOWNLOAD TOOL 3.9.3，然后选择芯片类型为 ESP32-S3，工作模式为 Develop，端口为 USB，如图 A.2 所示。单击 OK 按钮进入参数配置窗口，如图 13.2 所示，选择下载的 bin 固件文件（例如 YD-ESP32-S3-N16R8-MPY-V1.1. bin）。然后在地址栏填写 0x0000，勾选固件复选框，然后选择端口。

5. 开始下载固件

检查各个参数配置无误后，选择 COM 端口为 ESP32-S3 的端口，并将波特率配置为

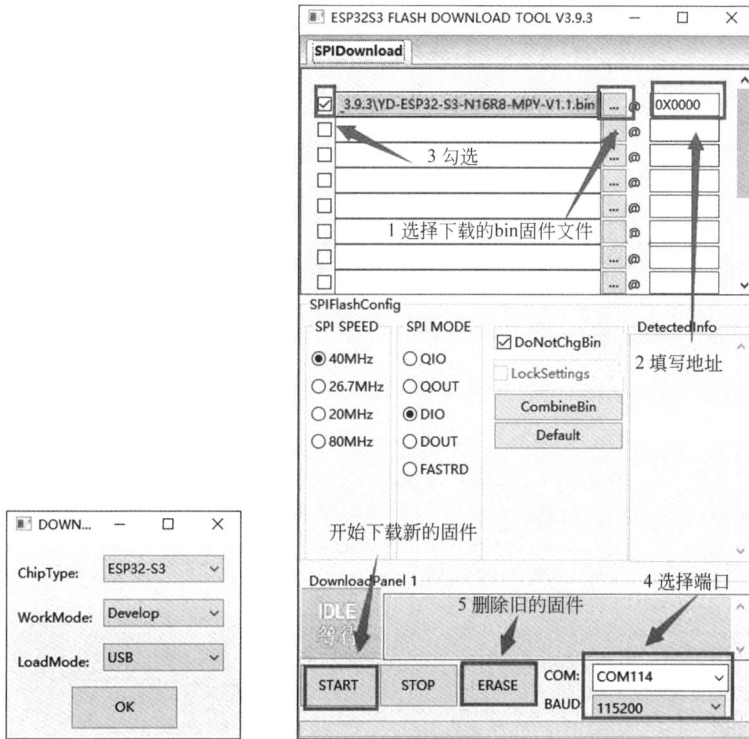

图 A.2　固件参数配置

115200，先单击 ERASE 按钮，完成后，再单击 START 按钮进行下载，如图 A.3 所示。

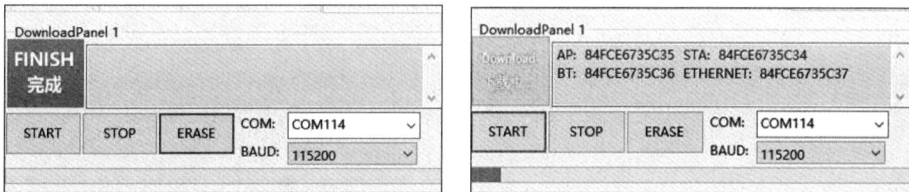

图 A.3　固件下载过程

6. 下载完成处理

下载完成后，单击 STOP 按钮，然后关闭软件，最后按 ESP32-S3 开发板上的 RST 键重启即可完成固件刷新，如图 A.4 所示。

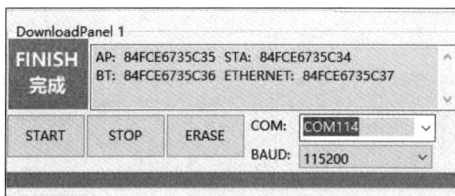

图 A.4　固件下载完成

附录 B　YD-ESP32-S3 核心板与 DIY 开发板原理图

附录 C DIY 开发板引脚功能表

序号	ESP32 引脚号	引脚功能	序号	ESP32 引脚号	引脚功能
1	3V3		23	GND	
2	3V3		24	TX(GPIO43)	COM 串口 TX
3	RST		25	RX(GPIO44)	COM 串口 TX
4	GPIO4	TFT-BLK	26	GPIO1	电位器 ADC(ADC1_0)
5	GPIO5	Lora-MD0/滚珠开关 SW4	27	GPIO2	TFT-SDA
6	GPIO6	Lora-MD1/滚珠开关 SW5	28	GPIO42	TFT-RST
7	GPIO7	Lora-RX	29	GPIO41	TFT-DC
8	GPIO15	Lora-TX	30	GPIO40	五向 KEY1
9	GPIO16	Lora-AUX/滚珠开关 SW3	31	GPIO39	五向 KEY2
10	GPIO17	滚珠开关 SW1	32	GPIO38	五向 KEY3
11	GPIO18	无源蜂鸣器	33	GPIO37	不能用
12	GPIO8	温湿度传感器 DHT11	34	GPIO36	不能用
13	GPIO3	不推荐	35	GPIO35	不能用
14	GPIO46	不推荐	36	GPIO0	不推荐
15	GPIO9	滚珠开关 SW2	37	GPIO45	不推荐
16	GPIO10	光敏电阻	38	GPIO48	五向 KEY4
17	GPIO11	TFT-SCL	39	GPIO47	五向 KEY5
18	GPIO12	红外接收	40	GPIO21	TFT-CS,BLK
19	GPIO13	OLED-SCL	41	GPIO20	不能用
20	GPIO14	OLED-SDA	42	GPIO19	不能用
21	5V		43	GND	
22	GND		44	GND	

左侧端口　　　　　　　　　　　　　　右侧端口

注：

（1）UART 只能使用 UART1 和 UART2。

（2）ADC 可以使用端口 GPIO1-2 和 GPIO4-18。

（3）SPI 只能使用 SPI2。

参 考 文 献

［1］　王德志. Python 基础与应用开发［M］. 北京：清华大学出版社,2020.

［2］　邵子扬. MicroPython 入门指南［M］. 北京：电子工业出版社,2018.

［3］　雷学堂. MicroPython 开发与实战［M］. 北京：北京航空航天大学出版社,2022.

［4］　李永华. ESP32 物联网智能硬件开发实战［M］. 北京：人民邮电出版社,2022.

［5］　乐鑫科技. ESP32-C3 物联网工程开发实战［M］. 北京：电子工业出版社,2022.

［6］　苏勇,卓晴. MicroPython 内核开发笔记：基于 MM32F3 微控制器［M］. 北京：清华大学出版社,2023.

［7］　钟世达,张沛昌. 立创 EDA(专业版)电路设计与制作快速入门［M］. 北京：电子工业出版社,2022.